U0171832

定性表征

人们如何推理和学习连续变化的世界

[美] 肯尼斯·D. 福布斯（Kenneth D.Forbus） 著

段沛沛 冯建利 王静怡 赵川源 程国建 译

机械工业出版社

在本书中，Kenneth D. Forbus提出，定性表征是认知科学最深奥的关键内容之一——如何对我们周围连续变化的现象进行推理和学习。Forbus认为，定性表征是人类认知的核心，它将连续现象分解成有意义单元的符号化表征。定性表征为常识推理奠定了基础，因为它们可以用非常少的数据实现实际推理，这使得定性表征成为自然语言语义的有用组成部分。通过明确可能发生的事件的类型，并建立有助于指导更多量化知识的应用的因果模型，定性表征还为科学和工程方面的专家推理奠定了基础。定性表征对于创建更具人性的人工智能系统非常重要，这些系统具有空间推理、视觉、问答和理解自然语言的能力。

Forbus讨论了知识表示和推理的基本思想以及其他主题，诸如定性过程理论、变化的定性模拟和推理、组分建模、定性空间推理、学习和概念变化等。认知科学家会意识到Forbus对定性表征的解释颇具启发性；AI科学家则会重视Forbus的新方法及其概述。

Qualitative Representations: How People Reason and Learn about the Continuous World
ISBN9780262038942

By Kenneth D. Forbus

Original English language edition published by The MIT Press Copyright © 2018 Kenneth D. Forbus. All Rights Reserved The MIT Press.

This title is published in China by China Machine Press with license from The MIT Press. This edition is authorized for sale in China only, excluding Hong Kong SAR, Macao SAR and Taiwan. Unauthorized export of this edition is a violation of the Copyright Act. Violation of this Law is subject to Civil and Criminal Penalties.

本书由The MIT Press 授权机械工业出版社在中华人民共和国境内（不包括香港、澳门特别行政区及台湾地区）出版与发行。未经许可的出口，视为违反著作权法，将受法律制裁。

北京市版权局著作权合同登记 图字：01-2018-7089号。

图书在版编目（CIP）数据

定性表征：人们如何推理和学习连续变化的世界 /（美）肯尼斯·D. 福布斯（Kenneth D.Forbus）著；段沛沛等译 . —北京：机械工业出版社，2020.11

书名原文：Qualitative Representations：How People Reason and Learn about the Continuous World

ISBN 978-7-111-66434-5

Ⅰ . ①定… Ⅱ . ①肯… ②段… Ⅲ . ①人工智能 – Ⅳ . ① TP18

中国版本图书馆 CIP 数据核字（2020）第 162942 号

机械工业出版社（北京市百万庄大街 22 号　邮政编码 100037）
策划编辑：刘星宁　责任编辑：刘星宁　闫洪庆
责任校对：李　伟　封面设计：马精明
责任印制：邸　敏
盛通（廊坊）出版物印刷有限公司印刷
2021 年 1 月第 1 版第 1 次印刷
169mm×239mm · 19 印张 · 2 插页 · 381 千字
标准书号：ISBN 978-7-111-66434-5
定价：139.00 元

电话服务　　　　　　网络服务
客服电话：010-88361066　机 工 官 网：www.cmpbook.com
　　　　　010-88379833　机 工 官 博：weibo.com/cmp1952
　　　　　010-68326294　金 书 网：www.golden-book.com
封底无防伪标均为盗版　机工教育服务网：www.cmpedu.com

译 者 序

人工智能是一门边缘学科，属于自然科学和社会科学的交叉，涉及哲学和认知科学、脑科学、神经生理学、心理学、信息论、控制论、自动化、仿生学、生物学、数理逻辑、统计学、语言学、医学和哲学等多门学科。人工智能学科研究的主要内容包括知识表示、自动推理和搜索方法、机器学习和知识获取、知识处理系统、自然语言理解、计算机视觉、智能机器人、自动程序设计等方面。

人工智能的崛起得益于大数据的涌现、计算能力的提升与算法的突破，特别是源于认知神经科学的深度机器学习的发展。对人工智能的研究可从两大范畴入手：定量研究与定性研究。定量研究遵循自然科学的假设和方法，首先量化感兴趣的观测变量，再用数理方法检查变量之间的关系。其关注点在于泛化能力的提升，致力于普遍性陈述或模型的构建。而定性研究则拒绝自然科学惯用的假设方法，认为由各自独特个体所形成的人类社会交往的复杂性不能简单地归结为数字，其研究目的是发现我们生活在其中的环境与社会的品质或质量属性。定性研究通常采用归纳推理方法进行，即观察并收集数据，然后试图发现内在理论并进行整合，强调的是从数据转向理论。

本书试图厘清人工智能与认知科学之间的关联性，使定性推理研究所提出的见解和想法，能够为广大认知科学家所采纳。希望本书能够帮助人工智能领域的科学家和工程师，更好地理解人工智能与认知科学其他分支间的联系。全书分为以下五大部分：第1部分（第1～4章）为绪论并介绍相关背景知识；第2部分（第5～13章）讨论了定性动态，即如何对可用分量描述的连续系统中的变化进行表示和推理；第3部分（第14～16章）探讨定性空间推理，即如何就空间进行定性表达和推理；第4部分（第17～19章）重点介绍了定性推理在大规模任务中的各种使用方法，以及如何学习定性表征；最后，第5部分（第20章和第21章）总结了全书内容并讨论了各种开放问题和新的研究方向。

本书的翻译出版得益于机械工业出版社刘星宁老师的推荐、鼓励与大力支持，在此特致感谢。由于译者水平有限，加之数据科学新兴概念繁多，难免误译或词不达意，敬请读者赐教与原谅。

本书可作为高等院校计算机、自动化及相关专业的高年级本科生或研究生教材，也可供对机器学习感兴趣的研究人员和工程技术人员阅读参考。

译　者

原书前言

如何对连续变化的世界进行推理分析，是认知科学的重要议题之一。在我的团队及其他学者数十年来对人工智能（AI）领域中定性推理课题的研究基础上，我们完成了本书的撰写。大多数定性推理文献呈现了很强的人工智能知识背景，其实并非如此，因为我认为它与认知科学极为相关。本书试图弥合两种思路间的差距，使定性推理研究所提出的见解和想法，能够为广大认知科学家所用。我们希望通过本书帮助 AI 科学家和工程师，使其更好地理解 AI 与认知科学其他分支间的联系，因为认知科学研究最初就是为了获得跨学科知识和见解而开展的。

致谢

本书编写工作的顺利进行得益于多方支持。此项工作开始于 2012 年，当时我和我的妻子 Dedre Gentner 都是德国德曼霍斯特先进教育研究学院的学者，感谢那里的同事为我们营造了愉悦且高效的工作环境；感谢亚历山大·冯·洪堡基金会颁发的洪堡研究奖，给予了我们慷慨的财政援助；感谢多所为本项工作提供资金支持的美国机构，它们分别是海军研究办公室、空军科学研究局、国防部高级研究计划局、国家科学基金会，后者通过我们的空间智能与学习中心给予赞助。除上述机构外，IBM 公司也提供了慷慨的支持。

另一类至关重要的支持来自于多学科的同行们，他们对于本书给出了精深且周详的建议和意见。在此，要特别感谢提出宝贵意见的 Johan de Kleer、Pat Hayes、Ian Horswill、Christian Freksa 和 Robert Kahler；还要感谢 Lance Rips、Sue Hespos 和 Nora Newcombe，基于他们的帮助，心理学家和其他认知科学家更为清楚地认识到识别事物时所存在的诸多研究盲点，同时也使我掌握了更多相关信息。Ernie Davis 就本书提出了大量极具深度的建议和反馈。2014 年春季，参与我研究生研讨会的学生们也发现了书中的不少问题，并提出一些改进方法，他们分别是 David Barbella、Joe Blass、Maria Chang、Subu Kandaswamy、Chen Liang、Clifton McFate、Matthew McLure、Grant Sheldon 和 Stephen Zeng。在书稿准备过程中，Carrie Ost 提供了无私的帮助。即便如此，相信本书依然会有不足之处，而后将继续完善。

我们的猫 Archie 和 Nero 也以它们自己的方式照顾着我，Archie 喜欢趴在我的腿上，助我伏案工作，而 Nero 则在我持续工作不知夜深之时，进入书房，唤我休息。

最后，我还想对为本书编写做出贡献的诸位学生、同行及同事们表达诚挚的感谢。科学研究是个团队协作的过程，我很荣幸能在美国西北大学及其他研究场所，与互相激励、相互促进的团队携手工作。

Evanston

目　录

第1部分　绪　论

第 2 部分　动　态　性

第 3 部分   空   间

第 4 部分　学习与推理

第 5 部分   总结与展望

第1部分 绪 论

第1部分将就两类内容进行阐述。首先,是本书概述;其次,是读者可以选学的背景知识学习资料,通过对这部分内容的选学,可使读者具备相近的知识基础。

- 第1章介绍了本书的主要观点及一些具有启发意义的示例。
- 第2章介绍了读者所需的涉及知识表征相关内容的快速学习指南。
- 第3章就推理计算方面的内容进行了介绍。
- 第4章介绍了类比匹配、检索及泛化,这些都是本书的核心内容。

本书的第1章只是概述。具备丰富的知识表达和推理学习经验的读者可以略读第2、3章,但是第4章会让您学习到新的认识。鉴于不同读者学习习惯上的差异,有些读者喜欢先学习背景知识,另一些则喜欢在需要时再追溯学习相应知识,希望本书的章节编排方式能够适用于各类读者。

第1章 导　言

　　人类的认知过程深奥且复杂，人们何以能轻易地对事情进行推理就是其中的谜题之一。我们拥有能对物质世界进行稳健表征的日常心理模型，依托其可以进行烹饪、导航和制造能构筑环境的人造产品，进而能更好地工作；拥有能协调自己与他人（及其他动物）关系的社会模型；还有着可以帮助人们决定做事时究竟该全力以赴或是适时应务的自我模型。所有这些模型都面临同一个问题：它们均需应对连续变化的特性和现象。在日常的物理推理过程中，肯定会考虑诸如压强、温度和质量之类的工程参量。在进行烹调及工业生产时，会借助一定的工艺将物质进行转化。空间分析对于探究物理世界而言至关重要，而空间本身也是连续的。在进行社交推理时，我们会考虑一些连续属性，诸如在事件中所承担的责任多少及两个人有多喜欢或信任彼此等。在元认知中，要考虑问题的难度，以及对于正在进行的其他事情而言，解决该问题的意义如何。换言之，连续性、过程及系统概念其实已渗透到人们的精神生活之中。可是，大部分表征却忽略或弱化了思考连续事物的作用。

　　定性表征为连续世界提供了离散、符号化的表征方式，使其可用于日常推理。比如，我们知道，如果将水倒于桌上，浸泡于其中的物体其实并不会立即变湿。即便没有明确的图片或数据，也可得出这样的结论。而且，这类常识也易于使用：如果在郊游时下了一小会儿雨，那么可以将食物置于桌下以保持干燥，而到底将食物放于何处，则取决于雨量、风速及其他一些因素。不过，这个简单的定性鉴别为更深入的推理提供了初始方案，并随之提出了一系列相关问题。

　　定性推理研究旨在规范人们的直观知识以及分析、推理连续现象和系统的方法。这类直观知识来自于从未学过数学或物理课程的人，以及科学家、工程师等专家。定性推理研究中形成的推理技巧则提供了人类开展常识推理所需的计算模型，以及科学家、工程师在工作中使用的专业推理方法。

　　绝大部分数据研究所关注的都是物理世界（因此也可称其为定性物理（Bobrow，1985；Weld，de Kleer，1990）），不过同样的思路在应用于社会科学和游戏中的策略和战术推理时，也取得了丰硕的成果。此外，同样的思路还被引入到了精神生活模型中，包括自我模型和元认知。本书认为，定性表征是人类概念结构的核心要素。比如，定性空间表征是连接感知和认知的桥梁。如果将人类思维所用的表征视为一种不同心理过程间的交流形式，那么定性表征似乎就是一类主要的认知交流形式。

1.1 定性推理在生活中的应用

下面将就一些日常生活中的定性推理示例进行讨论，帮助大家了解那些渗入生活点滴当中的连续系统推理方法。这些示例在书中的其他部分也会提及，并使用定性表征进行更为细致的论述。

1.1.1 水的加热

假设有一个被置于炉上加热的水壶，其内的水并未加满。如果您离开一小时，将会发生些什么呢？

显然，在这种情况下，离开太久并不是个好主意，有些人可能隐约认为如此，而另一些人就好像看见了反复出现的错误一般，坚定地认为这样不对。可是，即使并不了解那些源于传统物理原理，被用以分析该事件结果所需的全部数值或方程，却仍然明了可能产生的结果。您知道水温会升高，过不了多长时间水就会沸腾并最终蒸发完，水壶会变得滚烫，如果炉温足够高，水壶甚至会熔化。正如第7章提到的，鉴于我们对这种情况知之甚少，可能还会有更多的结果。明了可能产生的行为是非常重要的：这样可以使我们了解事件何时会出错，并提示我们该集中精力就什么进行应对，以规避问题。它使我们意识到何时需要更多的知识。知识的形式是多样化的，在日常生活中，知识可能是以经验及观察结果的形式呈现；在专业实践环节中，它可能是数学模型、数值仿真或基于物理模型开展的实验。无论是何种情况，最初的定性分析均为后续的分析提供了框架。

1.1.2 冷水会比热水更易凝结吗

这里有个实验，读者可以尝试一下。找两个同样的制冰格，一个装满冷水，一个装满热水，并将其同时置于冰柜之中，那么到底是冷水还是热水更易凝结呢？为什么？请在继续阅读之前，尝试分析。

如果您做了该实验，将发现，热水其实凝结得更快。该结论与我们的直觉刚好相反，这是因为冷水的冰点与其初始温度间相差更小。通过与运动进行类比，很多初次遇到此问题的人试图引入"热动量"的概念。在该模型中，大温差在某种程度上加速了热水的冷却。遗憾的是，热动量并不存在。水的凝结还依赖于哪些因素呢？少量的水较大量的水凝结得更快，因为其释放的热量较少。但是两个冰格内水容量相同，所以如果该解释正确，那么一定是冰柜发生了什么，进而对装有热水的冰格的影响要大于装有冷水的冰格。怎样的过程会影响水量呢？蒸发。热水较冷水蒸发得快，这为上述现象提供了一种可能的解释。第2部分探究了一直在用的表征及推理的正式形式。

1.1.3 季节

为什么会有季节？相当多的儿童，甚至哈佛大学的研究生[一]，误认为相较于冬季，地球在夏季更靠近太阳。该解释并不正确，因为当美国的芝加哥处于冬天时，澳大利亚的布里斯班则是在夏季。在继续阅读前，您可能会再度思考该问题，并刷新对此的认知。

回忆一下，地球的自转轴是倾斜的，它与地球轨道平面间的角度大致不变。地球上朝向太阳的区域在单位面积上收到的太阳辐射较之背向太阳的地区要多，因此，朝向太阳的这些区域将进入夏季，而背向太阳的区域则正经历冬季。第17章介绍了 Scott Friedman 所研究的对概念变化的模拟过程，模拟由浅显的错误概念开始，然后转变至正确的模型（Friedman, Forbus, Sherin, 2011b, 2018），还介绍了 Bruce Sherin 及其同事（Sherin, Krakowski, Lee, 2012）在对中学生科学学习过程的研究中所发现的中间知识状态。同样的体系也被用于模拟孩子们如何学习力的直观概念，以及自我解释如何通过阅读帮助学习。

1.1.4 球会撞上吗

考虑图 1.1 所示的简单环境中反弹的球，它们会发生碰撞吗？

正如炉上水壶的案例，没有足够的信息用以确定真的会发生什么，但你或许确信它们会发生。即使仅增加了一点信息，可能就会从根本上改变结论。比如，假定图中两者都是鸡蛋——它们第一次着地就产生了一片混乱，也就不存在进一步作用的可能性了；假定左侧球掉入井中并无法离井，而右侧的球却永远不会掉入井中，那么可以肯定这两者绝不会发生碰撞，因为碰撞必须发生在同一时间、同一地点。再假如我们掌握了构建该问题传统数学模型所需的全部参数：小球初始位置的准确坐标、它们的速度、球体材质的恢复系数[二]、墙的准确位置及精准的假设，那么通过仿真就能看出这些小球是否真会发生碰撞。但这类分析需要时间，并且（除非小球完全没有弹性）我们最终会发现，正如之前在假设中提出的空间分离，其实与所用的参数有关。如果是这样，那么不

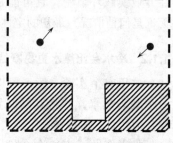

图 1.1　这些球会发生碰撞吗

必等小球停止运动，即可停止仿真，因为我们已经知道答案了（Forbus, 1980, 1984）。第14章阐明了度量表征中的基本空间推理是如何使定性及定量推理相结合的。

[一] 参见 Harvard-Smithsonian 天体物理学中心制作的视频《私人世界》。剪辑在 YouTube 上可见（例如 https://youtu.be/p0wk4qG2mIg）。

[二] 恢复系数表征物体的弹性。一种方便的形式是将其作为每次碰撞中保留能量的比例，因此，值为 0 表示该物体是无弹性的，而值为 1 表示该物体是完全弹性的。

1.1.5　瑞文推理测验

图 1.2 给出了一个类似瑞文推理测验中使用的示例。[○] 这样做是为了从图 1.2 底部所示的 8 个选项中选出最合适的那个，来填补图上部 3×3 矩阵中缺失的元素。

尽管这是个解决视觉问题的任务，但结果表明，该测验的得分与 g（一般智力的测定值）密切相关（Raven，Raven，Court，2000）。这类问题可以通过将从数字墨水自动求得的定性空间表征与类比推理相结合来解决。如第 16 章所述，使用这些想法开展的 Andrew Love++ 人工智能仿真在真实测试中的表现超过了大部分美国成年人（Love++，Forbus，2017）。此外，对人而言，问题越难，其仿真就越难，同时，问题间反应时间的差异也能通过仿真正确预测。

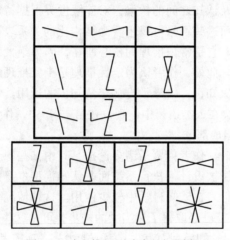

图 1.2　瑞文推理测验中的问题类型

1.1.6　道德决策

在研究道德决策时，有许多重要且令人吃惊的发现，其中之一是不可变更或受保护的价值的存在（Ritov，Baron，1999）。很多情况下，人们基于实效性做出决策（如，若要就两个策略进行筛选，公司可能会选择其中盈利率更高的那个）。保护性价值的存在往往会改变这类行为。比如，Ritov 和 Baron（1999，83）曾设定的场景：

> 非洲饥荒期间，（无法使用飞机时）食品运输车队在去往难民营时，您发现还有一个难民更多的营地。如果让车队去往第二个而非第一个营地，那么可以救助 1000 个人，但第一个营地的 100 个难民将因此死亡。您还会将车队派往第二个营地吗？

当面临此类决策时，即便能救助更多的人，大部分决策者仍会选择不改变车

○　测试中真实用例的发布会对其安全性造成影响，但这对其用作心理测验工具而言是必要的。

队去向。[⊖] 在他们的认知里，改变路线的行为可能会造成 100 人的死亡，而这令
其难以接受。这类现象在很多场景中都会出现，包括一系列臭名昭著的电车难题
（Petrinovich，O'Neill，Jorgensen，1993；Thomson，1985）。正如第 18 章所阐述的，
Morteza Dehghani（Dehghani，Tomai，Forbus，Klenk，2008）开展的一项仿真中
使用定性数量级表征来反映保护性价值的影响，并结合第一性原理及类比推理以
探寻保护性价值的存在。

1.2　定性推理在人类认知中的重要性

　　正如这些例子所呈现的，定性推理过程可能既简单又直接，但也可能非常复
杂。它可以作为感知及认知之间的桥梁，对连续世界根据特定任务进行区分，将
其分割成离散符号，而这些符号可以组合为结构化的关系表征，以用于进行复杂
推理，包括因果推理。它是常识推理的核心所在，因为绝大部分常识与物理世界
及其他连续现象有关。此外，作者认为定性推理是专家推理的重要组成部分，它
在日常生活中获取专家知识，指导了更多定量知识的运用。定性表征在人类推理
过程中的重要性必然会在人类语言中体现，在第 13 章中，作者认为定性推理是自
然语言语义学的重要组成部分。

　　在做出此类论断时，作者借鉴了诸多论据，其中某些源于心理学研究和认知
模拟，另一些则来自于被设计为执行系统而非认知模型本身的人工智能（AI）系
统。不过，这类证据近来在认知科学中较少使用。这种情况令人遗憾，因为在过
去的 20 年里，人工智能已经取得了相当大的进步，可是这些进步大多被其他一些
认知科学家所忽视。对认知模型而言，其表征能力是一项需考虑的重要因素（Cas-
simatis，Bello，Langley，2008），也就是说，这些模型是否真能在人类所做的程度
上完成其建模任务？很不幸，当前的许多认知模型都无法通过该测试，充其量只
对模型构建者自己设计的几个手工编码小例子有用。（目前，性能更优的认知模型
越来越多，尤其是那些使用了符号建模技术的模型。）相较而言，人工智能系统将
此类能力当作一项关键指标。即使人工智能的设计初衷只是为了提高系统性能，
仔细考量其中涉及的假设、表征及处理过程，也会得到一些就推理任务本身而言
颇具价值的见解，也就是 Marr（1982）所谓的计算级约束。[⊖]

　　为了理解认知的本质，对有机体必须解决的信息处理任务的约束与生物约束
[即 Marr（1982）所谓的实施层] 一样重要。鉴于目前对神经系统的认识仅处于起
步阶段，尚不完善，为了理解高阶认知，甚至是高阶视觉感知，任务约束在当前
其实更为重要。此外，仔细分析这些系统与人类之间的差异，即可得到有关人类

　　⊖　63% 的参与者选择不改变卡车行进方向。20% 的受访者表示，即使第一个营地中只有一个人
　　　　死亡，他们也不会改变车的方向。
　　⊜　Marr 选择计算一词（即正在计算的内容）在某些方面是不合适的。从那时起，术语"计算模
　　　　型"通常用于流程级、实现级，以及计算级模型。

处理本质的证据 [也就是 Marr（1982）所谓的处理层，而其与算法有关]。正如第 12 章中所述，通过研究实际定性推理（QR）系统如何工作，可知：对人类的表征方法而言，虽然 QR 界研究所得的表征方法是非常合理的模型，但是人们使用的推理技巧却不尽相同。作者认为人们在进行定性推理的过程中，大量地使用了类比推理和学习。对该观点的论据及内涵的探索贯穿本书始终。

1.3　本书概述

在本书第 1 部分中，第 1 章之外的其余三个章节就一些背景知识进行介绍。第 2 章阐述了此处介绍的表征约定；第 3 章介绍了一些与计算、推理相关的背景知识；第 4 章则阐述了书中重点讨论的类比过程的结构映射模型。熟悉知识表征、推理、类比等内容的读者可以直接略过这些章节进行阅读。

第 2 部分讨论了定性动态，即如何对可用分量描述的连续系统发生的变化进行表示和推理。这包括了分量的定性表征（第 5 章）及如何借助定性数学将其联系起来（第 6 章）。从定性推理所探讨的本体论角度，讨论了如何将这些量及关系组成概念结构。我们将重点放在定性过程理论（Forbus，1984）上，该理论介绍了表征假设及第 7 章中支持的一些基本推论。这为连续系统中的因果关系模型提供了理论基础，该模型似乎很好地体现了人类对连续系统进行推理时涉及的诸多方面。第 8 章通过一些例子说明了该理论的表征能力，其中包括本章提到的水壶和冰块的例子。第 9 章就定性推理中引入的因果关系概念进行了更为详细的考证，并将其与认知科学中其他最新的论述进行了对比。第 10 章中将进一步讨论变化推理的微妙之处，包括时间、空间和状态如何相互作用，以及模糊性的重要性。我们将在第 11 章中探讨如何有效地组织和使用建模知识。第 12 章讨论了第一性原理（只涉及定性推理），以及基于类比处理的更具心理合理性的替代方法。第 13 章探讨了这些思想如何通过自然语言发挥作用。

第 3 部分探讨定性空间推理，即如何就空间进行定性表征和推理。从第 14 章开始，讨论了定性空间推理的基本思想，包括将其与认知心理学中同时出现、独立形成的概念（即坐标 / 类别区分）进行比较，相互结合可以强化两者。人工智能研究展示了如何将定性和定量表征相结合，从而在各种任务中达到人类处理水平。认知心理学家已就这种表征何以被长期记忆及此类过程的神经关联进行了探索。第 15 章探讨了定性空间推理界研究出的空间演算类型，以及这些概念如何用于理解空间语言。就像动力学一样，从心理学角度来看，该学界使用的特定推理过程或许并不普遍可信，但这些表征似乎抓住了多种有用的差异。第 16 章探讨了空间推理中的度量、量化表征，包括图的作用和高级视觉处理。考虑到早期的机器视觉研究，例子以草图理解为主。

第 4 部分重点介绍了定性推理在大规模任务中的各类应用方法，以及如何学习定性表征。第 17 章探讨了认知发展和观念改变。定性表征和类比处理两者的结合给出了一种与先前人工智能或认知科学中提出的常识性推理模型截然不同的模型，而这部分内容会在第 18 章中阐明。在这一章中还描述了前述思想是如何用于模拟定量评估（即并不复杂的推理）、隐喻建模和社交推理（例如，过失赋值、情感和道德推理）的。第 19 章概括了定性表征如何用于创建能够处理工程任务和科学建模的系统。

最后，第 5 部分是总结。第 20 章概括了本书的主要思想，第 21 章则讨论了各种开放问题和令人振奋的新研究方向。

第 2 章　表征概要

知识表征虽然是个很深奥的课题，但是要理解本书的论点，只需要知道几个要点。

2.1　结构化关系表征的重要性

知识是个广义概念。在本书中，我们主要关注通过与现实世界交互并对其施以（正式和非正式的）指令从而构建的几种心理模型。表征这样的模型需要具备符号表达能力。也就是说，在某种功能意义上，我们拥有可表达实际事物的标记，以及借由其组合构造出更多描述形式的方法。这种更为繁复的结构是通过不同标记间的互联构造而成。家庭关系是很寻常的例子，空间关系也是如此（如上面、里面）。关系还可以将事件与其他关系关联起来，就如同我们调用因果关系来解释某些事情发生的原因一样。例如，朱丽叶自杀是由于她相信罗密欧自杀了，而她爱他。人们明确地解释事物，制定计划，构建假设和模型。本书认为，定性表征是构成这些精神生活产物的关键因素之一。

有些人认为，表征概念本身就有缺陷；另一些人（包括作者）则认为表征对于理解人类认知至关重要。[一] 作者认为有强有力的证据可以支持该观点。例如，思考一下您在读这句话时的做法。即便是在阅读之初，您也会借助视觉及概念处理的复杂组合方式对这些句子进行解析，包括使用世界知识来消除歧义（Camblin，Gordon，Swaab，2007）。如果您认为，无需使用表征的思想就能说明本书其余部分所描述现象的范围，那么敬请尝试。不过，这很难办到。

还有人认为，使用简单的数值空间模型或纯统计模型或特征向量就能对人类的大部分认知进行解释。同样，也有很多理由对此表示怀疑。有证据表明，视觉比较使用了结构化的关系表征（Palmer，1999；本书第 14、16 章）。自然语言常被用于讨论那些信息被增量表达的事件。如果没有代表所讨论事件和关系（如角色关系）的标记，其实很难看出此类信息是如何积累，进而将事件与其所涉对象、内容、时间、位置联系起来的（见第 13 章）。当然，会有"为什么会这样"的疑问，而其诸多解释是内在相关的；而对连续系统的人类因果推理建模是本书（第

　　[一] 有关这些问题的经典总结，请参阅 Markman 和 Dietrich（2000）。

2 部分）要解决的一个关键问题。因此，我们假设人类认知中使用了结构化的关系表征。

2.2 逻辑、形式主义和精确性

　　逻辑最初是一种为了捋清思路所做的尝试，因此，认知科学家，尤其是人工智能研究人员自然会以各种方式将其接纳。要理解本书内容，其实并不需要具备宽泛的逻辑知识背景。在此，我们重点关注几个提供了研究视角和背景的要素。

　　逻辑有助于确保所制定的表征具有明确的含义。我们的目标精准，明确所讨论的概念——明确到计算模型可根据所创建的描述进行自动推理。形式化表征是可用以实现这一目标的工具之一。在此，逻辑作为工具，被用于描述表征所认可的一组推论。现有的形式体系无法应对所有的难题，因为计算问题是推理的核心，并且逻辑和计算间的关系仍然是个非常重要的研究难题，所以我们一般会谨慎地使用逻辑。⊖

2.2.1 语法

　　语法与文化有关。阅读并不容易，是人类认知的惊人成就之一。读取形式系统（如表征方案、编程语言）可能会更加困难，因为我们对此的经验少之又少。阅读需要解读屏幕（或页面）上的记号，这是一种视觉技能，而学习这些技能需要时间。为了理解我们不甚熟悉的语法，必须对此开展更多的工作。不幸的是，视觉语言也面临同样的问题，而且往往不好克服，例如，一个包含十多个节点的概念图往往导致阅览器过载。

　　本书使用了类似 Lisp 的语法。⊖ 也就是说，采用以下语句形式：

(*<predicate>* . *<arguments>*)

其中，*< predicate >*（< 谓词 >）是一种关系；*<arguments>*（< 参数 >）是与其有关的零个或多个参数。（"."用于指代不定数量的参数。）比如

```
(northOf CityOfDelmenhorst CityOfVenice)
```

　　以上内容说明德国德曼霍斯特位于意大利威尼斯以北。这种语法的优点是，它无需学习用于事物分组的优先规则。例如，在传统数学中，表达式 3x + 2 表示"3 和 x 的乘积再加上 2"，而非"3 与 x + 2 的结果的乘积"。当表征事务要用到诸多关系和函数时，传统表示法就无效了，而显式处理则可以使这些内容更加明了。

　　⊖ 在人工智能领域，有些人将"理论"等同于"形式理论"。作者认为这是错误的。据此看来，物理、化学和生物学均没有相应的理论。即便是数学，在其研究进程中的大部分时间里，也无法完全形式化。微积分的形式化是 19 世纪的一项成就，但在此之前的几个世纪里，微分方程一直被广泛使用。因此，尽管作者尊重并支持为推理的各个方面建立正式理论所做的努力，但作者认为即使没有这些理论，就已经有大量的先例可循。

　　⊖ Lisp 是一种编程语言，其简单的语法使其成为人工智能领域研究的主力军，因为它简化了依自身知识进行推理的系统的构建。知识语句当然不是编程语言的语句，但也有类似的优点。

比如，

$(+(*3x)2)$

我们遵循常规约定，在表征系统中对令牌使用固定宽度的字形，以便更为清晰地将其与日常术语进行区分。

假定常用的逻辑连接词——与、或、包含、当且仅当、非，具备常用的逻辑含义。当然，语句是可以嵌套的。比如，

```
(implies (northOf CityOfDelmenhorst CityOfVenice)
         (< (AverageSummerTemperatureFn
              CityOfDelmenhorst)
            (AverageSummerTemperatureFn CityOfVenice)))
```

该语句点明了德曼霍斯特与威尼斯的地理位置关系，进而指出德曼霍斯特夏季的平均气温比威尼斯的低。此处，"<"的参数就是术语。术语给出了一种表征真实世界中实体的方法（如德曼霍斯特和威尼斯）。术语可以是原子的（如 CityOfDelmenhorst）或非原子的 [如 (AverageSummerTemperatureFn CityOfDelmenhorst)]。非原子项借由适用于参数的函数来构造。比如

(*<function>* . *<arguments>*)

注意，这与语句使用的语法相同。语句和非原子项间的区别在于列表的第一个元素是关系，还是函数。我们遵照 Cyc 规范将函数大写，并使用后缀"Fn"向一般读者阐明其意义。

选择这种语法的原因有三个。首先，它在人工智能和认知科学研究中广泛应用。之所以这样，部分是因为历史背景，部分是因为相较于操作符作用域和别的一些实现其他语法规范需遵从的规则，它确实非常简单。其次，它更趋于真实表征。逻辑和哲学文献中的大多数例子都会用到如 P 这样的抽象关系，但是在表征日常生活和专业推理范畴的问题时，则必须调用更多的概念和关系，传统语法往往无法很好地适应这些需求。最后，作者认可这种语法，相信您一旦习惯，也会乐意使用它。

常量，比如 CityOfDelmenhorst，也是术语。该常量由三个英文单词组成，这引起了人类读者的兴趣，但软件却并不关心这些。⊖ 为了保证可读性，应尽量使用直观的名称。另一种此类约定是，使用概念名后缀整数来表达任意常数（如 Truck18 可表达卡车概念的一个实例）。正如以下所讨论的，尽管直观名称体现了有关术语、关系或函数意向含义的信息，可它们在表征系统中的含义仅来自于与之相关的其他语句及其允许的计算。

通过在常数前加"?"来表示变量（即"?x"是一个变量，而"x"不是）。

⊖ 一些系统已经使用了一些启发式的方法，主要是对谓词名称进行形态分析，以推测其更多属性。尽管这类方法在某些情况下很有用，但这假设谓词名称是人工定义的，并且被有效命名。但目前来说这些假设都不可靠。

同样，这种约定也是必要的，因为在实际表征应用中，为了便于读者理解，最好使用稍长却含义更鲜明的变量名，同时还可给出明确的局部提示，以告知他们哪些是变量，哪些不是。量词是一种特殊的连接词，它将变量引入逻辑语句。量词 *forall* 表示通用量化，量词 *exists* 表示存在量化。比如

```
(forall ?day
    (implies (SummerDay ?day)
             (rainingDuringPeriodIn ?day
                                    CityOfDelmenhorst)))
```

也就是说，德曼霍斯特的每个夏日都在下雨（即便这并非实情，但看起来确实如此）。而要推翻这一观点，只要一个反例就够了：

```
(exists ?day
   (and (SummerDay ?day)
        (not (rainingDuringPeriodIn ?day
                                    CityOfDelmenhorst))))
```

反例表明，德曼霍斯特的夏季里或许有不止一天，但至少有一天不下雨，而其确切日期其实并不重要。带有变量的语句通常被称为公理或规则，不带变量的语句称为基本语句或基本事实。在表述公理时，往往省略通用量词。同样可以说：

```
(implies (SummerDay ?day)
         (rainingDuringPeriodIn ?day CityOfDelmenhorst))
```

注意，上述情况中并无明确的量词来支配变量"?day"，而这类不受量词支配的变量则称为自由变量。大多数推理引擎要么禁用自由变量，要么将其解释为全称谓词变量。

逻辑阶数点明了变量可以量化的事物类型。一阶逻辑允许变量值为实体；二阶逻辑允许变量量化谓词。比如

```
(forall ?r
   (iff (transitive ?r)
        (forall (?x ?y ?z)
          (implies (and (?r ?x ?y) (?r ?y ?z))
                   (?r ?x ?z)))))
```

定义了传递关系的概念。

阶数为何重要呢？表达性是形式主义的特性之一，即可以用其表述（或无法表述）何种事物。完备性是形式主义的另一个特性，即对于可表述的事物而言，总能判别其真伪吗？易处理性是第三个特性，即如果有一组语句，确定其是否蕴含另一语句（或者等效于判定：这组语句与另一语句的否定表述是否矛盾）的难度如何？前述特性相互影响，此消彼长。语言的表达性越好，其易处理性就越差。推理方法越有效，就越不可能完备。第 3 章将就此做进一步讨论。

如何理解逻辑表征中的语句呢？对于这一问题，有一些以模型理论的形式给

出的简练数学答案。该思路是要在计划表征的现实环境下，建立一种术语、理论表述、对象及其有关语句间的对应关系。正如前述例子中所示，CityOfDelmen-horst 意指德国的德曼霍斯特市。当谓词演算语句被用于对真实的城市进行表述时，其表述准确性提供了一种评估这些语句正确与否的方法。

　　这里隐藏着一个大多数读者都会忽略的有趣问题。在编写公理的人、小组或体系的思想中本就具有某些意向含义。但模型理论告诉我们，与某体系间的任何一致对应关系都足以用作模型。比如，人工智能课程中常用的积木世界简化公理（大约由十几条规则组成），采用有序整数对作为模型，其中一个整数表示桌上积木的水平位置（量化），另一个整数则表示其下积木的块数。因此，尽管人们为了表达意向含义而将谓词命名为 "Block" 或 "above"，但有些极其简单的模型表明，这些小公理集其实与意向含义并不契合。事实证明，为了能精确地表达意向含义，需要添加足够多的公理来约束逻辑理论，而这会耗费大量的精力。㊀它需要的不仅仅是几个公理。另一方面，这使得实际的知识表征事务与人们所认为的有很大不同。知识表征是一个非常灵活、渐进和连续的过程：引入的公理越多，可能的模型集则越小。这一过程可能是非线性的，例如，发现不会飞翔的鸟类以及会呼吸空气的水生动物，这些会从根本上改变您的信念。

　　当表征被用作计算系统的一部分时，还面临其他的复杂情况。所有的计算系统都涉及某种形式的表征，无论其是一组数值参数，还是更复杂的结构化数据。对某些人来说，理想世界是一个"系统所具备的各种形式的知识均可记录为逻辑公理"的世界。或许终可达成这样的世界，但作者持怀疑态度。大多数人工智能研究人员发现，当语言更适宜表达意向含义时，就能用更程序化的术语便捷地描述系统某些方面的操作。例如，有些谓词以认知过程为基础，就像用数字墨水计算视觉结构时那样（第 16 章）。其他谓词与采取操作的系统相关联，这些系统可被视为动作处理过程的函数模型逼近。由于这样的计算有助于界定表征的因果影响，因此对其的描述也是表征意义的一部分。进而，就使用了表征的计算进行清晰的描述，对充分指明其含义而言相当重要。

　　如果您想了解更多相关知识，可以看一些内容涉及逻辑及其在人工智能（比如，Brachman，Levesque，2004；Genesereth，Nilsson，1987；Russell，Norvig，2009）和认知科学（比如，Markman，1998）中作用的好书。

2.3　图式、框架和用例

　　有些建议中提到，知识是以较单一语句更为复杂的结构来组织的。Bartlett（1932）的图式思想是一类早期的处理建议，它将一组用以描述配置或蕴含的相互

　　㊀　另外，从技术上讲是不可能的，因为总有一个额外的模型：实体就是公理本身的术语和句子的模型。这些被称为 Herbrand 模型，它们代表着世界的唯心主义观点，而有趣的是，这种观点永远不能被正式排除在外。

关联的语句结合使用。通过识别场景（一种涉及当前场景下的图式变量与实体表征绑定的过程），图式原型中声明的蕴含随之被认为保留于图式实例中。Minsky（1974）的框架思想在几个重要方面超越了前述思想。他提出，此类框架具备一些与变量有关的默认值，这些默认值可以用作期望值并替代缺失信息（如某人的球可能默认为红色）。他提出了层次记忆结构，以及表征视觉视点转变的交互系统框架和鉴别分析间的关系（即如果您认为某一事物是马，而它还具有黑色的垂直条纹，那么可认定其为斑马）。

Hayes（1985a）指出，这些表征语义的某些方面可以为传统逻辑学轻松取得。本质而言，图式变量（或框架节点）可以被视为逻辑变量，图式或框架中的语句为一个（有时具备重要的）蕴含的合取结论。先行词可以被视作谓词（即以变量为参数的图式名代表了它的一个实例）。识别准则就随之具备了更为复杂的意指特定图式语句的含义。这准确地抓住了这些表征部分但非全部的原始含义，这些表征就记忆检索的工作方式提出了特定假设，它们是逻辑不可知的。不过，这种转换十分有用，常被用作使用图式和框架构建系统的实现技术。

另一方面，术语实例，通常用于描述特定的情况、系统或场景。实例其实是一种经验的体现。它们可被视为一个语句集，可被当作一个单元。实例是基于案例推理时的知识组织方式（Kolodner，1993；Leake，2000；Riesbeck，Schank，1989），其中，对当前情况的推理是通过从案例库中检索一个或多个案例，并与它进行匹配，来确定应对策略的。基于实例的推理和类比推理都遵循同一个假设，即经验推理是人类认知中的重要组成部分。然而，基于实例推理的人工智能研究采用专门的索引方案来支持检索，而检索和匹配通常都是特定于域的。正如在第4章中提到的，人们无需这样做：就像人类的行为表现源于其在许多领域均会使用的同一认知体系，人类的类比检索和匹配模型则提供了可独立于域实现的基于实例推理的能力。遗憾的是，自21世纪之交以来，许多基于实例推理的工作已经退化到使用特征向量作为其表征，而不再使用具有关系信息的结构化描述。正如前面提到的，这意味着，此类系统无法表征解释、计划、论证或证明，而这些都是人类认知之所以有趣的原因。随着大规模表征系统可用性的提升，加之类比处理能力的改进，这一局面将得到扭转。

2.4 本体和知识库

孤立的概念对表征现实世界并没有多少用处。在哲学中，本体论研究事物种类，所以，当人工智能科学家尝试研究正规的知识组织方式时，他们自然采用了该术语，并尝试赋予其更正式的含义。出于我们的目的，可以将本体视为一个通过一小组结构关系指定的概念和关系集。通常存在某种能够有效利用知识的概念层次结构（例如，可用 Animal 表述动物，而非使用 Cat、Dog、Mouse、Elephant 等冗余的表达形式）。本体本身并未包含足以指明概念含义的公理，进而无法有效地对其进行推理（例如，动物一旦出生，就需要进食并面对死亡）。点明概念 [包括基本事实，如 (isa Skippy-TVCharacter Kangaroo)] 间相互关系的附加公理与本体共称为知识库。

目前已有诸多本体和知识库，它们中的有些并不大，并且是为了支持特定的实验和应用而精心设计出的。一些知识库由精心制定的公理（如 Cyc）组成，而其他一些则由结构化和非结构化信息共同组成（如 YAGO，其内还将维基百科的文章用作"概念"）。随着语义网的广泛应用，针对特定领域（如生物学）和行业（如纽约时报、英国广播公司）的本体呈现了爆炸式的增长趋势。就本书而言，明了大规模本体论可以并已经有所构建，且正被大量使用，将不无裨益（如谷歌的知识图谱，微软的 Satori、Prismatic，IBM 的 Watson 通过阅读学习的知识库；Fan, Ferrucci, Gondek, Kalyanpur, 2010）。所谓"大规模"，在 Watson 的例子中是数亿，在谷歌的知识图谱中则为数十亿。鉴于切实目标的驱动，前述尝试很好地说明了符号表征可以有效地拓展应用范围。

幸运的是，要理解本书内容，只需具备一些有关本体论约定的知识。我们可以从 Cyc 本体论⊖中获得此类知识，而它们其实很寻常。使用该特定集合的原因有三：首先，构建良好表征会花费较多的时间和精力，借鉴以往的优秀工作案例所取得的效果要优于重新构建（这样做的效果通常并不好）所得；其次，在计算模型中使用其他表征和知识库会削弱可定制性⊜；最后，其他大型本体以 Cyc 中的顶层本体为出发点构建，比如 YAGO 和 DBPedia，因此值得对其进行研究。

Cyc 系统中的概念用集合表示。例如，DomesticCat 集合中包含了用以鉴别家猫所需的所有构件⊜。为了表示构件关系，我们使用了 isa 关系：

(isa Nero DomesticCat)

集合间有几种不同的结构关系。genls 是最重要一种，它表示一个集合是另一个集合的子集。例如

(genls DomesticCat Mammal)

表明，任何 DomesticCat 的例子同样也是 Mammal 的例子。因此，我们希望适用于如猫、狗和长颈鹿的任何公理都可以用 Mammal 来描述。

在知识库中，有关谓词的信息本身采用结构关系表示。⑩ 为了达成我们的目的，需了解的谓词结构关系为 genlPreds，它与谓词的关系就像 genls 与集合

⊖ http://www.cyc.com/documentation/ontologists-handbook/.

⊜ 可定制性描述了认知模型的结果在很大程度上依赖于没有理论或经验驱动的决策。可定制性需要最小化，这样模拟的结果实际上取决于它要测试的理论，而不是其他因素。

⊜ 聚集不是集合，可以避免自相矛盾。所有集合并不包含它们本身。那这个集合是否包含它自己呢？ Bertrand Russell 用这一悖论对一只猴子从几条研究线进行研究（Irvine, Deutsch, 2013）。

⑭ 这意味着从逻辑意义上来讲，结构关系是更高阶的，或者说，等同于物化的第一阶，这意味着对于每个谓词，都引入一个特殊的实体来表示。

的关系一样。比如，表明当某物通过铰链连接到其他物体时，它其实也与其他物体相连。

```
(genlPreds connectedViaHinge connectedTo)
```

将知识库划分为多个有用的子集并将其进行适当关联的机制，是本体论和知识库构建的重要进展之一。验证最多的方法就是 Cyc 的微观理论概念。微观理论是一组事实，而其被认为是形成了有关某个主题的局部一致的信息集。类似于集合和谓词，微观理论间也有着继承关系：如果微观理论 M1 继承自 M2，那么任何认可 M2 的事物也会认可 M1。所有的推理均与微观理论及其继承理论有关，它就是开展推理的逻辑环境。逻辑环境的概念对于任何系统都是至关重要的，因为这些系统必须就虚构的世界、替代假说和理论以及其他主体的信念展开推理分析。比如，在对某种情形下可能形成的结果进行推理时，会用不同的微观理论记录不同的备选方案。

就其本体而言，Cyc 体系的相当大。目前，我们使用 OpenCyc 的子集，附带对定性推理、类比和语言处理的自行扩展来开展研究。在撰写本书时，所用体系包含了可被划分为 1135 套微观理论的 130 万个事实，有 8.7 万多个集合、2.6 万个关系及 5000 个函数。即便如此，在使用它时，仍然面临一些问题。Cycorp 的目标是要建立一个足够大的，可以通过学习不断拓展的手动知识库，目前在这方面已有几个成功的实验（Curti et al.，2009；Forbu et al.，2007；Witbrock ct al.，2015）。OpenCyc 极其有价值，因为其规模及内容均为开源的，并且它与有大量事实依据的资源相关，比如 DBPedia（Bizer et al.，2009）。比 OpenCyc 更大的是 Research-Cyc，它比前者具备更多的公理。⊖Cyc 本身更大。

2.5　谓词词汇的丰富性和结构

人们在心理表征中所用谓词的词汇量有多大，是一个具有深远心理学意义的问题。作为语言使用者，似乎存在词汇层面的表征，并且其在语言处理和略读中很有用。例如，IBM 的 Watson 展示了一个主要由词汇层面的表征构成的知识库，使用它将足以在《危险边缘》电视游戏节目（Fan，Kalyanpur，Gondek，Ferruci，2012）中完成人类水平的事实性问答。另一方面，为了对文本内容进行更深入的推理，采用了 Cyc 中更多类的概念表征，而它们已被证实有用（Chang，Forbus，2015；Lockwood，Forbus，2009）。早期的模型，诸如概念依存（Schank，1972）和 LNR 体系（Norman，Rumelhart，the LNR research Group，1975），设定了一小组原语，它们可组合使用，以表明各种动词的语义。随后的经验表明，这些模型可能的确为某些场景提供了有用的抽象概括，但却仍需探寻更为深入、明确的表征。作者认为这里描述的各种定性表征是构成那些更深层次表征词汇的重要组成部分。我们新获得的通过阅读和其他形式的学习构建知识库开展大规模认知系统

⊖　我们在 2016 年使用的 ResearchCyc 内容包含了将近 500 万个事实。

实验的能力，可能会为这些问题提供新的视角。

2.6　摘要：表征评估

理解表征是明了认知的核心所在。表征是认知货币，是认知过程的输入和输出。它们中的一些可能被留存（即存储在长期记忆中），以用于指导之后的操作和学习。这就是诸多人工智能和认知科学研究都关注表征理解的原因。

可能表征及其范围之间有时存在微妙的平衡，使我们必须掌握一些评价表征的标准。这里有三个标准，需要牢记：

1）就预定模型而言，元素的含义是什么？细致阐述的理论显然优于凭空形成新原语的表征词汇，或使用自然语言发音方式表示谓词，而其含义至多只起到提示作用的表征词汇。根据之前对模型理论的讨论，这意味着好的表征会受到使用它的公理或规则及指定运算的约束。

2）如何根据输入分析得出表征词汇的描述？某些情况下，可以假定它们是由一有机体（如由视觉系统或自然语言分析器产生的表征规范）中的某个子系统直接求得。但在大多数情况下，需要说明如何从更基础的信息中探究这些表征。

3）表征如何用于推理？它支持什么类型的推理？该推理的计算复杂度是多少？

第三个标准非常重要，值得单独讨论，所以接下来对推理进行探讨。

第 3 章 推理概要

要理解人类的认知，就需要进行全面的推理。诸如"逻辑解决一切"或"统计解决一切"这样的简化模型，虽然可以很好地逼近一些具体案例，但这两者均忽略了一些重要的现象。比如，有一个普遍存在的误解，认为使用符号、关系表征必然会用到逻辑和串行处理，却不会涉及数字或统计信息。实际上，其选择余地很广，而且仍在不断拓展。本章就其中一些处理和选择给出简要的指导。经验丰富的认知科学家将熟知这里阐述的大部分观点，无论他们认同与否。

3.1 计算复杂度和可操作性

推理是一种由有机体和 / 或物理可实现系统完成的计算行为。如此一来，在进行推理时，它们会消耗资源，所以对资源使用情况的描述是理解推理的一个重要部分。这就是计算机科学中所谓的计算复杂度，每位认知科学家均应对此有所了解。为了讨论计算复杂度，计算机科学家使用了所谓的大 O 符号。该符号表示了如何根据问题的大小确定计算成本。比如，从包含 n 个元素的无序列表中搜索一个项，所用的时间为 $O(n)$（即线性时间）。当列表大小增大一倍，在最坏情况下，将不得不花费两倍的时间对其进行搜索。该时耗是在假定执行串行处理时得出的，如果您有并行处理器，那么就可以在常数时间内完成搜索，不过必须使用 $O(n)$ 个处理器。事实上，这些想法对任意资源（处理器、存储空间，甚至消耗的能量）均适用，而不仅仅针对时间。但是为了简单起见，我们在大多数示例中均使用串行处理时间。

如果对列表进行排序，可以得到比线性时间更好的结果。想想精装字典，可以从中间开始查阅，如果要找的内容不在初次查阅的地方，则可依据字典排序了解其是在字典的前半部，还是后半部。这意味着您可以递归地使用相同的查找过程，仅搜索前、后两部分之一，直至找到待查内容。该查找过程耗时仅为 $O(\log(n))$，如果将查找项数加倍，平均只需多执行一个搜索步骤，因此使用串行机器搜索有序列表的时间复杂度是对数级的。

无论何种任务，都存在性能更好或更差的算法。对一组数据进行排序提供了一个不错的示例，就像人们为了获得有序列表进而加快后续检索那样，通过遍历列表，并翻转其内无序的相邻项，即可实现排序。这是一种非常简单的排序方法，也被称为冒泡法，其复杂度为 $O(n^2)$。但是，还有更好的排序算法，它们的复杂度降到了 $O(n\log(n))$。$O(n\log(n))$ 和 $O(n^2)$ 之间的差别或许看似不大，但在实际操作中却会产生巨大的差别。还有复杂度比 $O(n\log(n))$ 更低的处理方式吗？事实上，在串行机器上，$O(n\log(n))$ 是已经得到证明的最优情况。这类界限是有用的，因为它们适用于任何在相同假设下执行相同任务的系统，无论它们是机械或是生物方面的。

计算复杂度往往与最坏情况下的分析有关，以确定所评价方法的资源使用界限。如果预先知道问题类型的分布情况，有时可达到平均处理性能。倘若开展算法测评，也可在实践中确定其复杂性的具体估计结果。而这能被用于确定是否使用某一特定算法吗？在某些情况下，这样做是可行的，但是因为涉及对算法、表征和体系结构（例如，有多少处理器及其类型是什么）的假设，所以必须谨慎地处理（Barton，Berwick，Ristad，1987）。

易处理性是复杂性分析中的一个重要问题。如果有一个关于 n 的多项式，所关注的性质可以用该多项式近似描述，那么计算就是多项式的。如果大 O 表示法表达的复杂度比多项式表达形式的增长得更快（如指数），那么计算是非多项式的。耗费多项式时间完成的计算是传统意义上的易解计算，而那些耗费非多项式时间的计算则习惯上称为不可解的。该术语在认知科学中常被误解，不可解并不意味着无法求解，它意味着计算成本会随着输入数据量的增加而快速增长。如果输入量一直较小，其计算代价往往不大，尤其是在可以为每个输入分配并行处理资源的情况下。但随着输入量的增加，指数计算的成本增长很快。下面将就其中一些重要含义进行讨论。

3.2　演绎、溯因和归纳

"推理"一词就是 Marvin Minsky（2007）所说的"手提箱"：这是一种用于描述诸多不同现象的便捷方法，尽管其性质和操作截然不同（如衣服、化妆品和鞋子），它们仍被置于一个容器内。在此，首先探讨一些基本区别。几千年前，哲学家提出的第一种推理模式是演绎推理（Shapiro，2013）。演绎推理里有一个经典规则叫分离规则，或条件消除。也就是说，如果我们相信 P 意指 Q，且信任 P，那么必然会认定 Q 为真。这段推论似乎的确抓住了一些与推理有关的重要内容。有两种方法可用于构建演绎推理系统：第一种依据给定假设，制定了一套可表达有效结果的规则（分离规则就是其中一类），这就是自然演绎法。目前已研究出了许多自然演绎系统，它们就符号表达中的不同均衡策略进行了探讨。第二种方法使用了单个规则——归结法，它凭借将语句转换为更加简单却等效的子句形式，来构建演绎推理系统。理论上讲，借由这两种方法得出的结论同样有效。

逻辑学家和数学家提出了一些用以描述规则集的有用理论。如果从一组假设中得出的任何结论都可以用规则加以证明，那么这组推理规则就是完备的。对于命题推理和一阶谓词演算而言，可以构建健全且完备的规则系统。这些当然是逻辑系统的重要属性，可我们仍须探寻此类逻辑的计算特性。一种特性是可判定性：能否找到一种总是产生正确结果的算法吗？对于排序这样的简单任务，答案显然是肯定的。然而，一阶逻辑是不可判定的，也就是说，一般情况下，没有哪种算法能确保对一组假设产生的所有结论都做出正确的证明。"一般情况"这一提示很重要：演绎算法在调度和设计验证等场合得到了广泛的应用，而这表明此类算法可用于应对诸多实际推理任务。

须关注的第二个特性当然是计算复杂性。这就是大多数认知科学家认为逻辑演绎无法解释人类推理的原因之一。一阶逻辑演绎在时间上是非多项式的，这意味着，随着所涉知识的增多，其执行速度可能会变得非常慢，以至无法实际应用。高阶逻辑中的推理是不可判定的（即由于其表达能力的提升，我们不能保证算法总是收敛到同一结果）。更糟的是，高阶逻辑被认定为不完备的，这意味着据此可以形成无法被证明为真的真命题（这是哥德尔著名的结论之一；Nagel，Newman，Hofstadter，2001）。而所有的证据均表明，人类具备大量的知识，因此输入（即当前所用的知识）的规模自然不小。可是，由于人类具备的知识较当前开展逻辑分析的自动推理系统的要多得多，故而其推理非常迅速且准确。尤其有吸引力的是，当人们知道得越多，他们的推理速度就越快（Forbus，Gentner，1997）。理解"如何"和"为什么"是认知科学的重要挑战之一，对此进行解释的相关建议会在第4章进行概括，并在第12章进一步检验。

这些属性，尤其是完备性，很容易被过度解读。任何物理可实现的计算系统本质上都是不完备的：我们没有无限长的时间和无穷多的资源。例如，关于哥德尔的工作对人工智能和认知科学所谓的影响，有很多臆测。它真正施加的唯一约束是，如果人（或机器）使用二阶（或更高阶）逻辑作为纯演绎系统，他们将无法就每个据此假设得出的陈述进行证明。作者认为，人或机器的纯演绎操作毫无意义。下面将介绍一些反例。实际上，人工智能中最精巧的系统都不是纯演绎的，它们均使用并不可靠的启发法，并适当引入了统计操作。

这件事之所以复杂，是因为在解释推理时，演绎的诸多方面均会被涉及且不可或缺。任何无法表达析取和否定的表征系统，根本无法应对我们的多种思考。例如，知道猫在房中，意味着它在一间房间里，而如果除一间房间外，有人找遍了其他所有房间却并未找到猫（关上门，防止它跑出），那么这只猫必定在那间尚未搜寻过的房间里。同样，掌握一般知识（包括能使其应用于多种场合的变量）也很重要。任何未定义矛盾概念的推理系统都无法检测出其推理中的错误，因此演绎的方方面面均抓住了推理的重要属性。另一方面，除了计算复杂度问题外，依然有理由认为演绎并不足以作为人类推理模型。其中一个原因是，有充分的证据表明，人们往往并不总是进行演绎推理，认知心理学中经典的沃森任务（Wason，1968）就是这样的例子。假如有四张卡片（见图3.1），每张卡片都是一面为字母，另一面为数字。你要做的是尽量多地捡起卡片，以确定这些卡片符合以下要求：如果数字是奇数，那么卡片的另一面是元音字母。你要选取哪几张卡片呢？

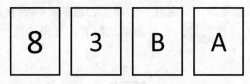

图 3.1　沃森任务实例

碰巧，大多数人都搞错了。人们必须捡出标着 3 的卡片，保证另一面是元音，还必须捡出标有 B 的卡片，确保另一面的数字不是奇数，而无需再拿其他卡片。这一任务其实具有多种不同形式，人们也曾就它们开展研究。该任务的多个抽象版本往往具备相同的性能。此外，依赖于常识的具体框架则不然（例如，如果一个人的年龄不足 21 岁，他或她一定不能饮用含有酒精的饮料），尽管这些框架似乎在逻辑上与原始任务等效。对此有几种解释，包括运用具体模型的构建与检测（Johnson-Laird，1983）及特定于域的模式（Cheng，Holyoak，1985）所给出的。但是，请注意，尽管这两种方法都不是演绎方法，但它们都设定了某种结构化表征形式。也就是说，它们有表征卡片的方法，卡片两面均有特定类型的表征符号，并且它们应遵循规则。

演绎逻辑作为人类推理模型的另一个局限在于公理的作用。演绎始终被认定为真，无一例外。在人类的话语中，规则难以捉摸，它并非是一成不变、普遍正确的演绎语句。从模糊逻辑（Zadeh，1996）到非单调逻辑（Antonelli，2012），为了明了这类特性的建模形式，人们已进行了多种尝试。在第 5 章中，我们回归到定性表征和模糊表征间的联系上。非单调逻辑思路被用于发现默认推理现象。例如，如果我们知道 Tweety 是一只鸟，就知道 Tweety 会飞：当然，除非它是只企鹅，或者烤熟的、已死的鸟，抑或是填充玩具。考虑一组假设所产生结论的数量。倘若新增了一个假设，它在逻辑上源于其他假设，那么结论数不变。否则，鉴于新旧假设组合产生的新推断，结论数势必有所增长。因此，传统逻辑是单调的。当新信息使默认假设失效时，就有问题了。再回到之前 Tweety 的例子，当我们知道它是鸟时，就假设它会飞，而这势必引发诸多后果（如你需要把窗户关好，把它关在房间里）。随后，知道 Tweety 是企鹅后，就推翻了之前的默认假设——其结果集也随之缩小。这就是非单调逻辑的含义。默认推理和非单调推理是人类推理的基础，因此明了如何开展非单调推理至关重要。对非单调逻辑形式体系的研究仍处于早期发展阶段，因此，本书除了探索其特性外，尚未对其进行大量使用。

在本书中使用了一个非单调谓词——uninferredSentence。它的意思是，当 <p> 无法被当前的推理系统所证明时，（uninferredSentence<p>）完全正确。在逻辑编程领域中，这通常被称为失败否定，是 Prolog 的一个关键特性。它还给出了一种封闭世界假设，即无法依靠查询取得的可用知识派生出语句。

　　语句模型的构建使用了结构化表征的一种非演绎方法。约束传播则是另一种。扩散激活作为其中一种版本，是认知科学中最早提出的计算模型之一（Collins, Quillian, 1969）。其思路是，假定有一个问题，诸如 "Tweety 是动物吗？"，激活将向上扩展至表示上义的链接，并且如果动物节点变得活跃，那么答案是肯定的（见图 3.2）。

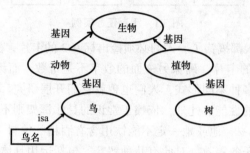

图 3.2　简单的语义网

　　这种语义网在认知科学研究之初就受到了广泛的关注，并发展成了所谓的描述逻辑（Baader, Calvanese, McGuinness, Nardi, Patel-Schneider, 2010）。描述逻辑是一种重要的语义 Web 技术——OWL 表示语言家族的理论基础。在该演化过程中，摒弃了传播数值的思想，得到了一项非常正式、清晰但却有一定局限的语义。此外，这种扩散激活技术仍广泛用于认知结构的长期记忆模型中，如下所述。

　　到目前为止，我们已经意识到演绎的确抓住了人类推理的某些特性。另一种能部分反映人类推理特点的推理方式是溯因。溯因是探寻解释的推理过程。它往往被视为

```
(implies A B)

B

----

A
```

　　在此，A 为一个溯因假设（即为了证实 B，而假定为真的事物）。虽然并不完善，但溯因在进行规划识别（例如，那个人为什么在餐馆外面闲逛？他可能在等人）和理解自然语言（例如，"砖是热的。" 通常，这句话并没有 "在描述烹饪或性感时，砖是热辣的" 的含义，尽管在某些特殊情况下，这两种说法逻辑上讲可能都正确）时至关重要。一般而言，必须提出多个假设，因为推理可能要经历多个步骤。此外，在任何丰富的公理系统中，都可能存在多组相关联的蕴含。通常，某个简单性或代价的概念被用于指导搜索过程，以找出解释这一现象的最简单（或代价最小）的假设集（Hobbs, 2004）。溯因方法无法保证其解释的正确性，只能说明，根据现有的证据，它们可能是一种解释。

归纳涉及从例子或更具体的规则中学习新概念和规则。对不同种类动物的辨认学习，就是一个归纳任务实例。输入可包含正面证据（"那是一只花栗鼠。"）和负面证据（"不，那不是小狗。那是只臭鼬。"）。分类是多类传统机器学习的重点，但它并不足以对人类的学习进行解释。人们会学习规则和因果关系（例如，如果要打开某把锁，那就去找把钥匙）。许多机器学习模型与逻辑和统计学相结合，来学习此类关系信息，比如归纳逻辑编程（Muggleton，1992）和马尔可夫逻辑网络（Richardson，Domingos，2006）。目前，人们并不清楚这些系统在多大程度上，可用作人类认知的模型。例如，当前的马尔可夫逻辑网络准则用到了一种被称作命题化的推理技术，就公理数量而言，该技术呈指数复杂性，因此其分析过程极其缓慢。第 4 章讨论的类比学习技术为处理这种关系学习提供了实体模型，但它们尚未就归纳逻辑编程和逻辑 / 概率融合领域中出现的一系列问题进行过测试。

3.3 模式匹配与合一

模式匹配是一种变量绑定方法，借此可将一般知识应用于特定的情况。假设有一公理如下：

```
(implies (Human ?x) (Mortal ?x))
```

并且知道

```
(Human Robbie)
```

通过将蕴涵的前提与这一基本事实匹配，可将 ?x 与 Robbie 关联，并得到蕴含

```
(Mortal Robbie)
```

合一是一种特定的模式匹配形式，它求取了使两个语句相同所需的变量绑定集。人工智能应用中还有一些其他的模式匹配形式，但大多数都摒弃了合一。在讨论类比匹配时，我们将看到另一种不同形式的模式匹配。碰巧，这两种模式匹配形式互不包含。类比匹配支持常量间的绑定，而在合一中却并非如此。合一支持将多个变量绑定到同一个值上，这在类比匹配中是不允许的。类比匹配是否能完全取代认知架构中的合一方法，是一个有趣的开放性问题。

3.3.1 知识存储和检索

类似于其他认知系统，假设人类被视为拥有一个知识库，拥有一种实用的存储所知信息的方法。认知系统该如何从知识库中检索知识呢？典型的人工智能处理方式是，找出与特定逻辑环境相关的所有匹配知识。如此一来，根据已知信息，可能会得到很多答案。一些借鉴了心理学理论的认知架构，引入了数字滤波作为附加约束。例如，对某事实的效用及近期使用情况的估计，常被存储于知识库里，并在处理过程中自动更新。这些方案往往依赖于扩散激活，将根据激活过程中的自动衰减来模拟近因效应。扩展激活模型就是所谓的数据并行算法（即每个数据块均被设定为一个活跃的处理单元，而这意味着它的缩放特性颇具应用前景）。要

在串行工作的硬件上有效地实现这些模型，的确是个挑战，因此，即便扩展库远小于人类知识库，仍然很少有人研究扩展知识库的方法 [但可以看看 Derbinsky、Laird 和 Smith（2010）的研究内容]。

如第 2 章所述，许多认知理论均默认，知识是以较单一语句更大的单元来检索的。在基于产生式规则的认知结构中，检索到的声明性数据是相当于多个命题的块。类似地，图式、框架和实例可以被视为根据其组合使用效果划分的命题语句集。然而，基于实例的推理系统很少用到扩展激活方案。相反，在大多数基于实例的推理系统中，检索往往依赖于索引（即维护将潜在匹配与当前情况下易求的属性联系起来的持久数据结构）。

3.4　封闭世界假设

很少有人具备制定决策或透彻分析问题所需的所有有用知识。人们经常使用启发法来减小知识间的差距（Tversky，Kahneman，1974；Gigerenzer，Todd，the ABC Research Group，2000）。做出封闭世界假设是一种重要的应对策略（Collins，Warnock，Aiello，Miller，1975）。封闭世界假设假定现有知识是与当前推理有关的所有知识。许多推理系统都用到了隐式的封闭世界假设。失效规则对 Prolog 的否定就是这样一个例子，也就是说，倘若规则体系无法证明某一事物，那么它就会被视为是错误的。为了更有效地使用封闭世界假设，应使其更为明确，也就是说，在推理过程中可创建一显式语句，并且基于该假设所得的后续推论就会据此开展验证（Forbus，de Kleer，1994）。如果随后发现结论有问题，则可借助封闭世界假设，判定为得到更准确的结论所需收集的额外信息（或学习模型）。此类封闭世界假设在定性推理中广泛使用。

3.5　概率

生活中充满不确定性。概率是一种用于对不确定性进行建模的简洁的数学方法。有充分的证据表明，人们可对各种参数进行隐式统计（Anderson，2009）。不过，同样有充分的证据表明，从概率推理的角度来看，人类推理往往并不遵循规范的工作方式（Gigerenzer et al.，2000；Kahneman，Slovic，Tversky，1982）。尽管有人认为贝叶斯模型的应用最终并不令人满意，因为它们并未给出认知科学所寻求的那种机制说明（Jones，Love，2011；Marcus，Davis，2013），但这并不影响它们在 21 世纪之交的认知科学中被广泛应用（如 Griffiths，Chater，Kemp，Perfors，Tenenbaum，2010）。如第 9 章所述，贝叶斯的因果关系可被视为对定性推理领域中发展起来的因果关系的补充。正如下一章所示，可以通过类比概括从经验中获得先验事实。这意味着，类比学习为概率推理和学习提供了强大的支持。

第4章 类 比

截至目前，所述的推理均基于第一性原理开展。也就是说，给定一组假设，一组规则被演绎地（或溯因地）用于从表征当前情况的语句中推断结论。在纯粹的第一性原理中，根本不考虑经验，而这似乎很不现实。专家们时常依赖实例和经验开展工作，而我们所有人在日常生活中都会依靠实例和经验办事。稳健的人类推理模型不可能仅基于第一性原理进行推理。

Dedre Gentner 和作者逐渐认为，类比处理是人类认知的核心操作。也就是说，受结构映射理论规律所控制的进程（Gentner，1983）的处理过程似乎是从低级的视觉处理（Lovett，Gentner，Forbus，Sagi，2009；Lovett，Tomai，Forbus，Usher，2009）到问题解决，再到概念转变（Gentne et al.，1997）。作者认为，对类比处理的高度依赖，正是对前述人类推理有效性和可扩展性谜题的解答。本章概括介绍了结构映射理论的基础知识，描述了类比匹配、检索和归纳模型，并简要介绍了这些模型在人类认知中为何如此重要。对这些模型的应用贯穿全书，尤其是在第 12、16、17 和 18 章中。

4.1 心理动机表征约定

除去第 2 章中介绍的之外，还有一些源于结构映射理论的约定，会在本书中应用。第一个约定是特性和关系间的区别。属性是一种用于描述对象的特性及其类型的一元谓词。例如，语句

```
(RedObject Truck18)
(FireTruck Truck18)
```

它们是两个属性语句，分别表示 Truck18 是红色的，以及 Truck18 是消防车。在 Cyc 术语中，这些将采用 isa 语句编写：

```
(isa Truck18 RedObject)
(isa Truck18 FireTruck)
```

这些语句被视为意义相同的语法变体。请注意，以下内容（设定了合理的公理来确定谓词的意义）在逻辑上都是等价的：

```
(RedObject Truck18)
```

```
(primaryObjectColor Truck18 RedColor)

(=(ColorFn Truck18) RedColor)
```

然而，根据结构映射理论，从心理学角度来看，两者有所不同。在结构映射过程中，对函数（这里为 ColorFn）与谓词会做不同的处理，因为前者表明了实体的维度，而后者则是可以直接参与其他关系的关联。原子项，如 Truck18，被认为是结构映射下的实体。非原子项，如（ColorFn Truck18），同样为实体，但却可对它们进行替换，原因如下。

结构映射还引入了一个不同的阶数概念，它描述了语句嵌套的级别。实体的阶数为 0，语句的阶数则为其参数次序最大值加 1。因此，根据这个定义，我们之前关于德曼霍斯特夏季多雨的推论是一个三阶语句，尽管其没有任何变量。换句话说，这个对于分析类比有用的阶数的结构概念，与逻辑学家所理解的阶数完全无关。本书中提到的阶数，除了第 2 章和第 3 章中的之外，均默认为阶数的结构映射概念。

4.2 结构映射理论

结构映射理论认为，类比涉及两种结构化关系表征的对比。当然，这些描述的确可能包含属性信息，习惯上，分别将其称为库和目标。通常情况下，库是一类人们了解更多的描述，不过也并不总是如此。

通过求取一个或多个映射的结构排列实现对比。每个映射由三部分组成：

1）确定事物之间关联性的一组对应关系（即库中的实体和语句如何与目标中的实体和语句匹配）。

2）结构评价分数，给出了对匹配度的估计。

3）一个候选推论集，指出了如何将库中映射相关信息投射至目标中。候选推论集可以为空，逆向候选推理（即从目标至库）也可如此。

对应关系表明了两种描述如何相似，而结构评价分数则体现了它们的相似程度。候选推论可以被看作是依据某一描述反映的信息，对另一描述所做的推测。它们之所以是推测，是因为无法保证其有效性；进而必须对其采用除类比处理之外的其他方式进行检测。候选推论也可被视为差异信息，可能具有 skolems（即通过类比设定的新实体）。热量的引入使得热量/水可以进行类比，就是这样一类重要示例。正如压力差异引起了水的流动，故而推测温差也可能引起流体状物质（热量）的流动。通过研究该类比的含义，我们对热量的理解也更为深入了（即如果热量真为流体状，那么人们应能将所有的热量排出体外，而伦福伯爵的发现表明，这是无法做到的）。

心理学证据表明，人类的相似性判断（Markman，Gentner，1993）、差异性判断（Sagi，Gentner，Lovett，2012）、诸多隐喻（Wolff，Gentner，2011）和类比的核心是同样的过程。

图 4.1 给出了一个弹簧 - 滑块振荡器和钟摆的对比示例。

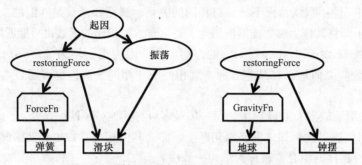

图 4.1　弹簧 - 滑块振荡器和钟摆的简化描述

（为了说明起见，这些表征都很简单，它们仅为平常包含内容的一小部分，相比而言，定性推理系统自动形成的描述往往较之复杂几倍。）图中，左侧的结构化表征可以理解为，"弹簧给滑块的恢复力使滑块振荡"；右侧关于钟摆（也很片面）的描述可以理解为，"重力给钟摆提供了恢复力"；实体使用矩形表示，函数使用截角矩形表示，关系则用椭圆表示。图 4.2 显示了下述类比匹配系统（SME）在比较这两种描述时产生的映射，其中虚线箭头表示了事物间的对应关系。

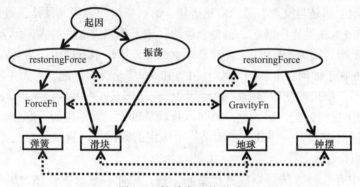

图 4.2　简单类比的联系

类比之所以有用，部分源于其能够通过映射，将所描述的知识引入另一描述。图 4.3 展示了由这些对应关系表明的候选推论，即钟摆上的恢复力也会使其摆动。

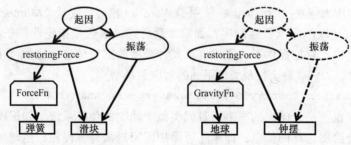

图 4.3　候选推理示例

结构排列过程受到四个约束条件的限制：

1）同一性：默认情况下，只有相同的关系、属性和函数是匹配的。当其是由高阶匹配（即将其作为参数的匹配语句）提出时，不相同的函数也可能匹配。比如，图 4.2 中 ForceFn 和 GravityFn 的作用一致，因为它们均为 restoringForce 语句的参数。类似地，在某些方面本就相似的非相同关系，也可通过对齐以达成高阶匹配。

2）一对一映射：在映射中，每一项最多可与其他一项匹配。

3）相似连贯性：如果两条语句匹配，那么其内相应参数也必然匹配。一对一映射与并行连接的组合常被称为结构一致性。

4）系统性：趋向于形成关系体系（特别是高阶约束关系）的匹配。

从认知角度来看，这些约束为什么重要呢？同一性是一种很强的语义约束：类比不仅仅是子图同构。思考以下四个语句：

1）（preferredPreyType Cats Mice）

2）（preferredPreyType ConArtists NaiveInvestors）

3）（preferredFoodType VeganPeople Vegetable）

4）（typicalMaterialType AutomobileBody Metal）

它们四个都是与概念有关的常见语句。第一条语句表明老鼠是猫最爱的猎物。认可 1）和 2）在类比中匹配，也是合理的：骗子能骗过老练的人，但天真的投资者更容易上当。因为 1）和 3）都涉及饮食偏好，所以也有理由认为其匹配，两者唯一的不同在于如何获取食物。此外，1）和 4）完全无需匹配，因为 4）表达了一种组成关系。如果匹配器要形成更大型的推论，那么匹配器应该总将 1）和 2）以及 1）和 3）进行匹配，因为这些语句本身就是较大关系结构的一部分。之所以限制此类不同对应关系，使其在更大结构中应用的原因是，盲目进行此类替换，可能会导致组合爆炸。

文献中有几种方法可以放宽严格同一性，因此，它通常被称为层次同一性。一种是最小提升（Falkenhainer, 1990），如果两个谓词共用一个与之贴近的上位词，则允许它们匹配。例如，如果狗和猫两者均为 HouseholdPet（家庭宠物）的子概念，那么它们可以匹配。另一个例子与 IBM 沃森中的一种结构映射匹配器有关，它对一个本质为词法的谓词词汇，使用了 WordNet 相似性度量（Murdock, 2011）。

为什么允许不同函数匹配呢？如第 2 章所述，函数是指定非原子项的方法。从心理学上讲，它们提供了关于维度或某种类型的部分信息。比如，在了解动物免疫系统时，人们或许会发现类似下面的对应关系

（MilitaryFn Country18）↔（ImmuneSystemFn Animal6）

也就是说，一个国家的军事力量就类似于动物的免疫系统。知识库里的其他语句可能会给出这样的信息，即军队可保护国家抵御外强侵犯，但却可能因为攻击国家而失去其应有的作用。将国家军事力量与有机体免疫系统对比，为分析免

疫系统正常功能及失效方式（即自体免疫疾病）提供了推理依据。跨域类比经常面临这类不同函数的对应问题，例如在著名的热量 / 水的类比实例中，在确定引起热量 / 水流动的原因时，温度和压力作用一致。

结构一致性对于确保候选推论一致性而言非常重要。思考一个类比，它可用于解释美国历史上最大的欺诈案之一 —— 安然丑闻。人们将其与撞上冰山后沉没的泰坦尼克号进行了比较。泰坦尼克号上的瞭望员曾提醒过船长，但船长并未理睬。当船沉没时，许多乘客因此逝去。如果对丑闻进行类比分析，那么将得出表 4.1 所示实体间的一组对应关系。

表 4.1　泰坦尼克号的沉没与安然丑闻间的类比

泰坦尼克号 ↔ 安然公司
泰坦尼克号的船长 ↔ 安然公司的首席执行官
冰山 ↔ 会计造假
乘客 ↔ 投资者
瞭望员 ↔ 揭发者

如下面所讨论的，这些实体对应其实是语句之间匹配的结果，比如以下内容（为了简单起见仍用英语表达）：

"Lookouts warn captain but are ignored" ↔ "Whistleblowers warn Ken Lay but are ignored"

在审判中，Ken Lay 一度称自己为告密者。倘若我们认真考虑这一说法，则有

Lookouts ↔ Ken Lay

而其打破了 1∶1 限制。不过，在人们尝试构建候选推理之前，这似乎不成问题：

Lookouts warn captain but are ignored → Ken Lay warns Ken Lay but is ignored.

该推理有其合理性 ——1∶1 限制至少保证了候选推论的一致性。

相似连贯性的重要性在于，它保证了对解释的组成细节的映射。假设忽略相似连贯性，并对以下两个语句进行映射：

```
(implies (and (LeakingFluidDevice BrakeCylinder2)
              (partOf BrakeCylinder2 Car54))
         (DangerousDevice Car54))

    ↔

(implies (EjectsFlames BattleBot12)
         (DangerousDevice BattleBot12))
```

两种 DangerousDevice 语句应当一致，这看似合理，但 BrakeCylinder2 该怎么做呢？这两种解释不太相似，所以将其（并因此将蕴含）进行匹配是无意义的。

系统性很重要，因为具有高阶约束关系的描述（在结构映射意义上的顺序）

在结构上对应于语义上合理的语句。因此，映射的系统性越强，越可能得到更强的候选推理。

属性及关系间的区别表明，根据重叠属性或关系数量的高低，可以将比较分为四种不同的类型（见表 4.2）。

表 4.2 类比处理中的匹配类型

类型	属性	关系
异常	低	低
类比	低	高
表面（也称为表象）	高	低
整体相似度（也称为字面相似度）	高	高

它们具有不同的心理学属性。类比和整体相似度匹配更易形成推理，并且这些推理更可信。表面和整体相似度匹配更易被检索，尽管人们并不认为表面匹配具有推理价值。随后，在探讨检索方法时，我们会就此区别进行回顾。

4.3 结构映射理论的心理学依据

许多研究均支持结构映射理论所提出的观点，比如

• 系统性和结构一致性会影响对类比的解释（Clement，Gentner，1991）。

• 结构一致性影响了类比推理中的推断（Markman，1997；Spellman，Holyoak，1992）。

• 结构一致性会对基于类别归纳的推理造成影响（Lassaline，1996；Wu，Gentner，1998）。

• 系统性对类比推理和基于类别归纳的推断产生影响（Bowdle，Gentner，1997；Clement，Gentner，1991；Wu，Gentner，1998）。

• 寻常的相似性比较使用了结构一致性和映射（Gentner，1989；Gentner，Markman，1997；Markman，Gentner，1993；Medin，Goldstone，Gentner，1993）。

• 关系转换假设：在研究之初，对象匹配胜过关系匹配，部分是因为关系知识不足（Gentner，1988；Gentner，Rattermann，1991；Gentner，Toupin，1986；Richland，Morrison，Holyoak，2006）。

• 对高阶邻域关系的学习，使儿童能够进行关系映射（Gentner，Ratterman，1991；Goswami，Brown，1989；Kotovsky，Gentner，1996；Ratterman，Gentner，1998）。

诸多证据表明，结构映射理论为计算模型的构建，提供了坚实的基础。

4.4 类比处理的计算模型

结构映射的思想已逐步拓展到类比检索、类比概括和类比匹配中。这三类过程的计算模型已用于对各种人类现象进行建模，并被用作性能导向系统的组成模

块（Forbus，2001）。从人工智能的角度来看，它们组合构成了人类认知的类比推理和学习的技术基础。从更为广阔的认知科学角度来看，这些系统能够且已被用于诸多领域，并完成了很多任务，这一事实说明，这些思路可能的确触及了人类认知的核心。当它们渗透到我们对人类如何学习定性表征并据此进行推理的思考时，它们在第 12 章、第 16 章和第 4 部分中将特别重要。

4.4.1　匹配

结构映射引擎（SME）给出了一种类比匹配模型（Falkenhainer，Forbus，Gentner，1989；Forbus，Ferguson，Lovett，Gentner，2017）。如前所述，它采用了两个结构化的关系表征（库和目标）作为输入。这些描述可以通过新信息的引入递增地更新，进而实现匹配关系的增量更新（Forbus，Ferguson，Gentner，1994），但是在此不就增量做进一步讨论。SME 生成了结构映射理论定义的一个或多个映射。默认情况下，根据结构评估分数，如果随后生成的映射在最佳映射的 10% 之内，那它最多生成三个映射。

图形匹配的代价可能很大。例如，检测两张图是否相同（子图同构）就是个 NP 完全问题，这意味着它是一类复杂度为指数级或更大的算法。然而，SME 使用了一种计算中很常见的策略：不再寻求最优解，转而寻求实践中可更快求得且性能足够好的近似解。SME 利用贪婪归并算法在多项式时间完成求取。贪婪算法虽然不能保证求解的最优性，但速度很快。目前，在最坏情况下，SME 算法的复杂度为串行处理器上运行所得的 $O(N^2\log(N))$，这使得它在实践中非常有效。

SME 的工作方式很有趣，它不仅是一种新颖的匹配方法，还能进行额外的心理预测，而这些预测在实验室测试中已得到了验证。它首先并行求取根据相同谓词表达的语句之间的局部匹配。例如，根据图 4.1 中的描述，推测两个 restor-ingForce 语句匹配。这组局部匹配关系将被扩展，且继续并行执行，以尝试与被作为匹配项所提出的语句进行参数匹配。这种扩展处于实体对、具备不同函数的非原子项对和具有不同谓词的语句对之间被假定为匹配的地方。回看图 4.1，依据并行连接，如果 restoringForce 语句匹配，那么 Block（滑块）和 Pendulum（钟摆）匹配，同样，（ForceFn Spring）和（GravityFn Earth）也匹配。通过这一初始并行处理过程，往往会得到一个尚不完善的局部匹配集。下一个阶段，仍然并行进行，且要完成三件事：①将包含非对齐参数的匹配假设标记为结构不一致的；②将违背 1:1 约束的匹配假设对标记为互不相容的 [即 nogood（无用的）]；③证据自语句间的匹配假设下传至参数间的匹配假设。证据下传提供了一种实现系统性的方法：相较于不支持大型、深度嵌套关系结构的实体对应，那些支持的会获得更多证据。接着，从结构一致且并不支持其他匹配的假设开始，识别结构一致的大型匹配假设集。这些核函数是构造全局映射的基础。每个核函数的评分只是其中每个匹配假设所用证据之和。核函数据此得分进行排序，并被贪婪合并以形成映射。贪心进程使用 nogood 以避免增加违反 1:1 约束的核函数。
通过使用与映射相关库中的语句（或目标，如果还求解反向推论），并依据对应关
系隐含的替代来计算其投影，进而求得候选推论。如果投影语句中的实体并无对
应，则引入被称之为 analogy skolem 的占位符来表示它们。

SME 算法可被视作一个中间向外的算法。自实体匹配起的自底向上的类比匹
配器（如 Winston，1980）计算复杂度不佳，根据库和目标中实体的数量表达为
$O(n!)$。自顶向下的类比匹配器（比如，Burstein，1983；Keane，1995）试图预先
确定库中的投影结构，而后探寻可使其匹配的方法。串行机上，SME 的数据并行
处理阶段的时间复杂度为 $O(n^2)$［或如果并行，则为 $O(n^2)$ 处理器］。只有在数
据有所提示时，才进行实体匹配、非一致语句和术语匹配，这在实践中节省了大
量的开销。该算法还就类比匹配的时间进程进行了重要预测：应存在一个对称的
初始对准阶段（即数据并行阶段），库和目标间没有任何区别，接着是不对称阶段
（即默认情况下，从库到目标的候选推论构造过程）。

这种预测已经在两种研究中得到验证。首先是关于隐喻的理解（Wolff，
Gentner，2011）。有些隐喻仅具单向意义：人们很可能会说，"我的工作就是所监
狱"，而非"我的监狱就是工作"。假定你给出了一系列句子，并让人确定其是否
为好的隐喻。如果要求他们在 600ms 之内就给出答案，那么他们很难区分前向隐
喻和反向隐喻，倘若人们在第一个并行处理阶段就被打断，则会出现这种情况。
如果稍后才打断他们（如在 1200ms 时），那么他们会做出我们所期望的更趋于前
向隐喻的判定。

该预测的第二个测试涉及差异检测。差异检测的一个悖论是，当两件事物差
异鲜明时，人们会很快发现它们不同；而当此两者非常相似时，人们会更快地说
出它们的不同之处（Sagi et al.，2012）。Sagi 与其同事依据差异检测对相似度计算
的依存关系，对悖论进行了解释。当两者明显不同时，在并行处理阶段构建的初
始匹配假设森林会很小。这本身就足以说明此两者的不同，因为小森林意味着不
可能有大型匹配关系。然而，要说出一个具体差别时，具有心理凸显性的差异就
很有用了。许多证据支持这一观点，即具有心理凸显性的差异是对位差异，即与
共性相关的差异（如 Markman，Gentner，1993）。该理论认为，这些均使用候选推
理求取，因此需要运行整个 SME 算法。

目前，类比和相似性还有两个 SME 尚未建模的内容。首先是短期记忆力限制。
我们之所以没有设置此类限制，是因为并不明了它们到底是什么数据。任务约束提供
的证据表明，对于各种任务，通常需要 10～100 个关系语句（Forbus et al.，2017）。其
次是定量相似度，SME 目前尚未考虑这一点。对此，将在第 18 章中展开讨论。

4.4.2 检索

人类的记忆十分庞杂。我们该如何从中检索出相关的经验和模式呢？方法有

很多，有用的却很少，MAC/FAC 模型就是这样一类基于相似性的检索模型（Forbus, Gentner, Law, 1995），它通过一个包含两个阶段的过程，实现了检索的可扩展性和相关性。MAC/FAC 模型的输入为一个探测和一个实例库，前者其实就是一个由结构化表征组成的实例，而后者则是一个（可能非常庞大的）实例集。MAC/FAC 模型的输出为记忆项（记忆项是与探测匹配的库中的案例），以及探测和记忆项间的映射。第一阶段（MAC "宽泛网络" 阶段）使用一种特殊的非结构化表征 —— 内容向量，它们从结构化表征自动计算得出。内容向量是一类维度为谓词和函数的向量，其每个维度的强度是使用这些谓词或函数的语句和子项数的函数，如图 4.4 所示。

```
(cause (restoringForce
          (ForceFn Spring1)
          Block2)
       (oscillates Block))
(cause (and (Spring Spring1)
            (connectedTo Spring1
                         Block2))
       (restoringForce
          (ForceFn Spring1)
          Block2))
(cause (performedBy Hammering3
                    Coyote4)
       (oscillates Coyote4))
```

cause	0.3
connectedTo	0.1
ForceFn	0.1
Oscillates	0.2
performedBy	0.1
restoringForce	0.1
Spring	0.1

图 4.4　简单描述及其内容向量

这种构造方法意味着，内容向量的点积为初始结构表征提供了对匹配假设森林大小的估计，该森林将通过 SME 求得。这也为估计那些结构表征具有强相似度匹配的可能性，提供了良好的启示。内容向量被归一化为单位向量，以避免因其大小差异造成偏差（即语句较多案例的过度检索）。在 MAC 阶段，通过求取其点积，将探测的内容向量与案例库中每个案例的内容向量并行地展开比较，并将返回最佳匹配及至多两个足够接近最佳（通常在 10% 以内）的额外匹配作为输出。随后，FAC 阶段再次使用 SME 并行地对 MAC 阶段生成的案例与探测进行比较，对于以探测为目标的案例使用了结构化表示。FAC 阶段输出的是与探测最为相似的案例（通过比较最佳映射的结构评分来衡量相似程度）。至多返回两个额外的实例及其映射作为输出，前提是它们足够接近最佳用例（同前，也在 10% 以内）。

可伸缩性由 MAC 阶段中对内容向量开展的数据并行计算引起，这是整个 MAC 阶段中唯一测试案例库中所有内容的地方。因为 FAC 阶段最多输入三个描述，所以待执行的比对次数其实有明确的上限，且与案例库的大小无关。相关性通过两种方式产生，首先，两个内容向量的点积对两个结构表征给出了对匹配假设森林大小的估计，该匹配假设森林由 SME 求得。不过，鉴于两个原因，其实无法精准确定该森林的大小。首先，无法确定语句对间的匹配被消除的时间，因为其参数无法匹配，进而影响了并行连接。这也意味着，它无法准确分析系统性影响，因此最终会过于强调表面共性。其次，它无法确定具有不同谓词或函数的语句或项何时匹配。然而，此估计却相当合理。一旦 MAC 阶段形成的候选匹配被传递到 FAC 阶段，SME 通过完整的结构表征取得了精确的数值相似度评分及候选推理，这些推理可用作对当前情况的推测。

MAC/FAC 模型并不清楚人类记忆中实例的组成方式，不清楚它们究竟是构成了一个大实例库，还是以某种方式被分解。如下所述，类比概括模型对此做了一些更具体的推测。

MAC/FAC 模型取得了基于相似性检索的两个重要发现（Forbus et al.，1995）。首先，最常见的是，检索与探测是总体相似且表面匹配的。该结论需用到一个附加假设，即在人类表征中，表面信息多于深层结构信息（特异度推测；Forbus，Gentner，1989）。我们认为该假设合理，因为在任何特定情况下，人们感知到的远比其深刻理解或决定编码的东西要多。其次，的确存在跨域类比的情况，但它们相对较少。从生态学的观点来看，这是有道理的：任意一组描述对间产生启发性匹配的概率很低。另一方面，总体相似性（换言之，域内类比）相当有用。比如，如果想发动汽车，无需考虑，只要像上次开车那样操作即可。

类比匹配和检索共同作用并形成了相当强大的推理组合。如果实例库中已有相关解释、建议或警告的先验经验，这些经验将作为候选推论应用于新情况。在第 16 ~ 19 章中，有相应的示例，例如，有关诸多物理问题有效解决方法的知识积累，使得系统能够应对许多新颖但相似的问题（见第 19 章）。

4.4.3 概括

通过积累实例经验，可以非常有效地达成学习。然而，诸多证据表明，人们还会总结经验（Crowley，Siegler，1999；Elio，Anderson，1981；Newell，1994；Shepard，1987；Tenenbaum，Griffiths，2001）。人类的学习过程相对保守，常需通过多个实例才能掌握一个新概念。但是，人类的学习速度往往比当前的统计学习算法要快得多，完成同样的任务时，后者所需的刺激可能较人类所需的要高几个数量级（Kuehne，Gentner，Forbus，2000）。我们认为类比概括是人类学习的重要组成部分，其核心思想是，在进行比较时，重叠可以被视为一种抽象形式，其中不映射的库和目标的组成部分会被弱化，并最终消除。通过多次匹配，大部分的表面信息都被剥离，进而获得了匹配范围更广、更泛化的描述。

SAGE（McLure，Friedman，Forbus，2010）是一个类比概括计算模型，它为类比概括提供了一个特定的框架。SAGE 代表了顺序类比概括引擎。SAGE 将传入的例子本地存储至一个或多个泛化池中。泛化池有一个触发器，该触发器其实是一组条件，满足这些条件的情况下，可将某些内容存储于泛化池。例如，如果我们正在学习有关动物的知识，那么对于看到的所有动物（Animal）实例（也包括 Dog、Cat 和 People）有一个泛化池。（假设传入实例可以被添加到多个泛化池中。）每个泛化池都包括一组示例和概括。泛化只是一种结构化表征。当新示例出现时，会用 MAC / FAC 检索最相似的概括和示例，而概括和示例集则被用作案例库。同化阈值指示了新示例要同化至概括，两者间必须相似到何种程度（或者如果检索项是另一个示例，则形成新的概括）。如果检索到的内容不够相似，则新示例将被存入泛化池，成为其中一个示例。如果检索到的最相似项是概括，则该示例将同化为此概括。同化过程包括对与概括中的每个事实一起存储的频率信息的更新，从而"剥离"较少更新的信息，剔除概率低于特定阈值的语句，以限制概括的数目。如果最相似的被检索项是一个示例，那么新、旧示例会合并为新的概括，其中信息对齐的概率为 1.0，其余的概率为 0.5。不全同实体也可以用广义实体（一种保证唯一的 skolem 个体）代替。

同化过程有几个有趣的特性。首先，它通过记录语句在示例中出现的频率，生成概率表征。其次，尽管广义实体比原始实体更抽象，但它们仍然不是逻辑变量。要使用概括，就要用到类比匹配。最后，概括仍可具备与之相关的具体信息。它们不再是特定的例子，但通常也不会像寻常纯粹的第一性原理演绎规则那样抽象。

作为一种概念学习系统，SAGE 有一些独特的特性。在用作触发器的概念级别上，它进行监督学习。但是，在泛化池中，它可以维护多个概括，使其更容易学习析取概念。由于离群实例的存入，它保留了最近邻算法的一些优点。泛化池中的学习可被视为无监督的，因为并不清楚有关应有聚类数的先验信息（不同于 k-means 算法）。

使用 SAGE 进行分类的工作如下。假设实例分类将根据与之最为契合的 K 个概念进行，且每个概念都具有一个泛化池。分类通常基于 MAC/FAC 开展，而各泛化池则整合用作案例库。抽取出最相似概括或实例的泛化池被认为是最适合新示例的概念，相似度评分则表明了它与该概念的契合程度。

SAGE 有两种用法：第一种用法与存储于长期记忆中的泛化池有关，例如在单词学习建模中所做的工作；第二种与存储在工作记忆中的泛化池有关（Kandaswamy，Forbus，Gentner，2014）。SAGE 的这种用法与连续呈现的故事序列中的在线抽象（Day，Gentner，2007），以及源自两个同视实例（Christie，Gentner，2010）的类比概括所呈现的证据相符。

SAGE 及其前身 SEQL 已在对几种心理现象的模拟中使用。例如，Marcus 等人（1999）的研究表明，婴儿可以快速学会口语表达模式，如"Pa Ti Pa"，并在经过仅 16 次实验后，即可学会区分 ABA 和 AAB 型的表达模式。如 Seidenberg 和 Ellman（1999）所研究的，连接主义模拟需接受多次相同的刺激，再辅以大量的前期训练，才能使该网络掌握待使用的每个音节。相比之下，基于 SEQL 仿真，采用与 Seidenberg 和 Ellman 所用的相同语音表征，就能在受到数次刺激后学得这些模式（Kuehne et al.，2000），而接受的刺激次数与婴儿受到的相同。本书稍后将介绍更多有关如何将 SAGE 用于空间语言学习建模的实例（见第 16 章），以及概念变化方面的内容（见第 17 章）。

4.5 类比在人类认知中的重要意义

如上所述，类比处理为解释人类推理和学习奠定了基础：

• 类比允许根据少量信息进行推理。即使在适当情况下仅检索到一个例子，也可为新情况提供预测和 / 或解释。

• 类比推理提供了一种有效的溯因方式。如果类比中的推理关注的是某种情形下可能发生的情况，则其可以是预测。不过，它们还可以是对所观测行为的假设解释，可以将事先了解的情况映射至新情况中（Blass，Forbus，2017；Falkenhainer，1990）。对先前行为的解释无需源于完全阐明的第一性原理理论：它们可以是对先前特定情况下所发生事情的具体解释。

• 随着知识的增长，类比处理可以更快地完成预测。随着案例和概括的不断积累，对于任何新情况，都更有可能存在与之接近的类比，从而借由检索和匹配快速生成一个一次性答案。

• 类比学习，尽管起初进行得较为缓慢，但却似乎是以类人的速度进行。多数情况下，SAGE 仅需十几个示例就可以很好地执行任务，而机器学习方法要正常工作，需要的示例数量通常要比 SAGE 用到的多几个数量级。概括过程自动生成了每个语句的概率信息，给出了可用于统计推理的上下文相关先验知识。此外，类比概括提供了一种自然、渐进的学习方式，概括越抽象，适用范围越广。

通过与上述模型结合使用的合作认知架构（Forbus，Klenk，Hinrichs，2009；Forbus，Hinrichs，2017）及其他推理功能，即可对这些思路进行研究。本书中讨论的许多模型（尤其是第 4 部分），都建立在合作体系之上。

第2部分 动 态 性

动态性关注的是如何就事物连续属性随时间产生的变化进行表示和推理。正如第1章中的两个例子所示（即在炉子上加热水时会发生什么；热水或冷水哪个冻结得更快），即使没有数值参数或微分方程，也可以得出微妙的结论。本节介绍了定性表征如何用于开展对连续系统变化的推理；总结了研究人员在定性推理（以及其他领域）中开发出的丰富的表征和推理技术；还探讨了它们对理解常识推理、专家推理、因果关系和自然语言语义方面的影响。具体而言，有

• 第5章概括了分量的表征方法（即连续特性）。尽管作者未就很多公式化的细节和定理进行探讨，因为其他地方有足够多的相关资源可供那些想要深入研究的读者使用，但这些表征方法仍然以丰富的数学传统为背景。相反，作者就这些表征方式的权衡策略进行了概括，以明确它们中哪些会在理解人类认知中起到何种作用。

• 第6章阐述了所谓的定性数学（即数量之间关系的表征）。这些关系形成了关于连续系统的更大的因果论证关系，这对于理解认知而言非常重要。

• 第7章描述了定性过程理论的核心思想，它给出了在广泛的连续域中将人类心理模型形式化的框架。作者认为其机制概念为因果论证奠定了基础，也给出了一种关于连续系统可复合知识的组织结构。

• 第8章通过演示如何使用定性过程理论求取一系列常识模型，以说明其功能；介绍了液体和气体的领域知识，包括对冰块冻结问题的解释；研究了多种一维运动模型，包括亚里士多德、牛顿和动力模型，它们来自于对错误观念的研究。本章还阐述了如何根据定性表征分析有趣的动态现象，例如振荡和平衡。

• 第9章再度回归对因果关系的讨论，并给出了探索因果关系的框架。然后，比较并对比了定性推理研究中形成的三种因果关系 [定性过程（QP）理论、融合

及因果序]。与心理学中的许多因果模型不同，这些更丰富的模型提供了处理循环和反馈的方法。

• 第 10 章更为深入地探讨了定性仿真的概念。定性表征的抽象程度使其在常识性推理中相当有用，但却是以仿真中的模糊性为代价的。对此，有些出人意料的结果，会在此检验。

• 第 11 章探讨了如何使用定性表征来组织与建模过程本身有关的知识。科学家和工程师拥有丰富的专业知识及常识，在解决问题时，必须对这些知识进行适当的整理。组合模拟作为 QP 理论的拓展，给出了一个用以表达建模假设及其内在联系的框架。本章还对模型自动生成算法进行了概括描述，并就其心理可信性展开了研究。

• 第 12 章表明人类的定性推理主要是通过类比展开。这与定性推理中的大多数工作大相径庭，定性推理侧重于第一性原理推理。具体而言，作者认为，最好通过类比推理而非来自经验和文化知识的定性表征，来对心理模拟进行解释。

• 第 13 章探讨了定性表征在自然语言语义学中的应用。总结了 QP 理论在英语交流中所用的构式，并将其与 FrameNet 关联，表明它们与语义学的语言模型是一致的。QP 理论可被视为给出了一种与连续世界的语义有关的推理成分。

本部分各章相互补充，并按顺序阅读的方式编排。不过，并非所有读者都对第 5 章中的每种表征或第 8 章中的各个例子感兴趣。此外，对专业的建模推理不感兴趣的读者，还可略过第 11 章的内容。

第5章 分　　量

我们考虑了各种各样的连续特性。重量、水平、压力、热量和温度都是物理量。位置、力、加速度和速度的一维形式也是分量。更抽象地讲，价格、质量、稳定性、难度和简单性均是我们通常认为不同程度连续的属性。对于某些分量（如重量），仪器可以相当准确地测量出其数值，并依据一些公认的知识标准进行校准。对于另一些分量，比如友情的深浅，虽然我们通常清楚自己与他人间的亲疏程度，但却并不确定是否能轻易测量出其具体数值。

要对此类连续属性进行定性推理，需将其可能值量化为有意义的单位。对此，有许多方法可用，针对特定用途，它们也会有优劣之分。根据 Minsky（2007）的观点，我们认为人们用到了多种分量表征方法。然而，很多方法被用于对难以认定的数值进行划分。我们可以查看其中之一，来训练直觉思维。倘若要划分温度范围，使每 10℃ 为一不同的值，即 0~10℃ 是一个值，11~20℃ 是另一个值，依此类推。这很好地说明了 12℃ 和 13℃ 之间的差异无关紧要，这些值可被视为大致相同。可是，这种想法也面临几个问题。如果以水为例，那么在其 0℃ 和 1℃ 之间有一个重要的区别：以℃表示，0℃ 是水的冰点，因此 0℃ 有一些特殊之处，而其无法用这种表征形式体现。另一个问题是，大多数情况下，10℃ 和 11℃ 之间的差异其实并不重要，但是在这种表征方式中却很重要。我们完全随意地选取 10℃ 作为划分界限：它并未反映关于当前世界或其中正在执行的任务的任何深层属性，因此这种常规的离散化操作并非良好的定性表征示例。

良好的定性表征应具有怎样的特性？5 种特性会相互牵制，这也是为什么需要多种表征形式的原因：

1）可实现性。表征可以通过知觉系统计算求得，也可以从感知信息中简单地推导得出。

2）关联性。对于某些任务，定性表征的区别应该意义明确。

3）分辨率。定性表征可以是细粒度或粗粒度的，差异数可以是固定或变化的，而这些会因表征需求的不同而不同。

4）所支持的操作。定性表征根据其支持的操作类型的不同而不同。以下是三种重要的操作：

① 比较相对大小；

② 传播有关给定值的信息，以获得新值；

③ 依据关联性合并包含分量（数量）的术语。

5）适度拓展。在解决问题的过程中，有时需要更高分辨率的信息，可否在不推翻已有结论的情况下引入此类信息呢？

明了这些属性之间的权衡关系是定性推理研究的一个重要目标。鉴于传统数学方法给出了一组可靠的细粒度表征，因此许多工作都将关注点放在了更粗粒度的表征上。正如第 7 章和第 8 章中的例子所示，可以通过粗粒度的定性表征完成大量的推理工作。

图 5.1 说明了本章所讨论的分量的表征形式。所有研究人员均认为这些内容从心理学角度来看也是有道理的。事实上，它们中的一些具有合理的证据支持，而另一些似乎不那么可信。本章其余部分会就支持和反对每种表征的情形进行讨论。表征研究会从传统数学和计算机科学角度开展，因为它们可能最为人们所熟知。

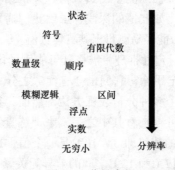

图 5.1　分量表征

5.1　实数

数学家们为了正式表达连续属性的性质，提出了多种经典解决方案。正是因为他们的努力，才有了整数、有理数（即整数的比）和实数（技术术语）。19 世纪，实数分析理论推进了实数概念的发展，使得微积分定理能得以严格证明。因为实数表征对某些数学分支而言是必需的，所以它显然是一种专业表征方法。

实数也可用作日常直观的分量概念模型吗？正如 Hayes（1979）指出的，实数的有些性质与直觉不符。例如，点集拓扑结构表明，数轴上 0 和 1 之间的点数与（0，0）和（1，1）之间的单位正方形内的点数相同。如果认为线和面积由真实"物质"所构成，显然是荒谬的。与之类似，Banach-Tarski 定理（Banach，Tarski，1924）表明，我们可以取一个单位球体，并通过一些巧妙的操作，创建多个相同大小的球体。同样，这也是在物质世界中不可能发生的事。这些反直觉结果的核心在于一被称之为密度的属性：在任意两个实数之间，总能找到另一个实数。由于该新数字本身也是实数，因此这一定义可递归应用。可是，该属性并不适用于由原子组成的物质。倘若我们认为连续介质最终是原子的，就必须放弃密度。

实数的另一个重要属性是连续性。假设有三个实数，分别为 A、B 和 C，并使
A <B 且 B <C。倘若现在考虑一个初始值为 A，且数值随时间增长而增加的分量。
连续性表明，该分量的值必须先达到 B，而后才能达到 C。事实证明，在对事物变
化进行推理时，连续性是一类非常重要的约束条件，因为它会对可能发生的行为
产生制约。直观而言，数值要想从 A 顺利过渡到 C，必须经过 B。有趣的是，正
如我们将看到的，尽管分量是离散的，但其大多数定性表征均满足连续性。

5.2　实数的有限近似

实数用作连续属性模型所面临的另一个问题是，物理系统无法据此进行计算。
每个实数都蕴含着无限的信息，物理系统固有的大小和噪声却意味着它们只能存
储和处理有限的信息，因此无论是人类或者计算机都无法直接使用实数进行计算，
即便某些人和计算机能够对其展开抽象推理。所以，计算机中采用了诸如浮点数
等有限逼近（目前，普遍选择每个数字 32bit 或 64bit）。即使它们有限，但仍然包
含巨量信息，这就是为什么数值模拟被广泛用于近似表达实际情况的原因。

数值模拟所呈现的强大功能驱使一些人提出，就像在现代计算机中发现的
那样，人类对物理变化的心理模拟能力也建立在数值模拟基础之上（Battaglia，
Hamrick，Tenenbaum，2013）。当我们更为深入地探究这些模拟蕴含的内容时，这
种说法看起来几乎是不可能的。要通过数值模拟达成预测往往需要三个要素：首
先，必须就特定情况给出相应的准确的数学模型，而这远比看起来的要难实现得
多，可表述许多日常现象的性能良好的数值模型仍然难以获取。其次，初始化模
拟需要大量准确的数据，其量远远超出仅凭人类感知获得信息的合理范围。这不
仅包括有时能轻易获得的、与外部条件有关的数据，还包括一些往往要通过艰苦
的实验工作才能获得的、与系统内部参数有关的准确数据。最后，开展仿真需要
执行大量以相对串行的方式组织的计算，而这对神经硬件而言几乎很少遇到。当
然，即使可以做到，这样的模拟也只能概括单一行为。多次模拟（如蒙特卡罗技
术）会占用更多资源，故而在追求准确性时，它会呈指数地增长，即便如此，却
仍然无法保证模拟结果能囊括所有人们定性为"不同"的行为。[一] 因此，数值模拟
似乎并非很好的心理仿真模型。（参见 Davis，Marcus（2016）对于技术问题的精
彩探讨。）

5.3　有限代数与模糊逻辑

最早提出的定性方案之一是使用一个小的符号词汇，这些词汇通过顺序关系
相互关联。例如，人的身高可被编码为下述符号之一：

[一]　在军事模拟中，进行了一项一对一的比较研究，发现定型模拟比蒙特卡罗模拟更精确，所需
　　计算量也要少几个数量级（Hinrichs et al.，2011）。

VeryShort, Short, Medium, Tall, VeryTall

我们可以扩展 ">" 的定义，使得上述的每个处于右侧的符号都大于其左侧的符号（如 Medium>Short）。当然，这种方法满足传递性和连续性：如果某人正在成长，那么他或她必然先长到中等身高，然后才可能长成高个。这类表征的优点之一是其自然性。它们在自然语言中很常见，可以用作有效的参考方法（如 "长发高个女人和一只小小的狗"），也被用于采集生态系统中的研究数据，因为在那种情况下可用数据的稀疏性和不确定性使其非常适于表达实测结果（Guerrin，1995）。

这种表征形式具有一些广为人知的微妙特点。要从感知信息映射至这些类别中的一类，需要确定适当的参考集。例如，对于高个孩子和高个篮球运动员而言，其身高可能不同于街上身材高挑的人。模糊逻辑（Zadeh，1996）通过对不同变量使用不同的分布来解决这些问题，它还允许使用范围重叠的成员分级方法，将某物视作跨越两类的部分成员（如 "中短棒"）。模糊逻辑的提倡者认为，它给出了一种自然的方式来组合数值和开展推理。批评者（如 Elkan，1994）认为模糊逻辑违背了基本的逻辑直觉，并且其成功源于规则中的连续参数的使用，而非重叠区间。可是，在构建控制系统时，模糊逻辑被证明相当有用，并且已被用于一些定性推理系统中（Shen，Leitch，1993）。

尽管有限的符号词汇显然是可以获得的，且与语义指称相关，但是它们确实有一些局限性。首先，目前尚不清楚如何在操作中将其组合。例如，假设我们正试图预测由另外两根棍棒所组成的棍棒的长度。如果知道两根棍棒的长度值，则可以将它们相加。但是，Short+Medium 到底是什么？它仍是 Medium，或者是 Long？我们知道它不可能是 Short（短的），因为它必须至少是 Medium（中等长度），其长度大概不会是 VeryLong（很长），但是也没有在 Medium 和 Long 间进行选择的依据。如果根据此类表征定义加法，则其结果是不确定的。这反映了定性表征的部分本质：我们能以比 "3.2 米" 更简单（且更准确）的方式对 "长" 进行编码，但是却无法期望能获得同样精准的结果。即便如此，因为它支持快速比较，故而仍是一种有用的表征方式。它还支持适度的拓展：如果现在给我们两根特定的棍棒，一根 "Short"，一根 "Medium"，那么可以将其端对端放置，并直观地判定它们是否满足 "Medium" 与 "Long" 的（隐式）标准。

5.4 符号

假设对特定数值进行抽象，仅保留其符号。也就是说，如果 A 是一个分量，那么可用 [A] 表示 A 的符号值。它可以采用以下值：

[A] =− 意味着 A 为负

[A] =0 意味着 A 为 0

[A] =+ 意味着 A 为正

此外，如果将 [∂A] 定义为 A 的导数符号，则会得到以下结果：

[∂A] ＝− 意味着 A 在减少

[∂A] ＝− 意味着 A 未改变

[∂A] ＝＋ 意味着 A 在增长

符号可以被看作是有限代数的一种特殊情况，但其类别却自然而然地与人们常规所做的概念区分一致。注意，这种表征很容易从感知信息中取得。人们对变化非常敏感，以至于使用了许多形容词对其进行表达（如上升的、下降的、平稳的）。符号值与用途相关，例如，许多自然量总是非负的（比如，质量、热量），通常在满足特定条件时，它们为零（比如，当某个物种的种群为零时，它就已经灭绝了）。分量值常常可以一致，如此一来，符号的不同就反映了定性状态的不同（例如，我们是破产、负债累累或是财务状况良好，都取决于银行账户上的余额符号）。

尽管存在一些不明确的地方，符号值仍然可以通过诸如加法等操作进行组合，见表 5.1。

表 5.1　符号值加法表

[A] + [B]	−	0	+
−	−	−	?
0	−	0	+
+	?	+	+

注：不确定的结果会以"?"表示。带有"?"的条目表示不确定：因为并不清楚 A 和 B 的幅值，所以无法确定负数和正数的和。重要的是，这种不确定性可以在推理过程中给出一个信号，告诉我们哪些信息是有用的：倘若只知道 A 和 B 的相对大小，也能够确定结果的符号。

符号值的最大局限性是其解决方案不灵活。也就是说，它们总是将数轴精确地分成三个部分。对于某些领域，如模拟电子应用，这不是问题，但在其他情况下，就可能是局限了。例如，考虑尝试使用符号来表示杯中咖啡的温度。我们应该用什么作为零点？也许可以用这样的思路，即存在一理想的饮用温度，使用＋表示太热，−表示太冷。但是，该表征无法告诉我们，倘若将杯子放入微波炉中，会发生些什么，因为在这种表征中无法表达咖啡会热到沸腾的想法。因此，我们选择用水的沸点作为零点（虽然咖啡中的其他化学物质可能对沸点会有些微影响，但该沸点与水的沸点相当接近）。如此，就得到了一个敏感于"沸腾"的表征。但是因为现在是夏天，想要冰咖啡时，反而会把杯子放入冰箱。可是，新的表征却完全无法应对"冻结"的情况。该问题的症结在于，在处理多类分量时，多重比较是相关的。可以通过为每个连续参数添加多个分量来尝试逼近它，但如此一来，符号表征也就不再简单了。顺序关系解决了这类多参考的问题，因此接下来将对其进行探讨。

5.5 顺序关系

许多定性区别体现在数值间的差异上。水是液体、冰或蒸汽形态，取决于它相对于冰点和沸点的温度。流体在管道系统中的流动方式由其相对压力决定。因此，依据一组其他分量间的顺序关系表征分量的方法，被称为分量空间表征（For-bus，1984），它提供了一种相关表征方法。分量 Q 的分量空间由两部分组成：①一组与之对比的极限点；②一组涉及分量及其极限点的顺序关系。比如，当考虑炉上水壶内水温（T（W））时，其分量空间会有三个极限点：水的冰点（Tfreeze）、水的沸点（Tboil）[⊖]，以及炉温（Tstove）。为什么是炉温呢？因为水和炉子之间的相对温度使我们明了，热量是否会在两者间传导，如果传导，传导方向又是怎样的。请注意，顺序关系集并非必须是完备集：在之前的例子中，我们其实并不清楚 Tboil 和 Tstove 间的关系。[⊖]

分量空间满足了我们对于定性表征的许多要求。顺序信息可以通过感知量比较而获得，并且很容易用自然语言表述（如更热、更重），所以它易于获取。因为相对值有助于确定重要的状态属性及进程发生与否，所以它们之间显然是相关的。通过引入新的极限点，解决方案可能会随之有所改变。例如，若要对散失到大气中的热量进行模拟，可以借由添加另一个用于比较水温及所处环境气温的极限点来实现。如果具有相关属性的定量信息，就可以计算顺序关系，故而这类表征形式具有适度拓展性。这样一来，可以为衍生量定义分量空间，并通过将 0 作为极限点纳入分量空间，提供与符号一样的捕捉变化的表达能力。而其主要限制在于所支持的操作：由于表征中并无表示数值的特定标记，因此无法指定代数操作（就如同对符号所做的那样）。相反，定性关系被用于推导新的顺序关系（尤其是导数的符号，它们是对变化的重要概括），从而利用关乎系统某一部分的已知信息及系统本身的性质来约束其余部分。

5.6 数值区间

数值区间是科学和工程中一种常用的表征方法。例如，房间的理想温度可以指定为（68°F，78°F），而电阻器的电阻可指定为 330Ω，±1%。有相当多的研究和实践使用区间展开数值分析，它们支持诸多操作。此外，它们仅通过使用更宽或更窄的间隔，就能带来可变分辨率，不过，也有些微妙之处。考虑以下约束：

$A=Z/(X-Y)$

$Z=[1，2]$

⊖ 热力学爱好者通常知道这是一个近似值，即相变边界取决于压力和温度。在下一章中描述的定性数学使得这些因素能够逐渐增加，进而允许用部分知识来进行推理和对学习的支撑。

⊖ 价值空间是指关系足以产生总订单的数量空间（Kuipers，1994）。价值空间对于绘制定性值（例如，Bredeweg et al.，2009）并确定某些动态特性非常有用，如第 9 章所述。

X=[2，4]

Y=[3，5]

A 的值是多少？给定上述值，则表达式（X-Y）的区间值为 [-3，1]。该区间包含 0，而除以 0 的结果当然是没有意义的。这意味着，我们的答案其实必须包含多个区间，并引入其他元素来处理本质上是无穷极限的部分；还意味着其组合操作必须谨慎进行。

5.7　数量级

有时，影响大小差别很大，较小的影响完全可以忽略。例如，当咖啡被倒进杯子时，可以放心地忽略蒸发对咖啡品质的影响，但如果将杯中少量咖啡放上几天，就需要考虑蒸发带来的影响了。（在评估咖啡搁置带来的影响时，可能还需考虑霉菌的潜在生长问题，这是喝新鲜咖啡时可以放心忽略的另一种现象。）例如，在 Dehghani 等（2008）版本的 Dauge（1993）的形式主义中，基于敏感性参数 K 引入了三种关系。

- 几乎相等：$A =_K B \Leftrightarrow |A - B| \leqslant K * \mathrm{Max}(|A|, |B|)$
- 大于：$A \neq_K B \Leftrightarrow |A - B| > K * \mathrm{Max}(|A|, |B|)$
- 数量级大于：$A <<_K B \Leftrightarrow |A| < K * |B|$

换句话说，K 值越大，差异越不明显。数量级表征侧重于通过强调事件影响来展开推理。明确某种情况下值得探究的现象，有助于调整建模。例如，在许多日常情况下，短时间的蒸发几乎不会造成什么影响，因此可以放心地忽略它。类似地，数量级信息可以给出解决定性歧义的有用方法。如果流入湖中的水远多于从中流出的水，那么湖中水位将会上升。数量级表征的一个微妙之处在于其绝对分层程度。依据 Dauge 的形式主义，K 可以用作灵敏度调节旋钮，确定微小的影响何时能组合并汇集成不可忽视的因素。另一方面，在 FOG$^{\ominus}$ 形式主义中（Raiman，1991），是绝对分层：任何微小的影响都不会变得重要。在认知建模过程中，有些情况下，依据环境调整灵敏度的能力相当重要。（在第 18 章中，这类表征被用来模拟神圣价值观对道德决策的影响。）

5.8　无穷小

无穷小量（即小到无法继续缩小的数）是数学史上的一个重要概念。无穷小在微积分学思想史上起着关键作用，也就是说，微分的概念（如 dy/dx）被定义为 x 的微小变化，对应的 y 的变化量。数学家们数百年来一直以直观的方式使用微分概念，直至 20 世纪 60 年代才成功地给出其正式形式（Keisler，1976）。无穷小已被用作多种定性推理技术的理论基础，包括 Raiman（1991）的 FOG 数量级表征和

　⊖　FOG 代表"正式确定数量顺序"。

Weld（1990）用于进行系统变化推理的夸张技术。

回忆一下，实数虽然最初是一种有关连续值的直观表达形式，但最终却具有一些明显违反直觉的特性。遗憾的是，无穷小也是如此（Weld，1990）。此外，每个实数周围像小"光晕"一般的附加特性会使定性模拟中的状态数倍增，而状态数与我们对物理行为的直觉无关。要理解这一说法，可以参考咖啡的温度 T（c）。正常情况下，开始时其温度可能会高于你所期望的温度；当咖啡向周围散热时，温度会下降到合适的饮用温度 Tp（c）；而它会继续冷却，直至温度低于适宜饮用的温度。图 5.2 展示了这类情形在以实数和无穷小表达的数轴上移动的情况。

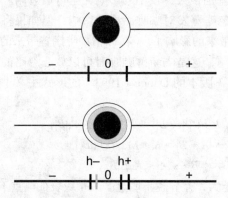

图 5.2　比较了实数轴与无穷小造成的定性区别。实数轴上形成了 3 种定性区别，而无穷小数的引入带来了 5 种定性区别

请注意，根据实数轴的形式，该轨迹描述了 3 种不同的定性状态："太热""刚好"和"太冷"，分别对应于大于 Tp（c）、等于 Tp（c）和小于 Tp（c）。根据这些顺序所做的区分恰好宜于表达这些直观的区别（尽管更为精准的模型还会使用两个极限点来"准确"定义温度范围）。此外，无穷小的引入使我们能够做更多区分（即在理想温度周围的正、负晕轮中）。因此，当使用无穷小时，实数轴上的三种状态就变成了 5 种。在大多数情况下，前述晕轮不具任何直观意义，因此，这类表征在做无用区分。在简单示例中，这就已经相当糟糕了，可当人们将这种表征引入至一个成熟的定性模拟器中时，仿真规模就会激增。（如第 10 章所述，相互独立的不确定性通常会对仿真的大小产生乘性影响。）除非用于很特殊的用途，这使得无穷小对于定性表征而言是一类糟糕的选择。

5.9　状态值

无穷小是为了充分体现我们对数字的直观认知所做的最细致的表征。相比之下，最抽象的表征仅仅使用两个值，从本质上反映了"好"和"不好"。首先，它看起来像是上述有限代数表征形式的一种变体，但是"不宜"包括某一参数在某标称范围之外的值，无论其是更大还是更小，因此在这些值之间并未设定顺序。

这种表征形式在诊断中很有用（Abbott，1988；Bell et al.，1994；Fromherz，Bo-brow，de Kleer，2003）：如果系统某组件的输入一切正常，输出却异常，那么该组件（或其下游某处）即为问题所在。

从数值测量中获取状态值是个非常复杂的过程。工作环境非常重要（如汽车发动机空转和全速运行时的温度就不同）。如后面几章所述，状态的定性模型恰恰给出了这种形式的所处环境。时间尺度也很重要（Doyle，Chien，Fayyad，Wyatt，1993），比如，一个月内失去一磅压力的轮胎性能是稳定的，而在一分钟内失去一磅压力的轮胎则很快会瘪下去。

由于状态值在诊断算法中的作用，无需用任何形式的定性演算对其进行求取。之所以将状态值纳入数字表征分类下，是因为它们是其中一类极端情况。它们的分辨率固定，但如果求取其所用的标准与更细致的数据相符（如一小组参数的阈值，而不是对一系列时间平均数据进行信号滤波处理的结果），则可进行适当扩展。

5.10　小结

回退并查看连续值表征方法列表，表 5.2 按从粗到细的顺序总结了表征方法，以及它们在多大程度上满足了良好的定性表征特性。表中最后一栏是对这些表征心理合理性的估计。对于任意表征 R，需区分它的几种含义：

• 某种情况下，人们可以根据 R 来思考。按照这个标准，所有表征一定都具备心理合理性，因为它们都是由人开发的，因此这相当乏味。

• 神经硬件直接实现 R，并对其运算。考虑到文化知识的重要性，这可能会唤起人们的一点兴趣，但或许比预计的还要少。正如第 1 章中的例子所示，人类的常识性推理可能既微妙又复杂。训练知识和经验相当重要，如果忽视了这些因素，也就忽略了许多人类相较于沙鼠而言有趣的东西。

表 5.2　分量及其权衡的表征

表征	可得值	关联性	分辨率	操作	优雅扩展	心理合理性
状态值	阈值，信号处理	监督，诊断	确定	诊断	依据	是 / 是
符号	容易	变化推理	确定	对比，传递	是	是 / 是
确定符号	相对容易	参考	可变	对比	否	是 / 是
模糊逻辑	相对容易	参考	可变	对比，传递	否	可能 / 是
顺序	容易	变化推理	可变	对比	是	是 / 是
数量级	相对容易	忽略影响，解决歧义	可变	对比，传递	是	可能 / 是
浮点	代价高	精确的答案	确定	数值处理	否	否 / 是
实数	数学表示	精确的答案	确定	数学表示	不适用	否 / 是
无穷小	数学表示	精确的答案	确定	数学表示	不适用	否 / 是

• 某些训练使用 R 进行连续属性推理。这也许是最有趣的，因为它可以帮助我们了解每个人可能分享的内容、专业人士知道的内容以及人们如何从新手成为专家。（在此，排除了认知科学研究人员的训练，他们可能会将所有这些表征再次用作假设，但目前我们关注的是自我反省较少的实践。）

"心理合理性"一栏里的条目是根据现有知识做出的最佳估计。第一个值对应于日常推理，第二个值对应于专家推理。在这里，专家是指科学家、工程师和数学家。在模糊逻辑和数量级推理中，之所以具有用于日常推理的"可能"条目，是因为还有其他可行的替代方案能完成其要解释的同类行为。在模糊逻辑情况下，用于求取确定符号的多个竞争标准似乎同样可用分级隶属度进行说明，模糊逻辑则通过固定静态分布对分级隶属度进行解释。在数量级情况下，很可能只是忽略了那些微不足道的现象，而不考虑将它们进行组合，使其具有可比性。另一方面，顺序关系的影响也很大，因为如果选取了意义明确的极限点，那么顺序关系的变化其实体现了定性行为的差别。除了代数运算的能力外，符号还可归入顺序，因此有关符号代数心理合理性的问题取决于是否具备支持（或反对）其的证据。

在这些关于分量的概念中，哪些是我们初始赋予的，哪些是后天习得的，这是一个很有趣的问题。对自然数学习的理解已取得了一定进展（如 Carey，2011），并且还就物理、人体隐喻的数学基础进行了论证（如 Lakoff, Nunez, 2000）。在此，作者关注对人们所用表征范畴的探索及其如何在日常和专家推理中使用这些表征。人们使用连续属性和数值开展的推理，其范畴较之前研究所考虑的要广泛得多，而且这些附加约束甚至可为初始机制提供新的思路。

如我们所见，分量表征的种类较最初预期的要多，同时，与之相比，某些最初或被认为具备合理性的表征（即实数），即使它们常为数学家和其他技术专家所用，但最终仍被证明具有一些无法用于日常常识性推理的特性。在研究因果推理、关于变化更宽泛的推理和语言时，将明了其余表征形式各自的作用。

第6章　分量间的关系

如上一章所述，对于连续属性，有各种有用且合理的表征方法。要对此类属性进行推理，需要表明它们之间的关系。以通过指令或归纳学习所得规则的形式使用分量，是一种非常简单的方法（例如，"要用微波炉烧开一杯水，可将功率设置为 900 瓦，时间设置为 1 分 30 秒"）。尽管人们明显使用了这些规则，但它们绝非用于推理分量的唯一方法。正如沸水和冷冻冰块的例子所示，我们对分量如何随时间变化有了直观的认识。此外，可以就这些变化进行因果推理：倘若炉温越高，那么在其他条件相同的情况下，水烧开得越快。定性推理研究已经确定了定性数学的形式，这些形式涵盖了此类推理的许多方面。本章介绍了两个定性数学系统，每个系统都涵盖了对连续系统进行因果推理的各个方面。我们首先回顾了传统数学，以及为什么必须要用定性数学。然后，研究了定性过程理论中的定性数学（Forbus，1984），点明了它是如何提出一种表征系统（该系统取得了有关分量间因果关系的部分知识），以及是如何依据部分信息开展推理的。接着，研究了 de Kleer 和 Brown（1984）的"流"思想，展示了在 QP 理论崩溃的情况下，如何将其用于因果推理。最后，讨论了这些模型的一些局限性。

6.1　为何使用定性数学

几个世纪以来，传统数学一直蓬勃发展。根据其发展而来的表征及推理，无论是在规模或是力度上都是前所未有的。例如，微分方程为描述连续变化的某些方面，提供了一种精确的语言。微分方程是一类包含一个或多个涉及速率（即参数如何变化）的项的方程。通常，有两种微分方程。常微分方程讨论了参数是如何随时间变化的，除了在边界条件下代数表达的空间性质外，它忽略了空间特性。偏微分方程描述了某些参数是如何随着除时间之外的其他变量的改变而改变的，其中最常见的是关于空间坐标的变化。本节关注采用常微分方程建模的现象，而在第 3 和第 4 部分则将探讨通过偏微分方程建模的现象。

为什么不能直接使用用到了定性值而非实数（或高精度近似值，如浮点数）的传统方程式呢？有三个基本原因：可靠性、最少的知识及因果关系。让我们据此对其进行探讨。

6.1.1 可靠性

回顾第 3 章可知，可靠性是指，在给定正确假设的情况下，逻辑系统是否总能产生正确的结果。可靠性是一类有用的属性，因为这样一来，结果中的任何错误均可完全归咎于假设。思考一下借助方程求取数值的各种推理。大致来说，有两类操作：

1）将数值代入方程以求取新值。当方程组被视为制约一组分量的关系网络时，这通常被称为传播。例如，如果 $x + y = 7$ 且 $x = 4$，则可以将 x 的值代入方程式，并求出 $y = 3$。

2）将一个方程代入另一个方程。这样可以减少变量数，从而（或许会经过多个步骤，而这具体取决于方程组的大小）得到一个只包含一个未知数，并可以直接求解的方程。例如，如果 $x + y = 7$ 且 $x - y = 1$，那么通过变换 y 的第二个方程，可以用 $x - 1$ 代替第一个方程中的 y。求解简化方程，得出 $x = 4$，然后在第二个方程式中使用该值求解 y，会得到 $y = 3$。

假设在方程中使用符号值 [这样的方程被称为流（de Kleer，Brown，1984）]。传播仍然有效；例如，假设已知 $[x] + [y] = [z]$。如果 $[x] = +$ 且 $[z] = -$，可以将这些值代入方程，然后发现，要使其成立，必须保持 $[y] = -$。然而，假设已知 $[x] = +$ 且 $[z] = +$，那么就没有任何关于 $[y]$ 的信息：它可以是正、负或者是零，具体取决于 x 和 z 的实际值。这是预料之中的事：我们试图确定借由最少信息可以推导出多少内容，而如果掌握的信息较少，那么得出的结论也就更少。这种代价往往是值得的，因为根据定性值开展的操作更为简单，并且从观察结果和其他信息源中可以更容易地收集此类信息。例如，测量物体下落时的准确速度要比确定其下落要难得多。

传播数量空间值（即顺序关系集）怎么样呢？因为没有可以用于定义代数的有限符号集（就像对符号所做的那样），所以无法很好地定义分量空间值本身的传播。但是，可以从分量空间传播特定顺序关系，如下所述。作者认为，这对于理解人类对连续系统的因果推理至关重要。

因此，可以通过带有符号的传播进行推理，它虽然显得模棱两可，但仍然合理。那用代换法来解方程呢？代换法的一个核心原则是，可以用等式互相代换。糟糕的是，符号的代数结构与实数甚至整数有很大不同（Williams，1991）。通过符号代换来求解不是很合理。假设已知 $[x] = +$ 和 $[y] = +$。对于任意 x，显然 $[x] - [x] = 0$。如果可以进行等式间的代换，那么根据已知条件，可以得出 $[x] - [y] = 0$ 的结论。但这并不正确，因为 x 的实际值可能为 1，y 的实际值可能为 2，在转换为符号时，会产生 "$-$"。

6.1.2 最少的知识

传统数学为问题分析提供了精确、详细的答案。例如，精确到足以使人们安全地登上月球并返回，降落在预期坠落坐标的数米之内。如今，许多现象已广为人知，故而可使用计算原型完成诸如飞机等复杂工件的设计，同时在设计过程中减少甚至摒弃对物理模型的依赖。这是顺理成章的 —— 数学的发展正是为了促使我们超越并提升自身的能力。事实上，如果将数值模拟视作人们基于想象对所做事情构建的模型，正如第 1 部分中所做的那样，那么就会遇到严重的问题。首先，它引入了不切实际的输入要求。假设冬日晚上，你在熊熊燃烧的篝火前放松身心，你的孩子淘气地向火上扔了一罐发胶，此时是否需根据数字模拟做出（带着孩子）避开的决定呢？大多数人根本不清楚这一新构建系统的基本方程。即便是极少数能就当前情形构建数学模型的人，他们也不具有系统模拟所需的表明了初始条件的数值数据，也没有足够的时间来模拟并使用各种参数（蒙特卡洛式的）运行模型，以确定可能发生的情况。即便在时间框架受限较少的情况下（如第 1 部分中的示例所示），我们往往也不具有使用传统数学模型进行推理所需的数学建模知识或高精度数据。

定性数学通过定义更抽象的关系，来解决此类问题。这些抽象关系更适于表示各种更可能直观取得的信息，例如，顺序和符号。其结果通常精度不高，因为它们仅指明了在众多等效行为中可能发生的情况。它们往往还含糊不清，因为有限精度意味着我们并不总能排除某种情况下的备择变化，或导出其唯一结果。为了便于学习，定性表征的另一个特性是，它们可以应对仅具备片面知识的情况。人类的学习过程通常是零散的，不完备模型可以通过（日常生活中的）经验或理论分析以及（专业研究中的）实验室 / 现场实验得以拓展。可依据片面知识进行表征和推理是定性表征的一类重要约束。

6.1.3　因果关系

因果关系或许并非“宇宙黏合剂”（Mackie，1980），但很可能是概念结构间的黏合剂。因果关系使我们明了可以调整什么，以形成期望的情况并避免发生不期望的情况。诸多使用传统数学的领域鲜少会将因果关系形式化，因为它们依据实践者的直觉而构建，这些实践者已于日常生活和专业工作中训练并取得了因果模型。科学研究中大量使用因果模型，但是它们其实存在于围绕数学方程式的自然语言文本中，而非在方程式本身中。它将有关定性推理的知识形式化。因此，在对专家推理建模时，定性数学对传统数学进行了补充，并给出了描述由日常经验形成的直观模型中的因果关系的形式体系。

6.2　QP 理论中的定性数学

QP 理论中的定性数学是围绕影响这一概念来组织的。有两类影响：
- 连续过程所施加的直接影响。在 QP 理论中，所有变化最终都由过程引起。因此，被直接影响的参数触发并启动了涉及连续属性变化的任意因果推理链。

• 间接影响借由某一情况下的其他参数传播过程引发的变化。

在此，我们关注的是影响本身的性质，对连续过程的定义将于第 7 章开始。目前，将它们视为日常的物理过程，例如热流、液体流、沸腾和运动。我们会先讨论直接影响，然后讨论间接影响。

6.2.1 直接影响

假设湖泊周围围有大坝，有一条河流注入其中，大坝上修建了一个用于调控水量的溢洪道，以调节下游河流的流量。因此，这里涉及两个物理过程，即从河流注入湖泊的水流（以下称为流入 inflow）和从溢洪道流出湖泊的水流（以下称为流出 outflow）。在数学上，可以将这些水流对湖中水量的影响（称为 WaterL）建模为

```
D[WaterL] = inflow - outflow
```

式中，D 表示相对于时间的导数⊖（即当注入的水流量大于流出量时，湖中的水量将增加）。这似乎很合理，但是如果我们在仔细观察大坝时发现，还有一条溢洪道，该怎么办？将该水流流速记为 outflow2。那么，需改写方程为

```
D[WaterL] = inflow - outflow - outflow2
```

知道什么可以让我们进行这种重新制定吗？QP 理论认为，我们直接对有关等式组成的知识进行表达，然后根据需要将其组合，以完成对特定情况的建模。有两种直接影响，定义如下：

```
(I+ A b) ≡ D[A] = … + b + …
(I- A b) ≡ D[A] = … - b + …
```

也就是说，（I+ A b）意味着 A 的导数被定义为一组分量之和，其中一项为 b，而 b 的作用效果为正向的。I- 类似，除了 b 的作用效果为负向的。接着回到例子：

```
(I+ WaterL inflow)
(I- WaterL outflow)
```

描述了在初始知识状态下，通过对具体情况的观察获得的直接影响信息。随着观察的深入及第二条溢洪道的发现，对直接影响的认知转化为

```
(I+ WaterL inflow)
(I- WaterL outflow)
(I- WaterL outflow2)
```

当写下整个方程组时，就必须重新开始学习新知识了。在对会带来影响的新事物进行学习时，知识会在该过程中逐步积累。当我们需对某种情况进行推理时，

⊖ 传统上是 d/dt，但在排版印刷上具有一定挑战性。

会根据已知知识对一组影响做出封闭世界假设。如此一来，即可得出一些非常微妙的结论。例如，当关键因素保持不变时，系统会处于动态平衡中，即使影响这些因素的许多系统属性都在改变，例如，当水流的注入量和流出量相等时，湖泊处于平衡状态。在直接影响情况下，用"+"进行组合操作，可以使用相对幅度信息（如果可获得）消除冲突影响所带来的歧义。在更简单的湖泊模型中，如果水流的流入速率等于流出速率，则湖泊中的水量应保持不变。如果像下面讨论的那样，通过水位变化间接测量这些流速及水量的变化，并发现水量不变，那么一切都很好。但是，如果发现湖泊的水位仍在下降，则必须重新审视假设，此处为封闭世界假设，即我们知道该情况下发生的所有过程实例。因此，定性数学的组合性有助于依据模型诊断和修复问题，也有助于首先针对特定情况构建模型。

这些之所以被称为直接影响，是因为它们代表了一个过程对某分量的直接作用效果。这些分量的变化也间接引起了其他分量的改变。例如，如果溢洪道流出的水量大于河流的注入量，则会导致湖泊水位下降。支持此类因果结论的关系被称为间接影响，接下来将对其进行讨论。

6.2.2　间接影响

实体或场景的分量往往通过关系联系在一起。例如，在湖泊示例中，水位取决于湖中的水量。类似地，水温取决于水的热量和分配该热量的水量。在这种情况下，液体流动过程会对这些其他参数产生间接影响。例如，如果流入湖泊的河水水温比湖水本身的高，那么在其他条件相同的情况下，湖水的温度将缓慢上升。间接影响带来了这些间接效果。与直接影响一样，每种间接影响都将给出一条分量约束信息，并且必须与其他影响因素结合，才能确定其实际变化方式。而且，它所指出的有关分量间潜在联系的信息量，甚至比直接影响的信息量更少。

定义定性比例 (qprop A B) 为

(qprop A B) ≡ ∃f s.t. A = f(…, B, …) ∧ f 在 B 中单调递增，因此 A 依赖于 B。

换句话说，确定 A 的函数至少取决于 B（但也可能依赖于其他分量），并且在其他条件均相同的情况下，如果 B 上升，则 A 上升；如果 B 下降，则 A 下降。(qprop- A B) 的定义类似，其中 f 为单调递减。此外，因果解释是，B 的变化是引发 A 变化的原因。

定性比例是指，在其他条件均相同的情况下，人们所能知道且仍能推断出 B 的改变对 A 所带来影响的最小量。"其他所有条件均相同"是指任意特定定性比例中有关其他因果前提的部分信息。为了确定实际发生的情况，需要对有关分量的间接影响做封闭世界假设。例如，如果湖床的形状是恒定的，则可以通过以下方式精准地确定出湖水水位与水量间的因果关系：

(qprop LevelOfLake WaterL)

这使得我们能够预测：如果湖中水量增加，那么湖水水位上升，反之，如果湖水水位下降，那一定是在这种情况下（因为这是唯一限制 LevelOfLake 的定性比例），湖中水量有所减少。

同样，湖水的温度与其水量和热量之间的关系可用如下方式获得：

(qprop Twater Heatw)

(qprop- Twater WaterL)

如果已知湖水热量在减少，而水量却在增加，那么依据这两个定性比例可知，水温在下降。但是，如果湖水的热量及水量均增加，就无法推断水温的变化情况了。那是因为我们只知道，在前述两种表示方式中，确定 Twater 的函数在一种情况下单调递增，而在另一种情况下单调递减。许多具体函数都满足此约束条件：实际关系可能是加法、商（在此示例中，从物理角度看是正确的）或是某些在兴趣范围内具有适当单调性的复杂非线性函数。因此，与直接影响不同，冲突造成的间接影响无法通过仅添加关于影响大小的信息而得以解决。我们要做的反而是依情况而定。如果是日常情况，或许就拭目以待；如果是一个科学问题（例如，云对全球变暖带来了正面还是负面的影响？），那么这种模糊性使我们需要制定（或找出）更精确的模型。定性表征给出的部分信息已为此类模型提供了约束，即它们需包含的一些参数以及参数间相互依赖的总体特性。

这些功能角色的差异对于定性表征和推理至关重要，因此值得进一步探讨。鉴于定性表征既考虑了部分知识，还对因果关系进行了直观表达，它们给出了多种推理的天然细节层次。思考一下牛顿第二定律：

$$F = M \times A$$

该方程告诉我们，如果想求其中一个参数的值，需要知道的全部信息。显然，要求得方程中任意一个参数的值，需要知道其他两个参数的值。但是，该方程没有点明如何引发运动，因此它并未抓住这类因果关系。它无法表达在学习定律的过程中可能会取得的中间结论。此外，该定律的定性表征形式为

(qprop A F)

(qprop- A M)

这种表征点出了因果关系：要影响加速度，必须改变力或质量。此外，有些工作围绕表达有关连续系统假设所用的形式化语言展开，即支持知识的增量积累和组合。这种性质被称之为组合性。通过经验或实验（作者认为后者是一类更有组织性、更可控的经验），组合性有利于对定律的各部分内容进行独立学习。这些语句很容易用语言表达：第 13 章指出，诸如"加速度取决于力"和"当质量增加时，加速度减小"这样的定性比例，可以被当作其语义的一部分。这意味着定性表征通过阅读和对话这些强大的文化传播形式来支持学习。因此，定性表征为获取、使用和集成有关连续系统的知识，提供了一种有用的形式语言。

6.2.3　组合性及知识的适度扩展

组合性使得有关连续现象和系统的知识得以逐步累积。这对于不同层次的细节推理而言，可能很有价值。以图 6.1 中两个容器的情况为例，进行说明。

两个装有水的储罐通过带有阀门的管道连接。显然，如果其内水位不同，则一旦阀门打开，水将在它们之间流动，直至水位相等。假设储罐 F 的水位更高，在这种情况下，水的流速是多少呢？

人们可能知道，这种情况下液体的流速取决于两罐液体之间的压差。可以通过两个定性比例关系，对此进行表达：

```
(qprop FlowRate (Pressure WaterF))
(qprop- FlowRate (Pressure WaterG))
```

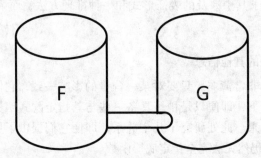

图 6.1　两个底部通过管道连接的储罐

流速还取决于管道本身的流体阻力：

```
(qprop- FlowRate (Resistance Pipe))
```

假定需要更快的流速，因为我们想更快地从 F 中取出多余的水。这些语句表明，我们有三种选择：

1）增加 F 中的压力；

2）减小 G 中的压力；

3）减小管内阻力。

前述三者中哪一项是有意义的呢？我们需要对模型进行更多细致的描述，以回答该问题。每个储罐底部的压力取决于其内水的质量，即

```
(qprop (Pressure ?w) (Mass ?w))
```

其中，?w 是储罐中的液体。

因为想要快速排空 F，就向 F 中注入了更多的水以增加其内压力，从而增大FlowRate，这样的做法会适得其反。减少 G 中水量反而可能是一种选择。第三种选择是通过某种方式减小阻力，因为 qprop- 表明这会使 FlowRate 增加。该怎么做呢？

管道阻力可根据其内面积和粗糙度建模：

```
(qprop- (Resistance Pipe) (CrossSectionArea Pipe))
```

```
(qprop (Resistance Pipe) (InteriorRoughness Pipe))

(qprop (Resistance Pipe) (Length Pipe))
```

反过来，面积取决于管道的几何形状。大多数管道都是圆形的，并且从三维（3D）几何形状中可知：

```
(qprop (CrossSectionArea ?obj) (Diameter ?obj))
```

其中，?obj 是一个具有圆形截面的 3D 对象。

这给了我们三个新选择：可以使用内部更光滑的管道；将储罐移近，并使用更短的管道；或使用更大口径的管道。最好的选择取决于许多其他因素，而定性表征则使我们能通过对参数关系的因果推理形成这些选择。重要的是，它使得模型能够被逐步构建并扩展，在认知方面，这对于保持工作记忆的可管理性非常重要。（第 11 章介绍了其中涉及的表征形式和一种推理方法，而第 12 章介绍了另一种推理方法。）

6.2.4　与关系相关的其他信息

定性比例关系非常薄弱。只要对某一分量的影响一致，它们就会传递导数符号。但在某些情况下，即便只是稍多具备一些与其指定隐式函数有关的信息，就能大幅改善推断效果。此处研究了几个关系，即便它们提供了更多信息，但根据最小化原则，它们仍然无法完全指定底层函数。

其中，第一个是对应关系。直观而言，一种对应关系仅会在定义底层函数的图形上确定一个点，如图 6.2 所示。（当然，我们其实并不清楚曲线的形状，只知道它是单调递增的。）这种情况可记为

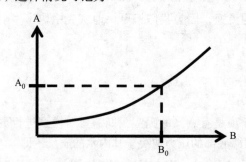

图 6.2　通过对定义定性比例关系的（隐式）
曲线上点的对应关系的了解，可以传播顺序信息

```
(qprop A B)

(correspondence (A A0) (B B0))
```

可以理解为，"当 $B=B_0$ 时，$A=A_0$。"对应关系是 n 元的，也就是说，如果有三个定性比例对 A 进行约束，则第一个参数仍将是 A 的坐标，而其他坐标将由其他两个参数表示。在推理中，对应关系使我们能通过间接影响传递顺序信息。在这

里，如果清楚 B 大于 B_0，那么因为底层函数的单调递增性，可知 A 一定也大于 A_0。类似地，如果 B 小于 B_0，那么 A 一定小于 A_0。

　　对应关系非常有用，因为它们使我们能指定涉及关键值的约束。例如，在考虑前例中的流速时，仅依赖定性比例信息我们无法知道流速符号，也无法知道在容器达到平衡时，流速几乎为零。可以通过添加以下的对应关系，来表示此信息：

```
(correspondence (FlowRate 0)
```

```
((Pressure WaterF) (Pressure WaterG))
```

　　这告诉我们，在这种情况下，两个容器间压力相等，流速为零。对应关系提供了一种记录数值间曾经具备的关系以及制定一般规则的方法。（如何在逻辑量化描述（一种模式形式）中使用对应关系，以便我们能表达诸如此类的见解，就像表达在第 7 章和第 11 章中讨论的一般规则那样。）

　　有时，在对象之间传播顺序信息是有用的。例如，如果发现 F 中的水位高于 G 中的水位，那么可以预测，当阀门被打开时，水会从 F 流向 G。水位的不同也反映了压力的不同。换言之，有一个隐式函数，该函数根据两个容器上相同的液位来定义压力。为了支持这种推论，关系 explicitFunction 给出了定性比例所指定隐式函数的名称。如果两个对象中的函数相同，那么先前参数中相应的值会给出有关约束参数之间关系的信息。例如，假设已知

```
(explicitFunction PressureLevelFn (Pressure ?cl))
```

其中，?cl 是容器中的液体。这就是说，函数 PressureLevelFn 指定了特定函数关系，这些关系部分通过影响来描述。假设容器内所盛液体在一般情况下都满足该关系。对于所盛装的任意两种液体? l1 和? l2，知道其底层函数（无论是什么函数）相同，就可以进行推理了。

```
(correspondence ((Pressure ?l1) (Pressure ?l2))
```

```
((Level ?l1) (Level ?l2)))
```

　　因此，如果知道 F 中的水位比 G 中的高，就可推断其压力也一定会更大。

　　并非每个分量的因果前件均为分量。思考一下容器中的液位是如何由液体容量决定的。容器的形状很重要：将一杯水倒入咖啡杯，其水位比将同一杯水倒入平底锅时的水位要高。关系 functionDependency 允许指定这样的事实，例如

```
(functionDependency LevelAmountFn
```

```
(ShapeFn (Container ?cl)))
```

　　这并未确切点明依赖关系，只会提醒我们这是个因素。如果两个储罐的形状相同，则对水位和水量的推断是可靠的，否则，我们可选择忽略该因素，并继续进行分析，但如果预测是错的，请记住，需重新考虑该假设。此外，它还可以作为扩展模型的节点：例如，如果我们经常处理圆柱形容器，则可能会着手将与其形状有关的诸多内容编码为分量（如直径），这样就能使用已引入的同样的表征思路至少就变化的相对符号进行预测。

　　具有更强语义的合成原语或许对专家直觉的获取有用。事实证明，以下内容可用于对更高级的推理进行建模（Collins，Forbus，1989）：

（C+ ?a ?b）类似于 qprop，不同之处在于?b 是确定?a 的函数中的加法项。

（C- ?a ?b）类似于 qprop-，不同之处在于?b 是确定?a 的函数中的负数项。

（C* ?a ?b）类似于 qprop，不同之处在于?b 在确定?a 的表达式的分子中。

（C/ ?a ?b）类似于 qprop，不同之处在于?b 在确定?a 的表达式的分母中。

例如，热量和体积对理想气体压力的影响可以表示为

```
(C* (Pressure ?g) (Heat ?g))
(C/ (Pressure ?g) (Volume ?g))
```

因为，对理想气体而言，有

$$P = \frac{nRT}{V}$$

6.3　自然度

　　这些表征有多直观？它们在中学生教育软件中的成功使用是一项与其自然度有关的证据。Betty's Brain（Biswas et al.，2001）使用概念图界面，通过构建概念图来帮助孩子们了解河流生态系统，这些概念图的基本语义是简单的定性关系。它所依据的教学代理模型让学生能通过概念图对 Betty 进行教学，以使得 Betty 在随后的测验中表现出色。美国西北大学的 VModel（Forbus，Carney，Sherin，Ureel，2004）也使用了概念图，使学生能建立定性模型对其预测结果进行测试。借助于这些模型所制作的动画及自动生成的自然语言，该软件结合逐步开展的因果链推理给出反馈。VModel 与应用领域无关，还能使学生在其模型中使用连续过程（见第 7 章）。定性表征也已成功地用于对智能辅导系统中学习者的行为建模。Kees de Koning、Bredeweg、Breuker 和 Wielinga（2000）使用定性推理器生成依存结构，对于特定的推论，该结构指明了所涉知识。如果学习者给出的答案与预期不同，则可以使用基于模型的诊断技术构建关于所犯错误的假设（例如，不了解其中的一个定性比例）。所有这些系统均可为学生成功使用，这表明此处描述的因果表征水平对于科学教育而言是很正常的。

6.4　表达力

　　定性数学与传统数学间的类比非常有用，因为这种类比为我们提供了一种探讨定性数学完整程度的方法。如上所述，几个世纪以来，常微分方程（即包含时间导数的方程组）在对连续变化诸多方面的高精度建模中，已经取得了巨大的成功。因此，可以将其用作一种了解定性数学表达能力的黄金标准。如果可以将每个常微分方程表示为定性方程，那么定性数学应能涵盖与之相同的现象范围（尽

管精度较低）。事实证明，这是可以做到的。Kuipers（1994）给出了正式的证明；在此，我们对提供基本直觉知识的论点进行了概括，并探讨了与其他传统形式主义之间的一些联系。

任何常微分方程组都可以分为两个部分，即一组包含一个或多个变量的纯代数方程组，以及一组约束这些变量对时间的导数的方程组（即 dx/dt 在左侧，右侧无导数）。大致思考一下，该如何将这组方程重新表述为一组影响。

通过重写每个方程，可以借由定性比例对代数方程建模，从而使方程左侧为一单独的变量（简称为 X），右侧却并非这样。数值系数可以忽略：如果它们无法更改，则没有理由将其纳入定性模型。对于出现在右侧（Y_i）的每个变量，需要确定 X 对其的依存关系（即是单调增，还是单调减），并在所构建的一组影响（影响集）中加入适当的定性比例。假如依存关系是非单调性的，即（qprop X Y_i）在其某一区间，而（qprop- X Y_i）则在其他区间上，该怎么办呢？在这种情况下，我们必须使用多组而非仅仅一组影响，为确定其中每个影响合适的情形，提供适当的先决条件。（此操作的执行方法，请参考第 7 章。）

在适当范围内，定性比例的极端通用性可带来很好的效果：原始方程式可能包含多项式、三角函数表达式或复杂的非线性表达式。这不要紧，因为它们在该精度水平上都是一样的。回忆一下，我们还忽略了数值系数。因此，一组定性比例关系可以描述整个代数方程组。

现在考虑约束导数的方程。再次假设被约束的参数是 X，其他参数是 Y_i。和你期待的一样，每个这样的方程都将借由一组直接影响（I+ 或 I-）来建模，其第一个参数为 X。在这种简单情况下，右侧由一组 Y_i（可能带有负号）的和组成，对于每个 Y_i，将存在（I+ X Y_i）或（I- X Y_i），这取决于 Y_i 的符号为正或为负。但是，右侧更复杂的形式又如何呢？在此，直接影响定义中的组合方式越具体，会使事情变得越复杂。思考一下

$$\frac{\mathrm{d}X}{\mathrm{d}t} = aY_1 - bY_2$$

将其表示成如下形式是不正确的：

(I+ X Y_1)

(I- X Y_2)

因为这意味着，当 $Y_1=Y_2$ 时，X 的导数将为零。要对这些情况进行建模，需引入新的参数，这些参数通过定性比例与原始参数相关联。在此

(qprop Y_1' Y_1)

(qprop Y_2' Y_2)

(I+ X Y_1')

(I- X Y_2')

那么，定性比例的抽象性质表明，我们对正确传播导数符号时实际会发生的情况了解不足。例如，如果知道 Y_1 递增且 Y_2 递减，则可以确定 X 的导数一定是递增的。但是因为我们并不清楚 Y_1' 和 Y_1 之间的关系，所以无法得出结论：当 $Y_1=Y_2$ 时，导数将为零。

这里简述的论点表明，的确可用影响集对各常微分方程进行表示。因此，该定性数学系统的潜在表达范围与常微分方程的一样广泛，故此，原则上讲，它可以对广泛的连续现象进行表达。而这引发了另外两个问题：

1）定性数学表达范围是否太过宽泛，也就是说，它会认可不正确的推论吗？这会导致定性推理不具合理性。

2）人们对物质世界的认识真能通过这种方式来组织吗？

我们就第一个问题的探讨将在第 10 章中进行。其答案是肯定的，定性模拟并不完善，但是正如那里所讨论的，鉴于定性推理在人类认知中发挥的功能性作用，这不是个问题。在此，着手解决第二个问题。

诸多理由使我们相信，人类可以通过这种方式将有关连续系统的知识进行组织。首先，区分直接和间接影响对打破因果循环至关重要。传统方程组并没有特定的因果结构。影响提供了一种因果结构：过程施以直接影响，而那些变化则通过间接影响进行传播。一些被间接影响的分量是速率参数，如此即可得出有关反馈和动态平衡的因果解释。（为了确保得出条理清晰的因果解释，在第 7 章进一步讨论的 QP 理论规定：没有分量会同时受到直接和间接的影响。）其次，直接影响和间接影响之间的区别反映了分量类型间的根本差别。分量可分为两类：广延量是随时间累积的分量，如质量和热量；内涵量是直接或间接依赖于广延量的分量，如压力和温度。广延量总是受到直接影响制约，而内涵量则总为间接影响制约。这种区别反映了科学家和工程师在形式体系中广泛使用的，因此被认为有用的区分。例如，Forrester（1961）的系统动态形式体系将参数分为存量（广延的）和流量（内涵的），而动态系统的状态空间模型则将参数分为状态参量（广延的）和依存参量（内涵的）。

QP 理论已被广泛用于各领域的建模中，包括热力学、运动、经济学、生态系统和社交推理，后续章节将对此进行讨论。其中的一些举措旨在作为认知模型，而另一些则完全由应用需求（科学推理、工程推理、指令）驱动。但是，即使是那些以应用为导向的举措，也为 QP 理论的心理合理性提供了证据，因为衡量其成功与否的部分标准是：它们能够执行类人推理，并产生类人解释。所有这些都表明，影响给出的因果关系表征为连续系统提供了一种良好的因果关系模型。但它至少在一个领域中明显无用，因此需要一种替代方法。接下来对此进行讨论。

6.5 流和因果序

相比其他，模拟电子设备确实有所不同。请考虑图 6.3 中电路的工作原理：

当输入电压增大时，会使得从基极流向发射极的电流增加。这种电流增大使得从集电极流向发射极的电流增大，进而导致输出电压下降。

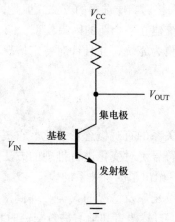

图 6.3 一个晶体管放大器

你无需了解模拟电路的详细信息，即可提取上述说明的重要特征：首先，这一说明是由假定的系统变化（"当输入电压增大时"）所引发。其次，它包含了有关电压和电流间双向因果关系的论断。第一句话表明，电压变化引起了电流变化。在第二句话中点出，电流变化引起了电压改变。这在 QP 理论中很难建模。QP 理论假设，在特定类型的属性之间，因果关系方向基本恒定。比如，热量变化会引起温度变化，但从来没有相反的方式。这是为什么？

考虑一下欧姆定律，该定律指出电阻两端的电压为流过电阻的电流乘以电阻值（即 $V = I \times R$）。该方程在前述说明中使用了两次。（上述解释中隐晦地指出，在晶体管的集电极 / 发射极间的结电阻与基极 / 发射极结之间的电流成反比，但是这并不影响之前的论述。）注意，这些参数都不是广延量，因此无一例外，均遵从该定律。在常用的模拟电路分析级别上，仅有的广延量是那些与蕴含设备以往信息的元件相关的参数（即电容上的电荷和电感上的磁通）。是否可以引入更多的广延参数，然后使用类似于 QP 的因果关系模型呢？在电子学中，电流被定义为电荷的移动，电荷是个广延量。理论上讲，可以根据每个节点上的电荷及每条路径上的电荷移动过程，对电路进行建模，但是在电路中，节点及其间的路径数很多，这将导致模型的复杂度激增。因此，模拟电子技术的创始人提出了另一种考虑因果关系的方式。他们基于某种形式的输入扰动来探讨因果关系，并通过控制电路元件的定律来追踪这些扰动。这种模拟电子技术因果思维方式的形式化由 de Kleer（1984）首次提出。

人们是否会在其他领域中也使用这种干扰 / 传播模型呢？Simon 和 Iwasaki（1988）认为会使用。Simon（1953）提出的因果序原始表述通过识别外生变量（即可以被视作系统驱动因素的变量，如之前所讨论电路中输入电压的变化等外部因素），将因果关系施加于一组联立方程。Simon 最初的工作是建立经济学的定性模型。如果有人依据直接影响的参数来辨别系统的外生参数，那么其因果序算法可以用作一种生成特定系统间接影响候选集的方法。但是，Simon 和 Iwasaki（1988）的说法要求为每个特定系统建立一个新的因果模型。第 7 章所述的 QP 理论提出，人们对这些因果律的了解更为笼统，并且针对特定情况的模型是由更为零散的知识组合而成的。

6.6 小结

定性数学试图将分量关系的直观概念形式化。它提供了依据最少的信息（数值之间的顺序关系、导数符号）对变化进行推理的方法，非常适合就许多日常易于感知的变化进行推理；它给出了因果关系的表征方法，在 QP 理论和流之间，这类因果关系或许足以对连续现象及情况的人类心理模型进行表达。定性表征是组合性的，这使得它们在根据自然语言和学习进行交流时相当有用（在第 13 章和第 17 章中，将分别对此进行更深入的探讨）。定性数学的解析程度比传统数学的更粗略，这意味着定性推理往往不够明确。而这其实是可取的，因为它使定性表征可以用作一类辨别可能性的方法。此类替代预测（和解释）可用于确定需要更详尽信息（如观察、经验或传统数学模型）的场合。

在说明这些想法时，已根据需要引入了相关知识。到目前为止，缺乏对概念结构中这些语句组织方式的讨论，而这是个复杂的问题。在下一章（第 7 章）中，将通过介绍连续过程的概念及可形成此类知识组织模式的形式体系，部分解答前述问题。第 11 章介绍了有关某个领域的知识被合理地系统化时会发生的情况。第 4 部分讨论了相关其他方面的理论，以及人们该如何具备更系统的知识水平。

第 7 章　定性过程理论

世界上充满了各种事物，这些事物并非一成不变：它们会运动、流动、加热、冷却、混合、分离、创造、成长、衰落和死亡。理解世界所用的概念结构必须具备描述、解释和预测变化的功能。因此，我们需要能够抓住世界上广泛规律的表征方法，以便能将所学内容适当情境化。对世间事物的类型及其所呈现行为类别的表征，为我们提供了情境表达的精神资源。在哲学中，本体论是对存在之物的研究。因此，本体论假设是对存在事物主要类别的形式化。本体在定性推理中起到了两个重要作用：

1）本体论解决了适用性问题。众所周知，需对因果关系、定性关系适当地界定范围和情境，以便其仅在恰当的时候被应用。本体论对此提供了所需的概念结构。

2）人类的因果推理似乎是建立在与机制存在性相关的假设之上（Bechtel，Abrahamsen，2005；Chi，Slotta，de Leeuw，1994；Forbus，1984）。QP 理论的一个核心理念是，特定的本体类别（连续过程）就广泛的人类因果推理给出了机制的概念。

本章将着重介绍定性过程理论所提出的本体论。它首先阐明了在定性推理中进行（系统和世界）建模的标准描述。这提供了一种有用的理想化建模过程，在第 11 章和第 13 章中将对此进行更详细的阐述。接着，讨论了由 QP 理论得出的本体论假设。这包括对模型片段和连续过程的正式表征，它们提供了一种描述连续世界知识的语言。QP 理论中已经形成了多种常识性模型和专家模型，但是在某些领域中，似乎需要不同的本体，如第 6 章所述。直到第 9 章，才会再讨论其他本体。

7.1　建模过程的模拟

在对世界进行推理时，科学家和工程师会制作模型。他们运用有关宇宙本质的一般定律，结合通过实践和专业规范训练出的假设和近似，来构建所研究状况或系统的模型，我们称之为推理模型定制。一旦模型构建完毕，根据其类型的不同，可以采用多种方法据此展开推理。推理结果可能直接给出了模型意欲解决的问题的答案，或者可能表明了模型本身的不足，进而需构建新的模型。作者将此说法称为第一性原理建模，因为它依赖于一般规律在特定情况下的应用。许多人都认为，"日常推理中的建模是通过第一性原理建模开展的"是个合理的假设。也就是说，为了弄清楚某种情况下会发生的事，我们运用对世界的普遍认知来构建模型，然后使用该模型进行推理，做出预测，生成解释，诊断问题等。在心理学中，这些常被称作心理模型（Gentner，Stevens，1983；Johnson Laird，1983）。⊖

为了更仔细地研究该推理，需对其进行更精确的分析。正如后面章节所述，作者认可一种与该说法略有不同的表述：科学家和工程师进行的专业推理在大多数方面与日常推理相同，但日常推理的工作方式其实与大多数定性推理研究人员所认为的并不相同（第 12 章）。尽管如此，第一性原理建模描述直观看来是很简单的，而且可能是人们工作的一部分，因此它奠定了良好的推理基础。此外，在创建可达人类水平的专业推理系统时，这一描述已经被证明非常有用，因此值得对其进行透彻理解。

基于以下思想，对有关建模的第一性原理进行说明：

• 领域理论是关于某种现象或系统类型的知识集合。领域的示例涵盖热力学、生物学、力学和化学的各个方面。它是通用知识（即可以通过实例化应用于特定情况的逻辑量化规则和模式）。考虑到其用于推理的特定目的，它们被称为模型片段，因为模型是据此构建的。

• 场景是正在研究的问题、系统或情况。场景可用自然术语进行描述。就某些技术领域而言，可能包括一些专业实体（如泵、飞轮或电子组件）。模型总需应对一个或多个问题，它们可能非常笼统（如"可能发生什么？"），也可能非常具体（如"如果我们将电线缩短一英寸，会引发什么？"）。

• 通过将领域理论知识用于场景描述，可以借由模型定制自动构建场景模型。模型定制可能涉及大量的推理，既要找出能将场景中实体转化为领域理论中设定的理想形式的方法，又要在既定目标情况下选出合适的领域理论子集。

该说明一定程度上是对专家系统界实践操作的回应（Hayes-Roth，Waterman，Lenat，1983），这类专家系统会建立融合了某领域一般知识及关于特定工件、特定任务知识的规则系统。这些合并意味着知识无法被重复使用：可用于检测一类打印机的规则，无法用于另一类打印机的检测，也无法就最初的机型进行设计修改。这样不仅代价颇大，而且并不灵活，人类工程师显然不会采用这种工作方式。专家疑难解答系统的知识在某种程度上可以推广，并且科学家们也无需为了研究新现象而重新深造。

领域理论知识的通用性使其可在一定范围内适用。已知某一领域的任意新场景，依据完整且正确的领域理论，采用功能够强的模型制定算法，通过推理，就

⊖ Gentner 和 Stevens 的心理模型概念比 Johnson-Laird 的更接近于这里所采用的方法，Johnson-Laird 更注重计算离散对象的属性。关于定性表征和推理的早期工作大多来自 Gentner 和 Stevens 的传统心理模型。

能构建一个适用于当前情况的模型。具备并运用这种常识，无疑部分说明了人类专业知识的灵活性，这一点已通过科学和工程的教授方式得以证明。如第12章所述，经验和依经验构成的泛化关系从另一角度说明了人类专业知识的灵活性。但是在此，为了清晰起见，我们只关注一般领域知识。

7.2　模型片段

诸多定性推理文献已就各种模型片段表征方法进行了研究和使用（Bobrow et al., 1996; Falkenhainer, Forbus, 1991）。以下是所用约定：

• 模型片段类型是一种逻辑量化模式，它对领域理论中的实体、关联或概念的类型进行了描述。

• 模式变量被称为参与者。每个变量都具有一个或多个，必须通过对其的任意绑定来满足的约束。约束可能涉及多个参与者，其中不允许有自由变量。

• 对其参与者的每组绑定，都允许是模型片段类型的实例化，以满足约束条件。

• 模型片段可具备一些指明其实例何时处于活跃状态的条件。条件可能会提及参与者，但却不能为自由变量。如果不具备模型片段类型的条件，则其实例始终处于活跃状态。

• 当模型片段的实例处于活跃状态时，模型片段也会产生相应的后果。类似于条件，后果可以提及参与者，却不允许是自由变量。

请注意实例化条件（即满足约束的参与者绑定集的存在）与实例活跃条件（即实例条件成立）之间的区别。这有助于确定，在某种情况下，何时应考虑潜在现象（如何时应实例化此类模型片段），而不是该现象是否真的发生，或是否该引发/避免这种现象（如该模型片段实例是活跃的）。在煮咖啡时，要考虑水壶在炉子上烧化的可能。相反，咖啡杯中可能会有的各种物质（包括水、威士忌、砷、钚）都无需考虑。

图 7.1 给出了一个模型片段的示例，所用语法与文献中常用的语法相似，参与者、条件和后果均由关键字表示，其约束是参与者描述中的联合语句（如 :type 和 :constraints 关键字规范）。对于本例，约束是

```
(defModelFragment ContainedGasProperties
    :participants ((?stuff :type ContainedStuff
                    :constraints (phaseOf ?stuff Gas))
                (?sub :type Substance
```

○ 从历史上看，关注通用性的另一个原因是在某些早期因果推理研究中出现了层次混乱。可组合性要求模型片段不依赖于相关系统其他部分的默认假设。人们并不总是理解这一点，因此 de Kleer 和 Brown（1984）的阐述在结构原理上没有任何作用。一种解决方案是构建领域理论，使得它们的默认假设始终与要执行的推理中使用的假设一致。另一种方法是明确这些假设，并对其进行推理，如第11章所述。

```
                              :constraints (substanceOf ?stuff ?sub))
                (?can :type Container
                              :constraints (containerOf ?stuff ?can)))
:conditions ((active ?stuff))
:consequences ((>= (Temperature ?stuff) (TBoil ?sub ?can))
                (qprop (Pressure ?stuff) (Mass ?stuff))
                (qprop- (Pressure ?stuff) (Volume ?stuff))
                (qprop (Pressure ?stuff) (Heat ?stuff)))))
```

图 7.1 定义了容器内气体的因果模型的模型片段

```
(ContainedStuff ?stuff)
(phaseOf ?stuff Gas)
(Substance ?sub)
(substanceOf ?stuff ?sub)
(Container ?can)
(containerOf ?stuff ?can)
```

该模型片段阐明了容器内气体特性的因果模型。气体本身由变量 ?stuff 表征，该变量将绑定到 ContainedStuff 的一个实例。Contained-Stuff 本身就是一个模型片段，下面将对此进行介绍。其他参与者绑定了与材料相关的内容（即物料和容器）。当这类模型片段所描述的材料实例实际存在时，其条件由处于活跃状态的模型片段实例来表示。

此模型片段的后果提供了两类信息。第一类是对气体温度的限制：就该容器中的这种物质而言，它必须处于或高于沸点。容器的引入提供了一种调节模型复杂度的方法。每种物质都有统一的沸点或许算是一种简化模型。更为复杂的模型可能还依赖于容器内部的压力，可以用该术语中的 ?can 变量对此进行讨论。第二类信息是气体热力学性质的简单因果模型。回忆一下，对于理想气体，方程 $PV = nRT$ 描述了压力（P）、体积（V）、质量（n）和温度（T）之间的关系。对于非理想气体，这些参数仍然相关，但是却无法以简单的解析形式准确表达这种关系，因此会用到大量表格以根据其他参数求取某一参数。在这两种情况下，因果模型是一样的。

让我们逐步了解构造此模型片段所涉及的推理。为了明了所需的间接影响，需首先确定可被直接影响的参数。如第 6 章所述，分量不可能既受直接影响，又受间接影响，因此将用那些被直接影响的参数来约束其他参数。回想一下，直接影响参数始终是广延量。在此，有三个广延量，即质量、体积和热量。（虽然没有明确提及热量，但是在论及热力学时，却总会提及它。⊖）对于每个广延参数，可

⊖ 对热力学有所了解的读者可能会对作者似乎漫不经心地使用"热量"这个词而不是用技术上
   更正确的术语"内能"而感到恼火。尽管一代又一代的教授一直致力于消除"热量"这个术
   语，但工程师们在实际工作中仍然在使用它，这似乎也没有危害。

以确定影响其的连续过程：我们可以向容器中注入气体，可以对其进行加热，并且（除非它是刚性的）还可以拉伸或压缩容器。因此，这些分量确实会受到直接影响。这样就对压力和温度形成了制约。热力学实体的一般性质（在另一个模型片段中的其他地方表示）是温度取决于热量。因此，无需在此声明。但是，该如何得到其余的限制条件呢？

　　有两种方法可以做到。首先，使用物理实例。如果考虑对广延参数进行单独操作时的压力变化，我们能快速得出一组关于压力的约束条件。正如我们通过对轮胎充气和排气所了解到的，将气体充入轮胎会增加其压力。这证明在压力和质量间存在一个 qprop。类似地，加热气体也会引起其压力增加，这个问题困扰着早期的蒸汽机设计者们。这证明在压力和热量之间使用 qprop 是合理的。最后，挤压气球会使其压力增大，因为同样数目的气球被置于更小的空间内，而其表面积还随之缩小。这种方法很有启发性，但如果仔细选择示例，效果会很好。

　　第二种方法是分析控制该现象的方程（如果该方程存在）。再想想理想气体定律：

$$PV = nRT$$

我们可以推测各广延参数的每次扰动，并观察压力必须如何随之改变。如果增加气量或热量，该方程式表明：若 V 恒定，则 P 必定增大。另一方面，如果气量和热量保持恒定，则 V 增大的同时必定伴随着 P 减小，而 V 减小必然导致 P 增大。因此，我们最终会得出同样的因果模型。

7.3　QP 理论的本体论

　　当人类对连续变化进行解释时，过程会贯穿其中。日常生活中，固体会移动、变形、融化、拉伸、开裂和破碎；液体会流动、凝固和沸腾。QP 理论关注的就是这些过程的模型，在这些模型中，将通过分量的持续变化来表示对世界形成的直接影响。

　　在 QP 理论中，过程是朴素物理学本体中的第一级实体。某些哲学家和其他一些认知科学家已就随时间演化的行为模式所涉过程进行了探讨（例如，Hayes，1985b；Mackie，1980）。识别具有行为模式的过程所面临的问题是，它将生成器（过程）与其输出（行为）混为一谈。正如在 Hayes（1985b）的有关液体的朴素物理学中，考虑将浇注和泄漏构建为事件模式。如果将水注入容器，注水时，容器内的水位会逐渐上升，而停止注水，其水位则不再升高。在漏水的情况下，即使容器中起初装有很多水，可随着水不断从容器上的孔中流出，其水位就会下降。到目前为止，该规律基本正确。事实上，我们甚至可以根据定性比例关系，基于这些模式构建局部因果模型（即漏水量取决于孔的大小及数量等）。但是，当我们通过软管将水注入漏水的桶中时，又会发生什么呢？注水行为预示着水位上升，而漏水行为预示着水位下降。这些对行为的静态描述并非组合性的，但是人们通常会对包含多个组成部分且内部运行多个进程的系统展开推理。将过程纳入本体论，使我们获得了从组成上对连续系统展开推理的能力，因为我们会根据影响来描述分量间的因果关系，而这些影响其实属于产生行为的过程。复杂的朴素物理学模型可对液体的浇注和泄漏进行建模，从而将问题简化为解决桶内浇注/泄漏水量竞争造成的直接影响。较为简单的朴素物理学可能会将浇注和泄漏作为不同类型的过程进行建模，但仍能通过影响将其组合，来推断组合效应。

这两种不同的对漏桶建模的方法呈现了一个重要的观点。定性过程理论关注的是动态理论的形式，而非其具体内容。例如，它并未设定物质守恒或能量守恒。热流可以采用遵循能量守恒或涉及"热量"流动而违反能量守恒的方式来描述。这使其能够代表多种人类心理模型。此外，它可以对更高级别的约束进行表达，如能量守恒，因为它们可以被定义为限定了进程中允许使用的影响模式的规则。

定性过程理论的核心假设是唯一机制假设，即连续系统中的所有变化均由过程直接或间接引起。

该心理学假设与我们想要如何构建对世界的认知有关。作者相信它适用于诸多人类心理模型，即便这种理解层次并非人们的初级认知层次，如第4部分所述。同样，至少在模拟电子领域，需要不同形式的因果关系，如第6章所述。然而，过程和影响是非常有效的表征方法，可用于对连续系统达成广泛的人类推理。

唯一机制假设会产生一些有趣的结果。首先，我们的连续域模型必须包括多种可能发生的过程。该过程词汇可被看作是该领域的动态。其次，解释连续系统中的因果变化必须以过程为基础。必须经历一系列的过程方可引起媒质的改变：例如，要烧开水，必须给水加上足够的热量，使水温升至沸点。第三，它允许我们借助排除法进行推理。如果发现分量改变，那么肯定能用已知的过程类型对其进行解释，因此，倘若可以排除其他仅余一种类型，那么此类实例必定是我们要找的。第四，它支持学习。假如我们无法对一类行为进行解释，说明我们的过程集或我们对其的理解一定不完整或不正确。换句话说，QP理论对连续现象的因果理论执行归纳偏倚操作。

过程被表示为一种特殊的模型片段。（不是过程的模型片段被称为视图。⊖）表示一类连续过程的模型片段对其后果至少有一个直接影响。而且，只有过程才可能会将直接影响纳入后果。该约束相当重要，因此采用了QP理论的建模语言的语法通常包含一个用于表达直接影响的单独的字段，以直观地突显出它们。图7.2展示了一个简单的热流模型。

在此模型中，只要将两个实体视为通过热流通路（HeatConnection）连接的热对象（ThermalPhysob），就可得到一个热流实例。当通路可在特定的热流条件（heatAligned）下支持热流，并且通路源头的温度高于终点温度

⊖ 在QP理论的最初描述中，这些被称为个人观点。

时，该热流实例将处于活跃状态。当其活跃时，会有一个表示其流速的分量（即（HeatFlowRate?self），其中，?self 始终是指当前实例），该分量受温差（即定性比例）的影响，并引起了通路两端热量的改变（即直接影响）。

```
(defModelFragment HeatFlow
 :participants ((?src :type ThermalPhysob)
                (?dst :type ThermalPhysob)
                (?path :type HeatPath
                 :constraints (heatConnection ?path ?src ?dst)))
 :conditions ((heatAligned ?path)
              (> (Temperature ?src) (Temperature ?dst)))
 :consequences ((Quantity (HeatFlowRate ?self))
                (qprop (HeatFlowRate ?self) (Temperature ?src))
                (qprop- (HeatFlowRate ?self) (Temperature ?dst))
                (I- (Heat ?src) (HeatFlowRate ?self))
                (I+ (Heat ?dst) (HeatFlowRate ?self)))))
```

图 7.2　热流过程描述

何时应将特定对象视为热对象，与热路径相对应的物理配置又是什么？这与描述热流本身的性质不同。在科学推理中，热流可以从半导体微观效应到恒星的熊熊火焰等环境中产生。鉴于引入的新过程相对较少，故而侧重于使用现有过程来对新现象和影响进行解释。在工程实践中，可以遇到多类热流：热量可以通过传导、对流和辐射进行传递。这些均可以采用附加模型片段来表达，而这些模型片段则使热流概念更为丰富。（在第 6 章中，对管道的流体传导率建模示例进行了说明。）

对于任意连续域，都有一个过程词汇表，它是已有过程的类型集合。类似地，视图词汇表由非过程模型片段组成，人们会在对该领域进行推理时使用这些片段。在给定场景的情况下，场景模型包括原始实体、属性和关系，以及视图和过程的实例。通过找寻处于活跃状态的视图和流程，结合确定其直接效果的各种影响，并确定活跃过程和视图实例集中随时间推移产生的变化，来进行预测。通过对可能引起观察行为的活跃过程和视图实例的适当组合进行搜索，而实现解释。在规划或设计时，将根据当前情形仔细查找可用的过程类型，并且（在规划情况下）选择或（在设计情况下）设定实体，这些实体将生成可达成期望结果或行为的过程和视图实例。这些不同类型的推理都基于 QP 理论所支持的一组基本推论。以下就此展开介绍。

7.4　定性表征的基本推论

定性表征有 4 个基本推理：

1）模型制定。回答了"相关的现象是什么？"

2）确定活动。回答了"发生了什么事？"

3）影响解析。回答了"发生了什么变化？"

4）极限分析。回答了"下一步会发生什么？"

下面我们逐个进行讨论。

7.4.1 模型制定

此推理的目的是使用域的流程和视图词汇表来构造场景模型。在其最简单的形式中，它涉及在场景的实体、属性和关系之间查找匹配的参与者和领域理论模型片段的约束，以及构造每种类型的流程或视图的实例。例如，如果考虑炉子上的一壶水，可能会认为水和炉子是 ThermalPhysobs（热等离子体），而水壶是连接它们的 ThermalPath（热通道）。如果过程词汇表由图 7.2 中的热流定义组成，那么该场景模型中将有两个热流实例，一个表示热从炉子流向水的可能性，另一个表示热从水流向炉子的可能性。图 7.3 对此进行了说明。

随着领域知识的增长，模型的建立会变得相当复杂。人们常常从多个层面理解现象：例如，物理学家可以根据具体情况在使用经典力学、相对论力学和量子力学之间做出选择。专业人士也有大量直观的定性模型：即使是训练有素的科学家也不会用方程来推断每天何时在咖啡中添加牛奶。本书第 11 章将详细讨论这些问题。

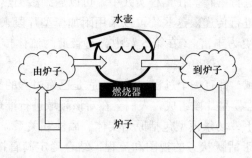

图 7.3　炉子和水壶中的水之间的两个热流实例。由于实例的存在条件是相反的，
因此一次最多只能激活其中一个

模型制定在概念上涉及多个封闭世界的假设。通常默认或指明流程和视图词汇是封闭的。实体、属性和关系也被认为是封闭的。这样可以简化后续推理过程，并提供一些回溯点，以支持推理错误时的诊断和模型不充足时的学习。

7.4.2 确定活动

一旦构建了场景模型，找出那些处于活动状态的流程和视图就可以提供有关场景或系统当前状态的信息。通过了解处于活动状态的过程就可以知道哪些量受到了直接影响，并且通过了解活动视图和活动过程就可以知道这些直接影响量是如何传播的。因此，该信息提供了对该情况正在发生的问题的总体答案。回到水壶的示例中，假设炉子的温度高于水的温度：

(>(Temperature Stove) (Temperature Water))

由于水壶本身没有任何可以改变的地方来阻挡热量，因此假设它总是
heatAligned（热对准）的。图 7.4 表明从炉子到水的热流被激活，而从水到炉子的
热流是未被激活的。

有关情况的信息从何而来？这要视情况而定。如果考虑当前情况，可以结合
感知（例如，看看炉子是否开着，把手放在炉子和水壶附近，看看它们有多热）
和知识（例如，这里的热路径是不可改变的）进行。如果试图解释一组观察结果，
可能会从观察结果中寻找能够解释它们的活动模式。

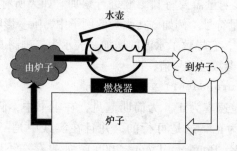

图 7.4　如果炉子的温度高于水的温度，

炉子到水的热流将被激活，水到炉子的热流将不会被激活

通常将条件分为以下两类：

• 动态条件包括有关顺序关系和其他模型片段状态的表述。到目前为
止介绍的动态条件的例子包括引起热流的温差和取决于实际存在的气体
ContainedGasProperties 模型片段。

• 前提条件包括所有其他类型的表述。它们表明了动力如何依赖于自身之外的
因素。前提条件的一个用途是表示边界条件，它贯穿于整个动力学分析。前提条
件还提供了动力和机构之间的概念性接口。例如，关掉炉子是防止过度烹调的一
种方法。

这样分类有助于确定对变更进行推理的信息需求。当对定性状态的变化进行
推理时，这一点变得至关重要：假设前提条件保持不变，动态条件的变化只能在
QP 理论中预测。下面讨论其工作原理。但是在此之前，必须首先讨论状态内部的
变化是如何派生的。

7.4.3 影响解析

回想一下，影响因素提供了参量如何相关的部分信息。分析情景模型的活动
就要假设世界是封闭的，以便收集每个参量上的所有约束，并使用这些约束来确
定每个参量的可能微分符号（如 Ds 值）。这就是影响解析的本质。该名称来源于
经典力学中对力的分析。

情景模型中每一个参量都属于以下影响量之一。

• 直接影响量（即存在一个或多个流程实例通过 I+ 或 I– 的关系约束它）。

• 间接影响量（即存在一个或多个模型片段通过一个 qprop 或 qprop– 的关系来约束它）。

• 无影响量。根据唯一的机制假设，如果一个量是无影响的，那么它的 Ds 值为 0。

影响解析的实施过程：首先对直接影响量求 Ds 值，然后通过间接影响量来确定剩余量 Ds 值。下面依次分析。

处理一个直接影响量需要将其影响进行累加。如果所有的影响量符号相同，那么 Ds 值就是影响量符号。例如，在水壶的例子中，唯一影响水温的影响因素是流向它的热量，即 I+，它导致了水温的增加。表示为二进制 Ds，它的第一个参数是一个参量，第二个参数是符号值，即

```
(Ds (Temperature Water) 1)
```

此处默认热传递速率为正。为简明起见，在本书中，假定所有速率量（即过程引入的量）均为正。这是可行的，并且在实践中是一个普遍的假设（如 Bredeweg, Linnebank, Bouwer, Liem, 2009）。如果存在不明确的直接影响量，则用表征热传递速率相对大小的信息来确定哪个影响量占主导。例如，如果用软管给一个有微小泄漏的水桶注水，泄漏的流量小于从软管流入的流量，因此在这种情况下，水桶中的水量会增加。

要处理间接影响量需要收集限制它的定性比例，并确定其贡献。假设有一个量 Q，表示为

```
(qprop Q A)
```

```
(qprop- Q B)
```

如果定义（Ds A 1）和（Ds B –1），则它们都产生正的净贡献，因此推断出（Ds Q 1）。另一方面，如果（Ds B 1），则无法确定 Q 的 Ds，因为在给定的信息定性比例很少的情况下，无法确定这两个贡献的相对影响。有三种方法可以解决此类不确定性：

1）等待观察。如果参量是可观测的或可以从可观测的参量中推导出来，并且目标是进行预测，那么模棱两可的结论就为我们提供了一个信号，让我们可以集中精力去发现更多的东西。

2）寻找备选项。如果目标是预测，那么对每个可能值的潜在后果进行推理就成为构建多个可能结果的一种方式。这些可能的结果可能会被仔细检查潜在的危险（在预测、计划或设计中）或它们产生符合观察结果的预测（在解释中）的能力。

3）运用更多的知识。通过经验，包括专业知识，我们可能已经知道影响量将如何处理特定的情况类别。我们可能知道，对于另一种情况，一种特殊的影响

可以忽略不计（例如，与从炉子流入水壶中的热量相比，从水壶中散发到大气中的热量可以忽略不计）。或者我们可能对定性比例背后的函数有更详细的了解。例如，布莱克定律表明，当液体流动过程中存在热混合时，源温度保持不变，而目标温度将根据源温度是比目标高还是低而升高或降低。

请注意，影响解析算法遵守因果关系中以过程为中心的思想：从过程的直接影响开始，首先计算它们引起的变化。然后通过定性比例（间接影响）传播此信息，以确定这对系统其余部分的影响。为了使这个因果关系更清晰，QP 理论规定，不能直接或间接地影响任何量，并且定性比例图是无环的。初看起来，定性比例中的禁止环将使我们无法对具有相互依赖参数的系统（如反馈系统）进行建模。事实并非如此。反馈系统中的回路始终包含一个导数关系，该关系是通过直接影响而不是定性比例建模的。甚至在简单的水壶示例中也包含循环，如图 7.5 所示。

尽管流速决定了热量的变化，热量决定了温度的变化，温度进一步又决定了流速，但是 I+ 和 I- 的关系是因果关系的基础，因此破坏了循环。

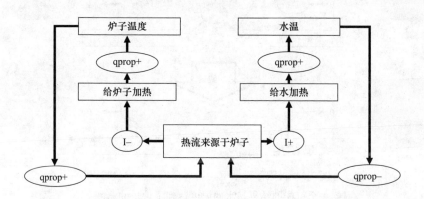

图 7.5　水壶中的水在炉子上加热过程中的影响因素。注意，此处直接影响量（I+，I-）
打破了因果循环

至此的操作提供了一种推导系统定性状态的方法。QP 理论中的定性状态是什么？它是一种基于流程的活动模式，描述了系统中正在发生的事情及其变化。更具体地说，定性状态包括以下内容：

• 场景模型中包含哪些实体、属性和关系。

• 模型片段实例的状态（即处于活动状态还是处于非活动状态）。包括流程实例。

• 保持的顺序关系。包括 Ds 值，Ds 值由参量的导数和零之间的顺序关系定义。

Ds 值描述了状态中正在发生的变化：什么量在增加、减少或保持。在后续内容中，我们将看到状态的这种定义会影响对状态变化的预测。

7.4.4　极限分析

　　进程可以启动和停止，实体可以创建和销毁，稳定的行为模式可以建立和中断。能够在定性状态下对变化进行推理是一项重要内容。QP 理论在数学建模过程中保持边界条件和背景假设不变。但是，由于 QP 理论也代表了建模知识以及如何将关于持续变化的推理与人类推理的其余部分结合起来，所以 QP 理论通过模型片段的参与者、约束和前提条件，使这些依赖关系变得明确。极限分析的操作仅基于对其动力学的考虑即可推导出定性状态可能发生的变化。

　　极限分析首先在每个变化量的分量空间内寻找相邻点，即最接近参量数值的极限点。如果一个量的当前变化方向上没有相邻点，则意味着没有极限点，因此，该量的变化不会引起过程结构产生潜在的变化。如果有一个相邻点，那么必须综合考虑它们目前的关系和相邻点的变化来确定它们之间的关系是否可以改变。图 7.6 总结概括了这一推理。顺序关系中的每一个这样的潜在变化都构成一个极限假设（即关于该状态如何结束的假设）。

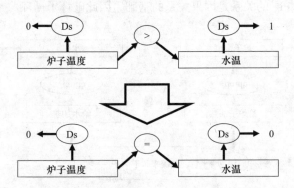

图 7.6　极限假设示例。当水在炉子上加热时，
一个可能的结果是水的温度达到了炉子的温度

　　水壶在炉子上加热的例子中，水温在升高（即（Ds（Temperature Water）1），并且假设热流是我们所知道的唯一过程，那么它在分量空间中的唯一极限点就是炉子的温度，因为它们是通过热流联系的两个实例。目前，炉子的温度高于水的温度。因为炉子的温度是恒定的[⊖]，如果这样下去，最终水的温度会达到炉子的温度。它们温度顺序关系的变化标志着它们之间热流的结束，从而也标志着当前定性状态的结束。事实上，这是唯一的方式，因为这是在这种情况下发生的唯一过程。因此，这种状态只产生一个极限假设：

```
(>(Temperature Water) (Temperature Stove))
  →(= (Temperature Water) (Temperature Stove))
```

⊖　这里它是恒定的，因为对它没有影响——热量和温度之间的联系只包含在气体中。这种断开是模拟热源的一种方式。QP 理论中模拟源和汇的另一种方法是给补充或吸收大量参数的实体，增加一个额外的过程，例如热或者质量（Collins，Forbus，1989）。

请注意，极限假设的存在条件是假设实体和前提条件保持不变：如果有人把水从壶里倒出来，所有的结论都不成立。QP 理论进一步假设这些变化并非数学家们所说的渐近（即很长时间逐步发生）。这个假设并不是 Zeno 二分悖论的缩减版[⊖]。

现在将这个例子稍微复杂化。假设用一个表示沸腾的过程来扩展定义领域理论。它的一个条件是水的温度要大于或等于它的沸点。这意味着水温的分量空间会有第二个极限点，称其为 TBoil。假设当前状态下，TBoil 满足：

```
(> TBoil (Temperature Water))
```

则水并没有沸腾，TBoil 是固定的，另一个可能发生的传递过程为

```
(> TBoil (Temperature Water))
   → (= TBoil (Temperature Water))
```

此时，另一种可能结果就是水温达到了沸点，水就开始沸腾。这种情况一定会发生吗？不是，因为并不知道 TBoil 和水温的相对大小，所以这种极限假设只是一种很明显的可能性。如果将炉子的温度设为 TBoil，那么两个假设都会成立（即炉子的温度和水的温度同时达到水的沸点）。

一般来说，可以有多个极限假设。主要有以下三个原因。第一，如果分量空间中极限点的顺序不是一个完整的顺序，而是一部分顺序，那么这个量在一个方向上可能有多个邻点。例如，人们可能不知道炉子的温度和放在炉子上的水壶的熔点之间的排序关系，因此，在这种情况下，水壶与水壶的熔点是否安全地达到热平衡是无法确定的。第二，一个过程可以影响一个以上的量。第三，多个过程可以同时发生。因此，极限分析通常涉及对多个极限假设的评估。此外，还必须考虑极限假设的结合点。如果这些变化是真正独立的，人们可能会忽略这种可能性，因为这种巧合是罕见的。（多久能把炉子调到 100℃？）但这些变化并不总是相互独立的：因为分量之间在功能上通常是相关的，一个排序关系的变化可能确实意味着另一个排序关系的变化。（考虑由间接影响连接的两个量，它们也有关联的对应关系。）

QP 理论通常不允许在多个变化发生时假定哪个变化首先发生。如果使用传统微积分作为模型理论，则很容易理解为什么：接下来可能发生变化的量是到极限点时间最少的那个。因为对所涉及的函数了解得很少，所以无法确定实际上会发生什么。相反，这就是定性推理为什么如此重要的原因：通过确定可能发生的事来给出所需信息，以满足对更多知识的需求，以便在需要更多知识时就可以找出。换句话说，QP 理论不能总是保证对接下来可能会发生的事情有一个唯一答案，但是它可以保证将会发生的事情包含在各备选方案中（第 10 章）。

尽管极限分析不能始终提供唯一的答案，但是其余的操作会过滤掉那些明显不可能的变化。这需要两个步骤。第一步是使用连续性来排除那些违背直觉的变化。第

⊖　热衷于此悖论的人们将对在本书两个地方，它的形式反复出现而感到高兴。

二步是利用相等本质来区分瞬间发生的变化和需要一定时间间隔的变化——很明显，前者会先于后者发生。下面依次讨论。

假设量的变化不违反连续性。即如果

(> A B)

保持定性状态，则对于

(< A B)

要保持下一个状态，必须有一个 A 和 B 在它们之间相等的状态。这提供了一个非常强大的过滤器。要了解这个过滤器是如何工作的，必须首先考虑如何为极限假设或它们的结合找到下一个状态。（为了方便起见，以下仅以"极限假设"来表示单一变化的情况和假定所有变化同时发生的情况。）换句话说，我们试图寻找该形式的三元组

<qualitative state>, *<limit hypothesis>* → *<next qualitative state1>*

...

<qualitative state>, *<Limit hypothesis>* → *<next qualitative stateN>*

这部分操作是通过构造可能由极限假设产生的定性状态来完成的，首先生成一个广泛的候选集合，然后对其进行过滤。

如何产生下一个候选状态？回想一下定性状态的动力学组成：

• 量之间的顺序关系。

• 对模型片段实例（即流程和视图）进行状态分配。

状态的其他组成部分可以视为稳定条件，对于当前分析中的任何状态的陈述都必须为真。这为我们提供了着手点。

接下来，考虑状态极限假设集合中提到的成对量的并集。任何特定的极限假设（单一变化或联合变化）都表示它所提到的那对量发生变化的可能性，而不涉及其他可能性，因为那些可能性是由其他极限假设表示的。因此，接下来的每个状态都必须包括正在探索的极限假设所表示的变化，以及其他极限假设中提到的成对量的所有当前顺序关系，但不包括正在考虑的那个极限假设。

基于此，下个状态的初始候选对象是通过查询动态组成部分的真值的一致分配而得到的，这些真值分配到目前为止不受所做的假设约束。领域理论所隐含的这些陈述之间的逻辑联系极大地限制了要考虑的候选对象的数量（例如，在用炉子烧水的例子中，知道水的温度和炉子的温度相同，意味着热流实例可以处于活动状态，所以不需要考虑这些可能性）。

形式上，这可以被建模为一个约束满足问题（Mackworth，1977），其中约束是领域理论的实例化定律加上 QP 理论的定律。连续性定律：如果有一对量，它们在状态转换过程中的变化会违反连续性，那么可以排除这种转换。另一种通过过滤来表达的直觉是，变化的因果效应被最小化了：那些由变化所暗示的必然发生，但是其他的随机变化不会发生。这是通过对备选状态排序来完成的，排序是基于

其中发生变化的状态量以及所有减少的状态量来进行的，其中不包括变化量最小的状态。[⊖]

如上所述，相等变化定律提供了另一个强大的过滤器。假设有四个定性的量，其中两个相等，两个不相等：

(= A B)

(> C D)

进一步假设这些量的变化将导致排序关系发生变化：

(Ds A 1)

(Ds B 0)

(Ds C −1)

(Ds D 0)

C 和 D 之间的有限差分意味着向等式的变化将需要有限的时间间隔。另一方面，由于 QP 理论没有假设数字的模糊值，所以 A 和 B 之间的等式变化是瞬间发生的。由于瞬间比时间间隔短，所以涉及 A 和 B 的变化将首先发生。QP 理论进一步假定瞬间发生的变化是无穷小的，因此小于任何有限值。所以，如果在新状态中 A 会减少，那么它也会在瞬间过渡到相等。等式变化定律阐述了以下论点：

等式变化定律：除了两个例外，流程结构会持续一段时间。它仅瞬间存在于以下情况之一：

1）来自等式的变化；

2）向等式的变化仅发生在瞬间偏离相等的量之间。

（具有一定背景的读者会认识到，这排除了直接影响的冲量，即量上的瞬时有限变化。QP 理论已经扩展到冲量 [Kim，1993]，在此不做过多研究。）

等式变化定律为极限假设提供了一个重要的过滤器。回顾可知，极限假设集由单一变化和单一变化的组合形成。考虑一组假设，其中只包含瞬间发生的变化。从集合包含的角度来说，由于瞬间的持续时间比间隔短，所以最大集合必须包含接下来要发生的事情。因此，等式变化定律可以排除极限假设，有时会导致唯一的预测下一状态。

如果过滤非常极端，以至于不存在候选转换，会发生什么呢？由于 QP 理论没有对渐近方法进行建模，因此可以得出的唯一结论是状态本身必须不一致！粗略看，这似乎不太直观，但这一结论似乎与人类关于持续变化的专家推理大体一致。例如，一个球用一根绳子连接到支撑物上。假设绳子、球和支撑物是完全无弹性的 —— 它们根本无法拉伸或压缩。（没有真正的材料是完全无弹性的；这是一个理想的模型，常常被用来忽略掉那些被假定为很小的影响。）假设球被释放了，会发生什么呢？由牛顿力学和重力可知，在下落过程中，由于重力加速度，球的速

⊖ 熟悉最小模型变化文献的读者（Winslett，1988）将会认识到该方法是该算法的一个版本，但是用于离散的动作而不是连续的过程。

度继续上升。但在最终状态下，当绳子达到最大延伸时，下落必须结束。这种情况与前一种状态是不一致的，因为加速度是向下的，从而增加了速度，但是要停止，速度必须是减小的，这违反了连续性。因此，必须排除向这种状态的过渡。所以对于下落的物体而言，它总是接近绳子的长度，但永远达不到绳子的长度。直观上来看，这是不可能的。所以相对于对世界的认识，我们认为定性状态本身是对世界的一种不一致的描述。定性状态的极限分析的结果是从该状态到一个或多个其他状态的一组转换。如果该状态无限持续，则不存在状态转换。

这样处理的微妙之处，诸如在某些情况下将时间划分为后续实例的现象（相等变化定律的结果），是大多数人没有想到的事情。但是对于复杂系统进行建模的专业人员会这样做，并且根据它们的任务，通常会得出相似的结论。定性动力学的其他模型（如 Kuipers，1994）允许渐进方法，并在分解时间的实例和间隔之间强制进行严格的交替。这些是人类对连续现象的思考模型，鉴于人们对世界的看法存在差异，因此正确的模型不止一个。但是，似乎只有少数几个模型符合人们对定性动力学的普遍认知。

极限分析可以得出一些非常微妙的结论。例如，对图 7.7 所示的三个储水箱的分析。

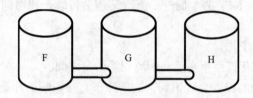

图 7.7   由管道相连的三个容器。一开始，
F 的水位比 G 的水位高，G 的水位又比 H 的水位高

分析水的相互流动可知，F 中水位和压强正在降低，H 中水位和压强正在增加，因为影响它们水量的唯一因素分别为正和负。但是 G 呢？根据水从 F 到 G 的与从 G 到 H 的相对流速可知，它可以增加、减少或恒定。假设为每种可能性生成一个定性状态，并对每个状态进行极限分析。这些状态之间获得的过渡网络如图 7.8 所示。这表明，这种情况的一个结果是 G 的水位可以达到平衡，这点在最初的描述中并不明显。

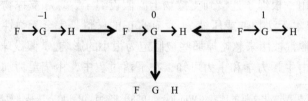

图 7.8   通过寻找水的相对流速的变化，可以发现动态平衡的可能性

7.5 封装历史

模型片段（包括流程）的时间语义是，结果中的语句在模型片段处于激活的任何瞬间或整个时间间隔内都保持不变。假设这些模型片段中的参与者通常具有一定的空间范围，则随时间变化的一组模型片段将定义一段历史，一段充满描述属性和关系属性的时空（Forbus，1984；Hayes，1979）。将这些历史具体化为抽象模式是很有用的，原因有两个。首先，正如在第 17 章中所讨论的，这种行为模式是学习和概念改变的一种有用的中间表现形式，因为它们可以通过类比概括观察特定的行为来构建。其次，这种抽象模式为明确引用部分间隔定律和约束项提供了适当的上下衔接（例如，根据区间开始的属性和在区间内发生的事情来描述区间结束时的运动方程）。QP 理论包括封装的历史，也是一种表示这些模式的形式。详见第 17 章。

7.6 小结

QP 理论的基本推论提供了两个层次的推理模型。首先，在连续系统推理时对所涉及的任务进行分解，在心理学上是非常合理的。识别正在发生的过程的类型，理解正在发生的情况，包括如何改变以及这些变化是如何导致正在发生的事情发生改变的，似乎是对连续变化进行推理的基本组成部分。这些是人们在日常生活中提出的基本问题，后面的例子将会说明，它们涉及专业推理：确定什么是可能的，从而用更详细的表征来构建后续工作的重要问题。

第二层次关注解决这些任务的具体方法在多大程度上可以作为心理学模型。此处的推理要复杂得多。这里所描述的推理完全从基本原理出发，完全忽略了经验。这个模型对于那些已经获得一定专业知识的人们进行最基本推理是有用的。但是，球落地的悖论愚弄了许多人，他们一步步地解决问题也没有发现这有什么错误。他们最初依靠什么？经验似乎可以通过类比来错误地应用于当前的情况。详见第 12 章。

第 8 章通过研究各种示例来进一步探索 QP 理论，以展示如何在多个领域中使用它来表示和推理直观的物理模型。

第8章　QP理论应用举例

QP 理论的关键假设之一是它所提供的表征具有足够的表达能力，可以正式地描述连续系统的各种人类心理模型。为了论证这一假设，本章使用 QP 理论来对各种现象进行建模。其中包括两个来自第一章的例子（炉子上的水壶和冻结速度的例子）和其他一些来自文献的例子。包括如下方面：

- 一维运动，包括物理学学生常见的两种误解（即亚里士多德模型和动力模型）。
- 一个足以说明 Minsky 难题的简单材料模型是人可以用绳子拉，但不可以用绳子推。
- 弹簧滑块振荡器及动静摩擦对其可能行为的影响。
- 如何定性地检测动态平衡。

任何旨在捕获人类心理模型范围的理论都应至少能够处理这些现象。

8.1　流体建模

许多物体，例如椅子和猫，很容易被看成独立的个体。将液体和气体分解为可以讨论和推理的个体要复杂得多⊖。Hayes（1985b）指出，液体有两个基本本体：

- 物质内涵本体通过它们所处的空间来个体化流体。当谈论大西洋、莱茵河或杯中的咖啡时，正在使用这种方式来描述世界。
- 物质集合本体通过一个特定的分子集合来个体化流体。当谈论一个国家每年消耗的汽油，洪水量，或者把咖啡倒进水槽时，都是在用这种方式来描述世界。

在日常生活中，可以根据需要灵活地调用这些本体：我们明白为什么不能在同一条河流中行走两次，即使是在计划返回太平洋潜水时也是如此。本章探讨了如何使用 QP 理论来模型化一个简单的物质内涵本体，以展示它如何实现第 1 章中讨论的一些推理。它的目的是形成一个液体和气体的直观模型。如第 17 章所述，没有一个模型能够捕捉到人的模型中广泛的个体差异，要匹配特定的人的模型，首先需要付出艰苦的努力来获知他们的模型。这个模型在心理学上的合理性是基

⊖　有趣的是，婴儿早在五个月时就对固体和非固体物质的区别有所了解（Hespos, Ferry, Anderson, Hollenbeck, Rips, 2016）。

于能力的（即在此基础上建立的模型得出的结论在本质上与人可以得出的结论类似）。

首先研究了存在的动态变化如何影响推理，然后使用足以解决这些问题的 QP 理论构造一个简单的液体和气体领域理论。这绝不是使用这些思想已经建立或可以建立的最先进的领域理论，类似的这种扩展研究一直在进行。

8.2　存在及其重要性

尽管人们喜欢假装某些事情是永恒的，但是我们也知道没有什么是永恒的。在我们的概念中，有些物体是非常稳定的，如建筑物和岩石，而有些是短暂的，如聚会时的家具摆放或杯子里的咖啡。个体化是非常复杂的。QP 理论提供了一种非常简单但功能强大的个体化方法 —— 条件量存在。也就是说，假设可以定义一个量，使得个体只在这个量为正的时候存在。以液体为例。目前，杯子里有很多咖啡，喝了一小口后，咖啡变少了；喝得足够多时，量就变成了零，咖啡没了。这是一个条件量存在的例子。另一个例子是存在生物物种，前提是它的数量大于零。虽然组成一个物种个体的有机体是离散的，但出于许多目的，通常将种群近似为一个连续的参数。

条件量存在是一个有用的概念工具，因为它使我们能够对存在的动态变化进行推理。如果将咖啡倒进杯子里，在某种意义上，我们创造了"杯子里的咖啡"。一旦咖啡被消耗掉，个体也就消失了。通过包含直接影响依赖于某种条件存在的参数的过程，基于 QP 理论的基本推论可以推断出条件量个体的产生和毁灭。

我们来构造一个容器内流体的表示法。首先，需要将数量概念形式化。既然谈论的是"杯子里的咖啡量"，就需要谈论物质（如"咖啡"）和容器（如"杯子"）。还需要讨论物质所处的状态。咖啡在杯子里通常是液体。另一方面，气球里的空气通常是气体。如果有一种表示方法可以涵盖这两种情况，那就更好了，特别是考虑到沸腾和冻结之类的状态，可以从一种转换为另一种，所以定义 AmountOf 为含有三个参数的函数。也就是说，（AmountOf ?sub ?phase ?can）表示容器 ?can 内物质 ?sub 的状态 ?phase 的值。它总是非负的。当它为正时，容器内就存在一个物质及其状态的个体。

有些读者可能想知道 AmountOf 的单位是什么。基本 QP 理论在设计时忽略了其单位。否则，它的应用范围将局限于具有专业知识的人员，只有他们才能进行建模。单位，就像守恒定律一样，是伟大的概念创新之一，是建立在直观模型之上的，并提高了推理的精确度。（当教育工作正确开展时，直觉模型通过这些想法得到重组，但这种情况发生的次数比通常构想的要少 —— 参见本章后面内容和第17 章的运动模型。）

领域理论必须包括模型片段，这些片段引入了适当的 AmountOf 量和作为结果而存在的个体。此处只考虑液体、气体和固体三种状态。（尽管等离子体与人们的日常生活息息相关，但大多数人都没有意识到这一点，而且冷凝物只存在于极端的实验室条件下，超过了此处的研究范围。）上面例子中唯一需要的物质是水和空气，不过，我们应该再次构建这个模型，以便人们在学习新物质时可以适当地将其扩展到新物质。因为世界上有很多物质，所以要避免在它们不相关的时候去联系它们。（例如，对茶中砷的含量耿耿于怀的人，要么是偏执狂，要么是在读谋杀悬疑小说。）领域理论使用关系 canContainSubstance 来表示对组合的关注：当容器 ?can 在状态 ?phase 上包含物质 ?sub 时，（canContainSubstance?can?sub?phase）为真，而且这与当前的分析有关。

注意，这种关系既包括存在的物理可能性，也包括其相关性。将这两者合并起来是一种简化，并且已经研究出一些技术，使它们能够被清楚地分开并加以推理（见第 11 章）。但是，对于作者而言，尚不清楚人们未经训练的直觉是否总是可以被很好地分离，所以这种简化的实际效果可能没有那么令人惊艳。

图 8.1 描述了两个模型片段。第一个是 ContainedStuff-Possibility，它描述了在什么情况下考虑潜在的包含的东西是有意义的，并引入了 AmountOf 量。回想一下，如果约束不成立，模型片段实例甚至不会被实例化，所以 canContainSubstance 模式实现了我们的目标，即不考虑该语句不成立的可能实体。第二个模型片段 ContainedStuff 表示包含的内容本身。（这由 :subclassOf 字段表示，它被认为是模型片段实例的实体类型。defProcess 等价于 defModelFragment，是 ContinuousProcess 的子类。）因为它的前提条件是 AmountOf 为正，所以实现了我们所期望的对条件量存在的约束。它还引入了一个量来代表新个体的质量，该量与存在的物质的量有因果关系。它没有明确说明质量如何取决于数量，只是（通过对应关系）当 AmountOf 为正时，质量也为正。

```
(defModelFragment ContainedStuffPossibility
 :participants ((?can :type Container)
                (?phase :type Phase)
                (?sub :type Substance
                      :constraints (canContainSubstance ?can ?sub ?phase)))
 :consequences ((Quantity (AmountOf ?sub ?phase ?can))
                (>= (AmountOf ?sub ?phase ?can) 0)))

(defModelFragment ContainedStuff
 :subclassOf (PhysicalObject)
 :participants ((?can :type Container)
                (?phase :type Phase)
                (?sub :type Substance
                      :constraints (canContainSubstance ?can ?sub ?phase)))
 :conditions ((> (AmountOf ?sub ?phase ?can) 0))
 :consequences ((Quantity (Mass ?self))
                (qprop (Mass ?self) (AmountOf ?sub ?phase ?can))
                (correspondence ((Mass ?self) 0)
                                ((AmountOf ?sub ?phase ?can) 0))))
```

图 8.1 模型片段 ContainedStuffPossibility 对包含的内容可能存在的条件进行编码。模型片段 ContainedStuff 对最小属性进行解码——也就是说，它具有质量

　　到目前为止，我们包含的东西只有一个属性。对包含的内容进行建模的一种方法是在 ContainedStuff 模型片段中添加我们可能希望推断的所有属性（例如，压强、体积、液位、热量、温度等）。由于两个原因，这不太有效。首先，并非所有特性都适用于物体的所有状态：液位的概念对液体有意义，但对固体或气体却不适用。（此处忽略了沙子和其他无定形固体。）其次，即使量有意义，我们可能也不想考虑它。因此，我们将定义物理对象的几个子类别，每个子类别都包含诸多对某些分析有意义的属性。图 8.2 定义了四类对象。

　　VolumetricPhysob 代表那些压强和体积为重要参量的物体。ThermalPhysob 涉及热量和温度，通常用 FiniteThermalPhysob 表示。温度源被建模为 ThermalPhysob，它们的热量和温度之间没有特定的联系，因此可以添加或移除任意量的热量而不会影响它们的温度。

　　基于基本的物体属性，可以将领域理论扩展到合并物质的特殊相态属性上。

```
(genls VolumetricPhysob PhysicalObject)

(implies (VolumetricPhysob ?o)
        (and (Quantity (Pressure ?o))
             (Quantity (Volume ?o)))
             (> (Volume ?o) 0))

(genls ThermalPhysob PhysicalObject)
(implies (ThermalPhysob ?o)
        (and (Quantity (Heat ?o))
             (Quantity (Temperature ?o))
             (> (Heat ?o) 0)))

(genls TemperatureSource ThermalPhysob)
(genls FiniteThermalPhysob ThermalPhysob)
(implies (FiniteThermalPhysob ?o)
        (qprop (Temperature ?o) (Heat ?o)))
```

图 8.2　可以根据是否需要推理物体的体积
特性和 / 或热特性来定义几个特定的对象

8.3　容器内液体的表述方法

　　液体的一个显著特性是它们有一定的液压。如果考虑容器底部的压强，上面的液体越多，压强就越大。因为目前尚没有代表性的机械装置来描述形状和空间，所以只考虑底部均匀且平坦的容器——不深的游泳池或海滩上的潮汐池。假设我们住在美国中西部的某个地方，那里是绝对平坦的（至少看起来是这样），所有的容器都在地面上，因此我们可以不考虑容器的几何形状⊖。

　　可以通过图 8.3 中的模型片段来表述这些关系。该模型片段介绍了液位的概

⊖　容器几何的形式化有一些更详细的形式。例如，Kim（1993）的有界物质本体描述了容器内的位置，这是表示诸如提升泵、抽水马桶和内燃机等系统所必需的。

念，它取决于液体的量。通过使用命名函数（请参阅第 6 章），确定其函数始终相同，这使得我们能够在对象间传播顺序信息。由于在此处对压强也做了相同的处理，因此可以推断出：如果液位是唯一影响液体的因素，那么只要一个容器中的液体液位高于另一个容器中的液体液位，它的压强就一定高。

```
(defModelFragment ContainedLiquidProperties
 :participants ((?cl :type ContainedStuff
                       :constraints (phaseOf ?cl Liquid))
                 (?sub :type Substance
                       :constraints (substanceOf ?cl ?sub))
                 (?can :type Container
                       :constraints (containerOf ?cl ?can)))
 :conditions ((active ?cl))
 :consequences ((Quantity (Level ?cl))
                (explicitFunction LevelMassFn (Level ?cl))
                (qprop (Level ?cl) (Mass ?cl))
                (correspondence ((Level ?cl) 0)((Mass ?cl) 0))
                (explicitFunction PressureLevelFn (Pressure ?cl))
                (qprop (Pressure ?cl) (Level ?cl))
                (explicitFunction PressureContainerFn (Pressure ?can))
                (qprop (Pressure ?can) (Pressure ?cl))
                (≤ (Temperature ?cl) (Tboil ?sub ?can)))
```

图 8.3　液体的液位变化对其压强的影响

当然，压强差也很重要，因为它们驱动了液体流动。图 8.4 描述了一个简单的液体流动模型。它要求在管道的源头和终点之间有一条液体通道，这条通道不能被阻塞或关闭（通过预测校准来表示，预测校准是一个传统的航海术语，用于表示管道系统中的液体流动）。注意，它指定了源液体，并没有指定目标液体。如果需要目标液体，则液体不能流入空容器。同时，直接影响量是 AmountOf。与使用质量相比，这样做有两个原因。首先，即使容器是空的，它也可以使液体存在。其次，它维持了一个一致的因果关系：AmountOf 影响质量。

```
(defProcess LiquidFlow
 :participants ((?src :type ContainedLiquid)
                (?sub :type Substance
                       :constraints (substanceOf ?src ?sub))
                (?src-can :type Container
                         :constraints (containerOf ?src ?src-can))
                (?dst-can :type Container
                         :constraints (canContainSubstance
                                              ?sub Liquid ?dst-can))
                (?path :type LiquidPath
                       :constraints (liquidConnection ?path ?src-can ?dst))
 :conditions ((aligned ?path)
              (> (Pressure ?src-can) (Pressure ?dst-can)))
 :consequences ((Quantity (LiquidFlowRate ?self))
                (qprop (LiquidFlowRate ?self)(Pressure ?src-can))
                (qprop- (LiquidFlowRate ?self) (Pressure ?dst-can))
                (correspondence ((LiquidFlowRate ?self) 0)
                             ((Pressure ?src-can) (Pressure ?dst-can)))
                (I+ (AmountOf ?sub Liquid ?dst-can) (LiquidFlowRate ?self))
                (I- (AmountOf ?sub Liquid ?src-can) (LiquidFlowRate ?self))))
```

图 8.4　液体流动的表述方法

现在，我们有足够的模型片段来支持关于在第 6 章中看到的涉及两个储罐的情况的推理。两个储罐 F 和 G 被建模为容器。管道系统 P 被建模为连接两个储罐的液体路径。有了这些选择，将会出现两种潜在的液体流动过程，一种是水从 F 流到 G，另一种是水从 G 流到 F。鉴于 F 最初的液位较高（见图 6.1），从 F 到 G 的流向将处于激活状态。解析影响和极限分析的结果与我们的直觉相符：F 中的水量减少，导致其质量和液位降低，进而导致 F 中的压强减小。同时，液体流动使得 G 中的水量增加，导致其质量和液位增加，进而造成 G 中的压强增加。最终，两个压强相等，导致液体停止流动（即 LiquidFlow 实例的状态从活动变为非活动）。系统结构加上初始条件导致发生液体流动，进而导致系统发生变化，最终导致液体流动终止。

请注意在建模该系统时所做的简化：管道中的液体量可以忽略不计，管道连接到容器的底部，并且管道是水平的。这样的假设在许多工程分析中很常见，但当然有些分析确实需要更详细的模型。第 11 章主要讨论这个问题。

8.4　气体表述方法

气体提供了大量有趣的物理现象的例子。它们通常是热力学学生的烦恼，因为对它们进行定量建模是相当微妙的。与牛顿运动的简单理想化不同，大多数真实物质的计算需要大量的数值表。然而，涉及气体的因果结构的本质可以用简明扼要的方式表述，正如第 19 章所概述的那样，它为热力学专业知识的构建提供了坚实的基础。在这里，我们列出了因果结构，通过分析影响气体的各种过程，建立了一个简单的因果模型。然后用足够的模型片段来建立因果结构，这样就可以对它们做出一些一般性的结论，以及一些更微妙的结论。

众所周知，气体的一般特性包括压强、温度、体积和质量。某些气体（称为理想气体）可以用一个简单的方程式描述：

$$PV = nRT$$

即压强和体积的乘积等于分子数（n）与常数（R，理想气体常数）和温度的乘积。此处，我们并不关心它在定量上是否准确，只关心它如何描述相关的参数。上式表明（与涉及属性表的更复杂的计算方法一样）必须同时考虑参数集。与 $F = MA$ 一样，定性模型必须明确包含这些参数的因果性。此外，如果想对人类专家的直觉进行建模，则定性模型必须与定量模型大体一致。（我们可能并不总想这么做：教育和学习科学领域的一些文献中误认为学习者随处都可以对现实问题的中间状态建立模型。）因此，将该方程与日常生活中得到的观察结果相结合，就可以推导出气体的因果模型。

首先考虑一个可能适用于气体 G 的过程，详细论述见第 6 章。对于气体而言，当然会形成热流。这将直接影响到热量，如果假设一种气体是一种热实体，那么可以假设它通常受到如下约束：

    (qprop (Temperature G) (Heat G))

假设气体 G 在某个容器中。例如，原则上可以通过气流向容器中添加更多的气体。可以将方程中的 *n* 作为总量，也就是（AmountOf S Gas C），其中 S 是组成 G 的物质，C 是它所在的（假设的）容器。如果假设所有气体都具有相同的因果结构，则 S 并不重要。重要的是容器 C：试想一个气动活塞和一个气球。在刚性容器中，体积是固定的。在这种情况下，加入更多的气体会导致压强增加：

    (qprop (Pressure G) (AmountOf S Gas C))

在一个柔性容器中，气体体积会受到拉伸等过程的影响。这将导致压强降低，因此

(qprop- (Pressure G) (Volume G))

到目前为止，我们一直忽略了温度。如果给气球加热会发生什么呢？气球会膨胀。这一点可以从 G 的压强会随着温度的变化而变化得到证实：

    (qprop (Pressure G) (Temperature G))

至此，我们的讨论全面吗？下面讨论不同的过程组合，看看能否对它们给出有意义的因果解释。如果大气中有大量空气在上升，那么气体在膨胀时会冷却。膨胀本身就是对大气做功。做功本质上是流的一种形式，是增加或减少做功物体的内能。因此，气团在膨胀时冷却是有道理的，因为它对其余的大气做功。相反，当一个人给自行车轮胎充气时，会发生什么？轮胎会变热。这也是一个有效的工作流，最终轮胎中的空气被压缩。由于它的内部能量增加，所以温度也会上升。因为空气的量在增加，压强也在增加。因此，可以用相同的因果模型覆盖这两个新现象（假设工作流是合理的模型）。

图 8.5 将所有因素放在一起，添加了应该考虑的条件（即我们研究的是容器内气体）和温度限制。当然，气体对容器存在压强，这是最后一个间接影响。

```
(defModelFragment ContainedGasProperties
 :participants ((?g :type ContainedGas)
                (?sub :type Substance
                      :constraints (substanceOf ?g ?sub))
               (?can :type Container
                      :constraints (containerOf ?g ?can)))
 :conditions ((active ?g))
 :consequences ((≥ (Temperature ?g) (TBoil ?sub ?can))
               (qprop (Pressure ?g) (AmountOf ?sub Gas ?can))
               (qprop- (Pressure ?g) (Volume ?g))
               (qprop (Temperature ?g) (Pressure ?g))
               (qprop (Pressure ?can) (Pressure ?g))
```

图 8.5　气体描述

回想一下，气体以与液体相同的两种方式进行个体化，它们既可以是小块的

物质，也可以是容器内的物质。此处使用一种简化版的容器内物质本体。分析气体时必须考虑它所处的位置。比如，大气层可以被视为地球周围的空气所在的地方。（这个例子是循环论证的，因为我们使用物质块视角来划分空间区域，但它是一个很有用的例子，说明了推理通常是如何依赖于多个本体的。）大气层常常被近似为无穷大[⊖]，可以通过 ContainedGasProperties 来建模，这样会引入一些彼此独立的相关量，因此在对日常生活进行推理时，通常会忽略了这样一个事实：烹饪会使地球温度略微升高。

同时，还需要考虑容器内的气体，如气球、轮胎、瓶子、房间和气缸。前面介绍的关系 canContainSubstance 表明一个特定的现实世界实体可以作为独立气体的容器。除此之外，还需要确定气体路径，类似于液体路径的概念，用类似的关系来表示两个可以看作容器的物体之间的连接性。相应地，提出假设 GasPath 和 gasConnectionBetween。

假设一个容器中包含多种物质。它们之间会发生什么样的相互作用呢？一个就是它们的压强对容器压强的影响。气体压强对容器压强的间接影响很好地体现了这一点。如果容器中只有一种气体或多种气体或液体和气体都存在，则通过定性分析物质比例可以得到合理的因果模型。可以通过这个思想（即以精确的比例关系来分压）来得到更详细的因果模型。另一个相互作用来自液体本质上是不可压缩的。如果开始往其中一个里面有空气的储罐注水，那么如果储罐密封，则水位的上升将减少空气所在的空间。为了阐明这个事实，需要添加以下影响：

```
(qprop- (Volume Air-In-Tank) (Level Water-in-Tank))
```

当容器内同时有水和空气时，根据上面的关系，可以预测一个可能的结果：在两个容器的例子中，由于目标容器中的空气施加的额外压强，可能在两个容器的液位相等之前已经达到了平衡。同样地，由于液体量的变化和内部空气的可用体积的增加，源罐中的压强也会下降。（这就是为什么在许多实际的液体管道系统中都有排气阀的原因之一。）

要考虑的第三类相互作用是同一容器中多种物质之间的热作用。如果想要对其进行建模，需要添加一个模型片段，该片段规定，在同一容器内的任何两个物质之间都存在一条热通道。类似地，我们希望建立容器内物质与容器接触的热实体之间的热连接（见图 8.6）。

⊖　正如忽视人类活动对气候变化的影响所表明的那样，这一假设可能会被滥用。

```
(defModelFragment WithinContainerHeatPath
 :subclass (HeatPath)
 :participants ((?s1 :type ContainedStuff)
                (?can :type Container
                      :constraints (containerOf ?s1 ?can))
                (?s2 :type ContainedStuff
                      :constraints (and (containerOf ?s2 ?can)
                                        (different ?s1 ?s2))))
 :conditions ((active ?s1)(active ?s2))
 :consequences ((heatConnection ?self ?s1 ?s2)
                (heatConnection ?self ?s2 ?s1)))

(defModelFragment ContainerToStuffHeatPath
 :subclass (HeatPath)
 :participants ((?stuff :type ContainedStuff)
                (?can :type Container
                      :constraints (containerOf ?stuff ?can))
                (?to :type ThermalObject
                      :constraints (thermalContact ?to ?can)))
 :conditions ((active ?stuff))
 :consequences ((heatConnection ?self ?to ?stuff)
                (heatConnection ?self ?stuff ?to)))
```

图 8.6 不同物质之间的热通道

8.5 相变

现在我们来分析相变。它们都是成对出现的，与液体的沸点和凝固点有关。因为这些点本身依赖于所处环境的压强，前面我们用术语（TBoil *<substance><container>*）来表示沸点，所以对 *<container>* 的依赖可以引用与 *<container>* 相关的定律来表示。在这里，对（TFreeze *<substance><container>*）也进行类似的处理。

首先从沸腾和冷凝开始。对于沸腾有两种分析方法。在日常生活中，当加热水时，水就会沸腾，所以用最简单的方式来思考，沸腾是依赖于流入水中的热量来实现的。（实际上，通过降低气压，沸点也会降低到低于当前的温度，但是在此处不进行讨论。）当水沸腾时，会导致水量减少，蒸汽量增加。可以通过沸腾过程的两个直接影响量来建立模型，如图 8.7 所示。

图 8.7 所示的沸腾过程是简化了的：例如，它没有考虑沸腾过程中与水相关的那部分热量。人们可以通过简单地规定一些约束条件来解决这个问题，以使结果正确（即水的温度在沸腾过程中不发生变化，且容器内蒸汽的温度与产生蒸汽的水的温度相同）。这样就可以对日常行为做出许多正确的预测，但当考虑到更复杂的情况时，预测就失效了。另一种方法是明确地模拟潜热传递，使沸腾的因果解释更加完整。由于本书是一本关于定性建模的书，并不是工程热力学书籍（参见Collins, Forbus, 1989），因此，我们采用简化模型。当人们将炉子上的热量调高时，沸腾得会更快，根据沸腾的速率和液体的热传递速率之间的定性比例来对沸腾过程进行建模。

```
(defModelFragment Boiling
 :subclassOf (ContinuousProcess)
 :participants ((?liquid :type ContainedLiquid)
                (?sub :type Substance
                      :constraints (substanceOf ?liquid ?sub))
                (?can :type Container
                      :constraints (containerOf ?liquid ?can))
                (?heating :type HeatFlow
                      :constraints (destinationOf ?heating ?liquid)))
 :conditions ((active ?liquid)(active ?heating)
              (≥ (Temperature ?liquid) (TBoil ?sub ?can)))
 :consequences ((Quantity (GenerationRate ?self))
                (qprop (GenerationRate ?self) (HeatFlowRate ?heating))
                (I+ (AmountOf ?sub Gas ?can) (GenerationRate ?self))
                (I- (AmountOf ?sub Liquid ?can) (GenerationRate ?self))))

(defModelFragment Condensation
 :subclassOf (ContinuousProcess)
 :participants ((?gas :type ContainedGas)
                (?sub :type Substance
                      :constraints (substanceOf ?gas ?sub))
                (?can :type Container
                      :constraints (containerOf ?gas ?can))
                (?cooling :type HeatFlow
                      :constraints (sourceOf ?heating ?gas)))
 :conditions ((active ?gas)(active ?cooling)
              (≤ (Temperature ?gas) (TBoil ?sub ?can)))
 :consequences ((Quantity (CondensationRate ?self))
                (qprop (CondensationRate ?self) (HeatFlowRate ?cooling))
                (I- (AmountOf ?sub Gas ?can) (CondensationRate ?self))
                (I+ (AmountOf ?sub Liquid ?can) (CondensationRate ?self))))
```

图 8.7　沸腾与冷凝的简化模型

简化此沸腾模型的另一种方法是，需要一个明确的热流进入液体来驱动这个过程。沸腾发生的实际条件更为复杂。例如，在液体内部形成气泡的成核点有助于沸腾。（这就是为什么在化学实验中通常将小的惰性岩石（被称为沸腾碎片）放入水中的原因。）不受干扰的液体在一个非常光滑的容器中会变得过热，最终导致爆炸性沸腾。（例如，在微波炉里煮水时就会发生这种情况。）但是这些复杂性远远超出了大多数人日常使用的沸腾模型。

发生冷凝的一种方式本质上与沸腾相反：当蒸汽与较冷的物体接触时，它会失去热量，重新变成液态。如图 8.7 所示。请注意，出于成分上的考虑，这个描述并没有考虑热量的去向 —— 只知道热量是从所含气体中抽出来的。

液体/气体相态变化的一种较温和的形式是蒸发和冷凝。蒸发发生在液体和气体的交界处。不像沸腾，蒸发可以在任何温度下发生，但是它的发生非常缓慢。在专业的流体模型中，蒸发和沸腾都被认为是蒸发的形式，但涉及不同的机制，因此它们具有不同的过程。（可以构建捕获这种层次关系的模型片段，但这涉及更深层的建模，此处略过。）与此互补的过程被称为冷凝，这可能有点让人困惑，因为上面描述的机理和水蒸气分子从空气中返回到液体中的机理是一样的，都不需要外部热源。（液体受热时蒸发速度加快，但那是因为蒸发速度取决于液体的温度。）图 8.8 所示为蒸发和冷凝的简化模型。

```
(forAll ?s (implies (ContainedStuff ?s)
                    (Quantity (InterfaceSurfaceArea ?s))))

(defModelFragment Evaporation
 :subclassOf (ContinuousProcess)
 :participants ((?liquid :type ContainedLiquid)
                (?sub :type Substance
                      :constraints (substanceOf ?liquid ?sub))
                (?can :type Container
                      :constraints (containerOf ?liquid ?can)))
 :conditions ((active ?liquid))
 :consequences ((Quantity (EvaporationRate ?self))
                (qprop (EvaporationRate ?self) (Temperature ?liquid))
                (qprop (EvaporationRate ?self)
                       (InferfaceSurfaceArea ?liquid))
                (I+ (AmountOf ?sub Gas ?can) (EvaporationRate ?self))
                (I- (AmountOf ?sub Liquid ?can) (EvaporationRate ?self))))

(defModelFragment CondensationUnaided
 :subclassOf (ContinuousProcess)
 :participants ((?gas :type ContainedGas)
                (?sub :type Substance
                      :constraints (substanceOf ?gas ?sub))
                (?can :type Container
                      :constraints (containerOf ?gas ?can)))
 :conditions ((active ?gas))
 :consequences ((Quantity (CondensationRate ?self))
                (qprop- (CondensationRate ?self) (Temperature ?gas))
                (qprop (CondensationRate ?self)
                       (InferfaceSurfaceArea ?gas))
                (I- (AmountOf ?sub Gas ?can) (GenerationRate ?self))
                (I+ (AmountOf ?sub Liquid ?can) (GenerationRate ?self))))
```

图 8.8   蒸发和冷凝

从图 8.8 可知，与人们的直觉相一致，驱动任何一个过程都不需要外部热流。（因此，将这种冷凝称为无意冷凝，以便与图 8.7 中的冷凝相区分。）这些过程中的直接影响代表了一种普遍的模式，即物质传递。当人们了解物质守恒时，他们有时会意识到模型是不完整的，需要进一步的阐述才能使影响符合这个新的更高层次的物理原理。这两个过程的速率不仅受温度的影响，而且受到了液体 - 气体交界面的表面积的影响。在此，我们只是简单地陈述了所含物质的量的存在，并没有详细阐述它的任意标准的因果模型。这种渐进式的阐述经常出现在通过阅读或对话进行学习的过程中，而捕捉这种中间状态的知识则说明了为什么在表述中成分是很重要的。

图 8.8 所示的模型缺少了蒸发和凝结在日常生活中的两个方面。首先，蒸发与沸腾和液体流动相比非常缓慢。这可以很容易地通过描述这类过程实例速率间顺序关系的定理来表述，或者更好的是使用第 6 章中描述的数量级形式。另一方面，蒸发形成冷却，这就是为什么人们通过出汗来散发多余的热量。为了获知蒸发和冷凝的这个方面，我们将使用独立的过程来描述它们的热效应。这样，我们可以从考虑体积效应开始，只在需要时增加额外的热效应复杂性。

图 8.9 给出了蒸发和冷凝的热效应模型。可以说，许多人的直觉蒸发模型只包含了 I- 对液体的影响，而不考虑热量的去向，而且他们可能根本没有

考虑冷凝的热效应。只需读懂图 8.9 中的大部分内容就可以很容易地看懂这些
模型。

```
(defModelFragment EvaporationThermalEffects
 :subclassOf (ContinuousProcess)
 :participants ((?liquid :type ContainedLiquid)
                (?sub :type Substance
                      :constraints (substanceOf ?liquid ?sub))
                (?can :type Container
                      :constraints (containerOf ?liquid ?can))
                (?gas :type ContainedGas
                      :constraints ((substanceOf ?gas ?sub)
                                    (containerOf ?liquid ?can)))
 :conditions ((active ?liquid)(active ?gas))
 :consequences ((Quantity (EvaporationRate ?self))
                (qprop (EvaporationThermalTransferRate ?self)
                   (Temperature ?liquid))
                (qprop (EvaporationThermalTransferRate ?self)
                   (InferfaceSurfaceArea ?liquid))
                (I+ (Heat ?gas) (EvaporationThermalTransferRate ?self))
                (I- (Heat ?liquid) (EvaporationThermalTransferRate ?self))))

(defModelFragment CondensationThermalEffects
 :subclassOf (ContinuousProcess)
 :participants ((?gas :type ContainedGas)
                (?sub :type Substance
                      :constraints (substanceOf ?gas ?sub))
                (?can :type Container
                      :constraints (containerOf ?gas ?can))
                (?liquid :type ContainedLiquid
                         :constraints ((substanceOf ?liquid ?sub)
                                       (containerOf ?liquid ?can))))
 :conditions ((active ?gas)(active ?liquid))
 :consequences ((Quantity (CondensationThermalTransferRate ?self))
                (qprop- (CondensationThermalTransferRate ?self)
                    (Temperature ?gas))
                (qprop (CondensationThermalTransferRate ?self)
                    (InferfaceSurfaceArea ?gas))
                (I- (Heat ?gas) (CondensationThermalTransferRate ?self))
                (I+ (Heat ?liquid) (CondensationThermalTransferRate ?self))))
```

图 8.9　蒸发和冷凝的热效应

　　最后，为了完成简单的相变领域理论，图 8.10 创建了简单的冻结和融化模
型，它给出了液体和固体之间的相变。（因为大多数人不太关心凝结和升华，它
们是气体和固体之间直接的相态变化，所以我们不会把它们包括在这个领域的理
论中。）就其直接影响和条件而言，它们类似于沸腾和冷凝。虽然经常有热流驱
动，但是它是通过它们的速率对凝固点和实际温度之间的温度差的依赖关系来间
接实现的。这就阐述了这样一个概念：无论一块冰被加热到什么程度，它都会
融化。

　　既然已经有了一个关于相变的领域理论，那么就可以将它应用到描述一些日
常推理的工作中去，以第 1 章中激励的例子为例。

```
(defModelFragment Melting
 :subclassOf (ContinuousProcess)
 :participants ((?solid :type ContainedSolid)
                (?sub :type Substance
                      :constraints (substanceOf ?solid ?sub))
                (?can :type Container
                      :constraints (containerOf ?solid ?can)))
 :conditions ((active ?solid)
              (≥ (Temperature ?solid) (TFreeze ?sub ?can)))
 :consequences ((Quantity (MeltingRate ?self))
                (qprop (MeltingRate ?self)
                       (- (Temperature ?solid) (TFreeze ?sub ?can)))
                (I+ (AmountOf ?sub Liquid ?can) (MeltingRate ?self))
                (I- (AmountOf ?sub Solid ?can) (MeltingRate ?self))))

(defModelFragment Freezing
 :subclassOf (ContinuousProcess)
 :participants ((?liquid :type ContainedLiquid)
                (?sub :type Substance
                      :constraints (substanceOf ?liquid ?sub))
                (?can :type Container
                      :constraints (containerOf ?liquid ?can)))
 :conditions ((active ?liquid)
              (≤ (Temperature ?gas) (TFreeze ?sub ?can)))
 :consequences ((Quantity (FreezingRate ?self))
                (qprop (FreezingRate ?self)
                       (- (TFreeze ?sub ?can) (Temperature ?liquid)))
                (I- (AmountOf ?sub Liquid ?can) (FreezingRate ?self))
                (I+ (AmountOf ?sub Solid ?can) (FreezingRate ?self))))
```

图 8.10   融化和冻结的简化模型

8.6   水沸腾及其后果

回到在炉子上烧水的例子，现在就可以对所发生的事情和原因做出简明的解释。图 8.11 显示了不考虑蒸发作用之后，将极限分析反复应用于初始情况的结果。

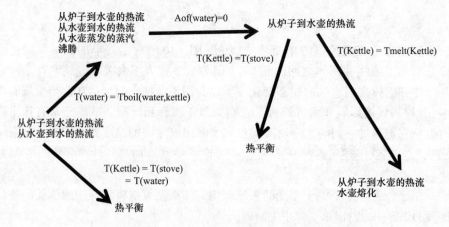

图 8.11   当在炉子上烧水时会发生什么

如果用一个密封的容器而不是一个打开的水壶来烧水会怎么样？当水开始沸

腾时，容器内的压强温度开始上升。为什么？因为沸腾是唯一影响水和蒸汽的量，可以推断出水的量在减少，而蒸汽的量在增加。这有什么后果？因为液态水在一阶是不可压缩的，所以蒸汽的体积等于容器的体积和液体的体积之差。

```
(qprop (Volume Steam) (Volume Boiler))
```

```
(qprop- (Volume Steam) (Volume Water))
```

水量的减少将导致体积的减少，反过来导致蒸汽的可用体积空间增加。如果我们看一看对所含气体性质的间接影响（见图 8.5），就会发现对压强有两种影响：

```
(qprop (Pressure Steam) (Mass Water))
```

```
(qprop- (Pressure Steam) (Volume Steam))
```

因为这两个因果前因都在增加，所以此处产生了歧义。该如何解决呢？这里可以用一个关于蒸汽的事实：在任何特定的温度和压强下，蒸汽的体积都比水的体积大得多（例如，在标准温度和压强下，大约是水的 220 倍）。这意味着，该量的影响应该远远超过体积的影响，从而导致压强增加。反过来，这将导致温度的升高（由 ContainedGasProperties 中的另一个定性比例关系可得）。为了模拟爆炸的影响，向容器的压力分量空间中加入一个爆破压力，从而得到在密封容器中沸腾时可能产生的结果，即容器可能爆炸，如图 8.12 所示。

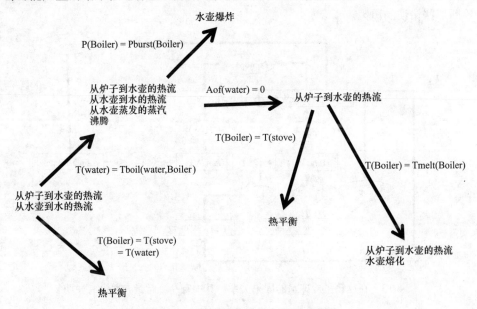

图 8.12　密封容器内沸腾可能造成爆炸

像往常一样，我们可以更详细地、甚至定性地（例如，Forbus，1984）探索这一现象。例如，此处忽略了一个事实，物质的沸点实际上取决于它的压强，所以沸点也会不断上升。我们还没有考虑热是如何通过相变传递的。但这只是部分原因。可以从定性模型中得到数量惊人的直观结论，与传统的数学模型相比，定性模型的细节要少得多。这些模型有一个重要的、补充的目的：它们帮助我们识别各种可能行为的大类，而不是试图准确地预测在某种情况下会发生什么。

8.7 再谈冰箱中的冰块

可以用相变领域理论和 QP 理论来解释为什么用温水做的冰块比用冷水做的冰块结冰要快。这种情况的因果关系可以由领域理论得出，如图 8.13 所示。冰箱里有哪些流程在工作呢？如下 3 个流程：

1）热量从冰块盘中的水向周围扩散。

2）冰块盘里的水在结冰。

3）冰块盘里的水在蒸发。

第三个流程是大多数考虑这个问题的人容易忽视的因素。要多久才能把水冻住？这取决于水温和水量。水越少，结冰的时间越短。同时，蒸发带走了水的热量，这也有助于减少温差。上述流程为这种情况的发生提供了一个合理而令人满意的解释。

预测和解释都取决于我们在观察世界时所做的建模假设。如果不考虑相关的过程（此处为蒸发）就会出错。但至少建模框架提供了一组受约束的位置，以便诊断那些错误的原因。

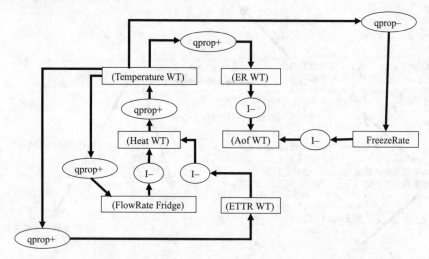

图 8.13　在冰箱里冷冻水的因果关系。其中有一个常量参数没有注明

8.8 运动建模

运动是我们最先经历的过程之一，也是我们每天思考的事情。运动也与我们对形状和空间的概念紧密地交织在一起。在这里只考虑运动的动力学方面，本书第 3 部分将更全面地讨论。前期研究（Clement，1983；McCloskey，1983）表明，

学生通常有前牛顿运动模型。可悲的是，即使成功地修完了物理课程（Hestenes，Wells，Swackhamer，1992），这些模型往往依然存在。为了说明 QP 理论的表述力，本节介绍亚里士多德、动力和牛顿运动动力学。

因为我们现在正在分解空间，所以只考虑单个对象的一维移动。此外，由于没有对形状或表面接触进行推理——同样，这些需要用第 3 部分讨论的空间表示——因而，现在忽略了飞行、滑动、摆动和滚动之间的区别。取而代之，我们采用一个非常抽象的词汇来描述运动。即使这个词汇再抽象也有它的用途：可以推断出，如果我们踢东西，它就会动；如果我们排除了最抽象形式的运动，那么就会排除所有更具体的运动。

假设运动发生在一维线轴上。用符号（-1 和 1）表示轴的方向。我们需要一些方位词来描述这个抽象的一维（1D）世界中的空间关系：

• 当符号 <Q> 在轴 <a> 上等于 <dir> 时，（directionOf <Q> <a> <dir>）完全正确。

• 当对象 <Obj> 的位置永远处于轴 <a> 上时，（onAxis <Obj> <a>）完全正确。

• 当对象 <Obj> 在轴 <a> 上的位置在方向 <dir> 上可以自由移动时，（freeDirection <Obj> <a> <dir>）完全正确。也就是说，在方向 <dir> 上与对象 <Obj> 相接触的对象都是可移动的。

• 当对象 <Obj2> 在轴 <a> 上沿着对象 <Obj1> 的方向 <dir> 时，（directionToward <Obj1> <Obj2> <a> <dir>）完全正确。

• 当对象 <Obj2> 在轴 <a> 上沿着对象 <Obj1> 的方向 <dir> 且与对象 <Obj1> 接触时，（contact <Obj1> <Obj2> <a> <dir>）完全正确。

• 当对象 <Obj> 可以自由移动时，（mobile <Obj>）完全正确。

有了这些约定，可以定义图 8.14 所示的一维运动过程。

```
(defProcess Motion
 :participants ((?obj :type Object
                      :constraint (Mobile ?obj))
                (?a :type Axis
                      :constraint (onAxis ?obj ?a))
                (?dir :type Direction))
 :conditions ((freeDirection ?obj ?a ?dir)
              (directionOf (velocity ?obj) ?a ?dir)
              (> (magnitude (velocity ?obj))0))
 :consequences ((I+ (position ?obj) (velocity ?obj))))
```

图 8.14 牛顿运动

这种运动的描述表达了一些关于它的基本思想：当一个移动的物体在它可以自由移动的方向上有一个非零速度时，运动就会发生。鉴于我们已经定义了两个方向，则轴上任何移动对象都将有两个运动实例。要推断一个物体在某个方向上是否自由，必须使用一个类似如下的规则：

```
(<== (freeDirection ?obj ?a ?dir)
     (uninferredSentence
(and (onAxis ?blocker ?a)
     (not (Mobile ?blocker))
     (contact ?obj ?blocker ?dir)))))
```

也就是说，在运动方向上与目标物体接触的轴上没有静止的物体。（正如第 3 章所介绍的，谓词 uninferredSentence 表达了一种非单调推理的形式：如果无法证明其论点，则认为它是正确的。）

请注意，这个模型并没有完全遵照速度是位置的导数这一事实，而是认为速度直接影响位置。影响的构成性意味着可能还会增加一些其他的影响。可以增加另一项排除此类影响的声明，从而可以不考虑对位置有影响的其他潜在过程。

为了实现牛顿运动模型，必须对加速度过程进行建模。图 8.15 描述了这样一个过程。这个加速度模型结合了牛顿第二定律，$F = MA$，但写成了因果形式：加速度因果地依赖于合力和质量。如果合力为零，加速度将不再产生，但如果速度非零，物体将永远持续运动。这就是牛顿第一定律。

```
(defProcess Acceleration
  :participants ((?obj :type Object
                       :constraint (Mobile ?obj))
                 (?a :type Axis
                     :constraint (onAxis ?obj ?a))
                 (?dir :type Direction))
  :conditions ((freeDirection ?obj ?a ?dir)
               (directionOf (netForce ?obj) ?a ?dir)
               (> (magnitude (netForce ?obj)) 0))
  :consequences ((Quantity (acceleration ?obj))
                 (qprop (acceleration ?obj) (netForce ?obj))
                 (qprop- (acceleration ?obj) (mass ?obj))
                 (correspondence ((acceleration ?obj) 0)
                                 ((netForce ?obj) 0))
                 (I+ (velocity ?obj) (acceleration ?obj))))
```

图 8.15   牛顿加速度

牛顿第一定律是违反直觉的，因为日常经验告诉我们，除非我们不断地推动物体，否则运动就会停止。这就是亚里士多德动力学的核心。图 8.16 描述了此过程。请注意，速度只存在于运动中，脱离运动它将不复存在。因此，如果一个物体停止受力，其位置不受影响，那么它的运动也就停止了。

亚里士多德的运动模型有一个问题，那就是如何解释物体在不接触任何东西的情况下保持运动。中世纪的学者试图解释这一点，他们假设，推动某物会给物体一种内力，叫作推动力。推动力理论在直觉上很有吸引力：有证据表明，学生对此有误解（McCloskey，1983）。虽然表面上像动量，但动力是不同的，因为它会自动消散。图 8.17 描述了动力理论的 QP 模型。推动一个物体会给它带来动力[⊖]。当动力非

⊖ 这种传递过程可以处理一段时间内施加的作用力。处理像踢腿这样的重击，需要用冲量来扩展 QP 理论（Kim，1993）。

零时，就会发生运动。但是，非零推动力也会损耗，因此随着时间的推移，推动力将变为零。注意，衰减的推动力会导致物体减速，这与我们对日常运动的观察相符。

```
(defProcess Motion
 :participants ((?obj :type Object
                      :constraint (Mobile ?obj))
                (?a :type Axis
                    :constraint (onAxis ?obj ?a))
                (?dir :type Direction))
 :conditions ((freeDirection ?obj ?a ?dir)
              (directionOf (netForce ?obj) ?a ?dir)
              (> (magnitude (netForce ?obj)) 0))
 :consequences ((Quantity (velocity ?obj))
                (qprop (velocity ?obj) (netForce ?obj))
                (qprop- (velocity ?obj) (mass ?obj))
                (correspondence ((velocity ?obj) 0)
                                ((netForce ?obj) 0))
                (I+ (position ?obj) (velocity ?obj))))
```

图 8.16　亚里士多德运动模型：对象只有在被推动时才保持运动

```
(defProcess Impart
 :participants ((?obj :type Object
                      :constraint (Mobile ?obj))
                (?a :type Axis
                    :constraint (onAxis ?obj ?a))
                (?dir :type Direction))
 :conditions ((freeDirection ?obj ?a ?dir)
              (directionOf (netForce ?obj) ?a ?dir)
              (> (magnitude (netForce ?obj)) 0))
 :consequences ((Quantity (imp ?self))
                (qprop (imp ?self) (netForce ?obj))
                (qprop- (imp ?self) (mass ?obj))
                (correspondence ((imp ?self) 0) ((netForce ?obj) 0))
                (I+ (position ?obj) (impetus ?obj))))

(defProcess Motion
 :participants ((?obj :type Object
                      :constraint (Mobile ?obj))
                (?a :type Axis
                    :constraint (onAxis ?obj ?a))
                (?dir :type Direction))
 :conditions ((freeDirection ?obj ?a ?dir)
              (directionOf (impetus ?obj) ?a ?dir)
              (> (magnitude (impetus ?obj)) 0))
 :consequences ((I+ (position ?obj) (impetus ?obj))))

(defProcess Dissipate
 :participants ((?obj :type Object
                      :constraint (Mobile ?obj))
                (?a :type Axis
                    :constraint (onAxis ?obj ?a))
                (?dir :type Direction))
 :conditions ((directionOf (impetus ?obj) ?a ?dir)
              (> (magnitude (impetus ?obj)) 0))
 :consequences ((Quantity (diss ?self))
                (qprop (diss ?self) (impetus ?obj))
                (correspondence ((diss ?self) 0) ((impetus ?obj) 0))
                (< (magnitude (diss ?self)) (magnitude (impetus ?obj)))
                (I- (impetus ?obj) (diss ?self))))
```

图 8.17　运动的动力模型：动力被赋予一个物体，但会自发地消散

8.9 材料建模

设想一下当拉动某物时会发生什么。如果它不动，那么它的内部结构就会以某种方式承受力。根据其组成可能会发生三种情况。首先，它可能没什么变化——这正是我们对固定在原地的刚性物体的期望。其次，如果它是有弹性的，它可能会被拉伸。第三，它可能会破裂。可以用类似的术语来考虑推动，用压缩和挤压来代替拉伸和断裂。可以用 QP 理论来表达关于材料的日常直觉，通过定义模型片段来引入这些概念和它们所依赖的条件。深入研究材料科学的读者会认识到，这种分析遗漏了一些有趣的案例，比如纯粹的，但我们在此的目标并非全面的材料定性理论。与前一节中的运动模型一样，我们在这里主要关注一维物体，并进一步将它们限制为一端固定。按照惯例，作用在物体上的力（推力）为负，向外施加的力（拉力）为正。

从弹性物体开始分析。弹性可以看作是作用力和内力之间的关系。如果作用力大于内力，则物体的长度就会改变。长度的变化反过来又引起内力的变化，从而抵消了作用力。可以通过四个模型片段（见图 8.18）来描述这些关于弹性物体的直觉：一个提供了弹性物体的基本属性，另外三个描述了弹性物体可能的状态，即松弛、拉伸或压缩。

```
(defModelFragment ElasticObjectProperties
 :participants ((?o :type 1D-Object)
                (?sub :type Substance
                      :constraints ((madeOf ?o ?sub)
                                    (hasElasticRange ?sub)))
 :conditions ((elasticRange ?o))
 :consequences ((Biconditional (ElasticObject ?o))
                (Quantity (InternalForce ?o))
                (Quantity (RestLength ?o))
                (qprop (InternalForce ?o) (Length ?o))
                (correspondence ((InternalForce ?o) 0)
                                ((Length ?o) (RestLength ?o))))

(defModelFragment RelaxedDefinition
 :participants ((?o :type ElasticObject))
 :conditions ((= (Length ?o) (RestLength ?o))
 :consequences ((Biconditional (Relaxed ?o))))

(defModelFragment StretchedDefinition
 :participants ((?o :type ElasticObject))
 :conditions ((> (Length ?o) (RestLength ?o))
 :consequences ((Biconditional (Stretched ?o))))

(defModelFragment CompressedDefinition
 :participants ((?o :type ElasticObject))
 :conditions ((< (Length ?o) (RestLength ?o))
 :consequences ((Biconditional (Compressed ?o))))
```

图 8.18 弹性物体的某些状态

ElasticObjectProperties 模型片段适用于可能由弹性物质构成的一维对象。因此，我们不会在日常生活中考虑椅子、鸡蛋或石头的弹性行为。如果不知道弹性会随着环境条件的变化而变化，那么这些条件可能是空的（即它的实例总为真）。

例如，我们知道弹性会随着环境的变化而变化——冻结的橡皮筋不能很好地拉伸，而对于地球科学家来说，岩石是可以塑化的——那么这种情况（elasticRange ?o）就表达了我们的知识状态存在某种依赖性。拥有复杂材料模型的人可以通过定义其他模型片段从理论上阐述条件何时成立，而那些知之甚少，甚至在当前知识状态水平下了解细节的人，只是把它作为一个占位符，这样就会导致此处得出的结论是错误的。（这种在没有一个完整的关联模型阐明依存关系的能力，可能是 Keil 的深度理解的幻觉效应 [Rozenblit，Keil，2002；Weisberg，Keil，Goodstein，Rawson，Gray，2008]。）对于初学者来说，这样的占位符就是脚手架，当他们学到更多的东西时需填写的期票。

出现在后果字段中的语句 Biconditional 表明，当且仅当模型片段实例处于活动状态时，作为其参量的语句才为真。通常结果的语义是有条件的，这意味着可以有多个支持结果的模型片段。Biconditional 表明特定的模型片段是保持该语句的必要条件，而不仅仅是充分条件。

ElasticObjectProperties 的定性比例性和对应关系反映了弹性物体内恢复力的性质。如果对象是松弛的（即它的长度等于静止长度），则内力为零。如果物体被推动，它就会被压缩，内力为正——换句话说，物体就会开始往回推。它对拉力的响应是相似的，因为内力的作用方向相反。

在预测系统的动态方面，并非一定需要描述状态的三个模型片段。在对应语句中进行比较，会将数值放入参数的分量空间中。因此，ElasticObjectProperties 中的对应关系足以推断出弹性物体的 Length 和 RestLength 存在于彼此的分量空间中（类似地，对于 InternalForce 而言，0 存在于其分量空间）。因此，当我们凭直觉认定存在一定性状态上的差异时，应用这种对应关系就足够了。附加的模型片段描述了弹性对象的状态，其目的是用物理术语对系统的语言基础进行建模：当谈论一个弹性对象被拉伸时，建立的模型将包括 StretchedDefinition 模型片段的一个实例，其条件或否定取决于声明是肯定的还是否定的（例如，"弹力绳被拉伸"与"弹力绳没有被拉伸"）。

推动一个有弹性的物体会使它被压缩，而拉动一个有弹性的物体会导致它被拉伸。而且，如果停止推动或拉动，弹性物体的内力会导致它的长度发生改变。可以通过拉伸、压缩、放松和减压的过程来表示这一点（见图 8.19）。

关于这些流程表示，有几点需要注意。首先，它们使用描述其他模型片段定义状态（即压缩、拉伸）的术语作为其条件的一部分。联合考虑物体的状态和过程，就会对相关现象产生一种更高层次的看法，类似于元素周期表如何构成化学。在一个稳健领域理论中，对象状态和过程是相互交织的。更高层次的知识和守恒定律一样，为构建一个世界的知识提供了指导：如果某方向的变化是可逆的，那么在另一个方向上一定存在一些过程（可以是相同类型的过程，例如流动，或者不同类型的过程，例如与这个弹性模型一样）。第二，注意这个模型预测，对于一个静止的物体，如果施加的力和内力完全平衡，那么什么都不会发生。原因如下：
假设这些力是完全平衡的，那么图 8.19 中的过程类型的实例就不会是被激活的。
如果仅有某些过程类型能影响长度，那么根据唯一机制假设，长度是不能改变的。
我们不必明确地将预测"连接"到模型中；预测直接来源于领域理论和 QP 理论的
定律。这种生成性是人类推理连续系统的一个重要现象，QP 理论很好地解释了这
一现象。

```
(defProcess Stretching
 :participants ((?o :type ElasticObject))
 :conditions ((> (AppliedForce ?o) 0)
               (> (magnitude (AppliedForce ?o))
                  (magnitude (InternalForce ?o)))
              (not (Compressed ?o)))
 :consequences ((Quantity (StretchRate ?self))
                (qprop (StretchRate ?self) (AppliedForce ?o))
                (qprop- (StretchRate ?self) (InternalForce ?o))
                (correspondence ((StretchRate ?self) 0)
                                ((AppliedForce ?self)
                                 (InternalForce ?self)))
                (I+ (Length ?o) (StretchRate ?self))))

(defProcess Compressing
 :participants ((?o :type ElasticObject))
 :conditions ((< (AppliedForce 0)
               (> (magnitude (AppliedForce ?o))
                  (magnitude (InternalForce ?o)))
              (not (Stretched ?o)))

(defProcess Relaxing
 :participants ((?o :type ElasticObject))
 :conditions ((Stretched ?o)
               (< (magnitude (AppliedForce ?o))
                  (magnitude (InternalForce ?o))))
 :consequences ((Quantity (RelaxRate ?self))
                (qprop (RelaxRate ?self) (InternalForce ?o))
                (qprop- (RelaxRate ?self) (AppliedForce ?o))
                (I- (Length ?o)(RelaxRate ?self))))

(defProcess Decompressing
 :participants ((?o :type ElasticObject))
 :conditions ((Compressed ?o)
               (< (magnitude (AppliedForce ?o))
                  (magnitude (InternalForce ?o))))
 :consequences ((Quantity (DecompRate ?self))
                (qprop (DecompRate ?self) (InternalForce ?o))
                (qprop- (DecompRate ?self) (AppliedForce ?o))
                (I+ (Length ?o) (DecompRate ?self))))
```

图 8.19　这些过程描述了弹性材料的拉伸、压缩、放松和减压的直观概念

　　到目前为止，分析的都是理想弹性物质。当然，真正的材料是有极限的。（集
体蹦极不只是多人同时使用一根绳子。）如果施加太大的力，物体会断裂或压碎。
如果施加的力很小，物体就会表现得很僵硬。因此，这些其他类型的行为可以以
施加的力的新极限点为条件。然而，破碎和断裂涉及不可逆转的变化。因此，不

能用模型片段很好地表示它们，要用封装历史来更好地描述。根据材料分量空间的差异以及它们所经历的过程可以对其进行图 8.20 所示的分类。

Rigid: No processes affect length
Elastic: Stretching and compressing can occur
Breakable: Limit points：0, BreakingForce;
(> BreakingForce 0)
Crushable: Limit points: 0, CrushingForce;
(< CrushingForce 0)
Partially stretchable: Limit points: 0, StretchThreshold;
(> StretchThreshold 0)
Partially compressible: Limit points: 0, CompressThreshold;
(< CompressThreshold 0)
Brittle: Limit points: 0, CrushingForce, BreakingForce;
(< CrushingForce 0) (> BreakingForce 0)
Partially Elastic: Limit points: 0, CompressThreshold, StretchThreshold;
　　(< CompressThreshold 0), (> StretchThreshold 0)
Normal: Limit points: 0, CrushingForce, CompressThreshold, StretchThreshold,
BreakingForce;
　　(< CrushingForce CompressThreshold) (< CompressThreshold 0)
　　(> StretchThreshold 0) (> BreakingForce StretchThreshold)

图 8.20　由于不同类型的材料可以参与不同的过程集合，所以会产生不同
的分量空间。这种分类法允许通过施加力和观察事实来对材料进行分类

一个经典的人工智能难题是它能够表达这样一个事实：一个人可以用绳子拉，但不能用绳子推（Minsky，1974）。关于形状、力和运动的相互作用的推理需要丰富的空间表示（见第 3 部分），但这一事实的动力学方面可以用 QP 理论来阐述。推和拉是通过一个物体向另一个物体传递力。可以定义特定类型的对象在某些条件下可以通过模型片段进行推拉传递。根据上面的约定，如果力是负的，它的方向是朝向一个物体（推），如果是正的，它的方向是远离一个物体（拉）。假设绳子为具有两个参数的非刚性对象：

1）EndsLength 表示绳子两端在其当前所在物理配置中的距离。

2）Length 表示绳子的长度。

请注意，除非允许绳子有弹性，否则 EndsLength 永远不会大于绳子的长度。图 8.21 显示了两个模型片段，它们足以表达所需的直觉。第一种是 RigidForce-Transmission，表示连接到一维物体上的刚性物体可以传递推力。因为根据假设，绳子不是刚性的，所以这个定义不适用于它们。第二个是 StringPullTransmitter，它表示当一个物体处于完整长度时，绳子只能作为该物体的拉力发射器。这点抓住了直觉的本质。

细心的读者可能会注意到，这本身并不排除其他允许绳子传输拉力的模型片段的存在。但是，对领域理论做出封闭世界的假设确实排除了这种可能性。然而，假定要模拟一个经验丰富的人所具备的知识，而这个人对绳子不可能传输推力有着更直接的认识。图 8.21 结合了模型片段，还显示了弱约束和强约束，提供了一种表达方式。例如，如果学习者的领域理论包含部分弹性材料，则强约束就更强。

弱约束版本提供了一个更好的模型，它可以使人们从令人沮丧的绳子推力体验中摆脱出来。这两个版本只有在这些案例的模型片段所提供的场景中才有意义。

```
(defModelFragment RigidForceTransmission
 :participants ((?s :type RigidObject)
                (?o :type 1D-Object
                    :constraints (connectedTo ?s ?o)))
 :consequences ((PushTransmitter ?s ?o)
                (PullTransmitter ?s ?o)))

(defModelFragment StringPullTransmitter
 :participants ((?s :type String)
                (?o :type 1D-Object
                    :constraints (connectedTo ?s ?o)))
 :conditions ((= (EndsLength ?s)(Length ?s))
 :consequences ((PullTransmitter ?s ?o)))
```
Strong constraint:
```
(forAll (?s ?o) (implies (PushTransmitter ?s ?o) (RigidObject ?s)))
```
Weak constraint:
```
(forAll (?s ?o) (implies (PushTransmitter ?s ?o) (not (String ?s))))
```

图 8.21　关于"可以用绳子拉，但不能用绳子推"的一种表述方式

像其他涉及运动的例子一样，这个例子省略了许多关于形状和空间的复杂表述问题。例如，评估一条绳子的 EndsLength 和 Length 之间的顺序关系的有效性是非常复杂的，例如，在观察钟表装置时。然而，这些模型片段很好地反映了这种可视化处理的动态含义。它们也可以用来解释：如果某物在移动，那么有可能是被推动或拉动。如果它被推动或拉动，可以找到能传递这些推力或拉力的物体。这些模型片段表明，在这种情况下，通过寻找刚性对象和绳子来解释发生了什么。

8.10　振荡器建模

结合到目前为止描述的运动模型和材料来分析一个弹簧滑块振荡器，以显示定性表征如何能够捕获谐波运动。图 8.22 显示了如何将情况的几何图形转换为量和迄今为止介绍的抽象实体。可以把弹簧 S 看作是一种由弹性材料 M 制成的一维物体，在这种情况下（ElasticMode ?o）是成立的。滑块 B 也将被视为一种一维物体，尽管它是一个刚性的可以自由移动的物体，也就是说，（Mobile B）在整个分析中都是成立的。

要对弹簧和滑块的连接进行建模，必须做两件事。首先，要表示弹簧的长度和滑块的位置之间的连接。到底是两者中的哪个引起了另一个的变化呢？移动滑块，会导致弹簧的长度改变，这意味着

```
(qprop (Length S) (Position B))
```

请注意，这种定性比例性意味着我们不能使用图 8.19 所示的过程，因为那样的话，（Length S）会受到直接和间接的影响，而这是不被允许的。第 11 章研究了在模型制定过程中怎样对相关领域理论子集进行推理建模。当弹簧处于静止长度时，为了表示滑块的位置为零的几何条件，需要使用一个对应关系：

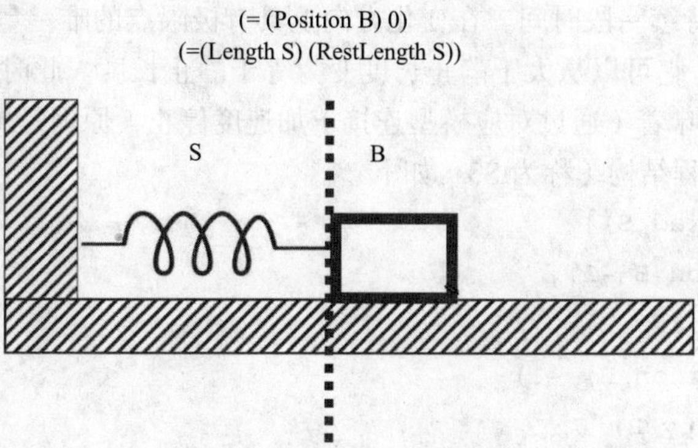

(= (Position B) 0)
(=(Length S) (RestLength S))

图 8.22　弹簧滑块振荡器

```
(correspondence ((Length S) (RestLength S))
               ((Position B) 0))
```

连接的第二个结果是，弹簧的力施加到了滑块上。同样，可以通过定性的比例和对应关系来做到这一点：

```
(qprop (AppliedForce B) (InternalForce S))
(correspondence ((AppliedForce B) 0)
               ((InternalForce S) 0))
```

在当前初始状态下，假设滑块被拉回来，则弹簧会被拉长。在此分析中，如果进一步假设滑块和地板之间是无摩擦的，那么将会发生什么呢？

因为弹簧最初被拉伸了，它会产生一个力。这个力反过来会作用于滑块，同时由于滑块是自由移动的，所以会产生加速度。因此，在初始状态下，

```
VS: {(Stretched S)}
PS: {(Acceleration B -1)}
(Ds (Velocity B) -1)
(= (Velocity B) 0)
(> (Length S) (RestLength S))
```

称此状态为 S0。S0 只会持续一个瞬间，原因是滑块的速度发生了变化，进而等式（等式变化定律）发生了变化。下一个状态 S1 如下：

```
VS: {(Stretched S)}
PS:{(Acceleration B -1)(Motion B -1)}
(Ds (Velocity B) -1)
(Ds (Position B) -1)
(Ds (Length S) -1)
(< (Velocity B) 0)
(> (Length S) (RestLength S))
```

状态 S1 会持续一段时间。在变化方向上具有极限点的唯一量空间是（Length S），在该空间，它可以从大于静止长度变为等于静止长度。此时，弹簧将处于松弛状态。这也意味着（通过对应模型连接）加速度停止，原因是施加的力变为零。下一个视图和流程结构（称为 S3）如下：

```
VS:{(Relaxed S)}
PS:{(Motion B -1)}
(Ds (Velocity B) 0)
(Ds (Position B) -1)
(< (Velocity B) 0)
(= (Length S) (RestLength S))
```

由于 B 的位置将会从 0 变化，因此状态 S3 只会持续很短的时间，进而进入状态 S4：

```
VS:{(Compressed S)}
PS:{(Motion B -1)(Acceleration B 1)}
(Ds (Velocity B) 1)
(Ds (Position B) -1)
(< (Velocity B) 0)
(< (Length S) (RestLength S))
```

现在，变化方向上有相邻点的唯一分量空间是速度：在某些点上，速度 B 会从负值变为零。该状态会持续一段时间。下一个新的状态 S5 如下：

```
VS:{(Compressed S)}
PS:{(Acceleration B 1)}
(Ds (Velocity B) 1)
(Ds (Position B) 0)
(= (Velocity B) 0)
(< (Length S) (RestLength S))
```

因为速度从 0 变为正值是一个等式变化，因此 S5 只会持续瞬间，进而转入状态 S6：

```
VS:{(Compressed S)}
PS:{(Motion B 1)(Acceleration B 1)}
(Ds (Velocity B) 1)
(Ds (Position B) 1)
(> (Velocity B) 0)
(< (Length S) (RestLength S))
```

继续这一过程将再次回到与 S0 完全相同的状态，如图 8.23 所示。这种定性状态的循环表明系统在振荡。因此，可以从这些模型中获得弹簧 - 滑块振荡器的工作过程。

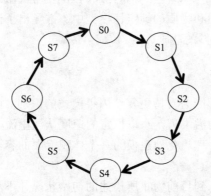

图 8.23　图 8.22 所示弹簧 - 滑块振荡器对应的状态周期图

　　如果领域理论中引入摩擦力呢？有两种形式的摩擦力。动摩擦力是物体运动时产生的，摩擦力与运动方向相反。静摩擦力发生在物体不动时：如果其他作用力之和小于摩擦力，则物体不动；否则，物体会运动。如果将弹簧 - 滑块振荡器模型片段相关概念加入领域理论，则将得到图 8.24 所示的结果。

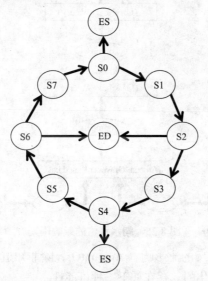

图 8.24　根据摩擦的影响预测其他状态。状态 ES 表示动作如何因静摩擦而结束，
状态 ED 表示动作如何因动摩擦而结束

　　请注意，图 8.24 不仅包含了图 8.23 的所有状态，还包含了三个新状态。两次跃迁的状态表示振荡器由于动摩擦而停止：如果物体以正常的速度减速，当弹簧处于静止长度时，它的速度可能正好达到零。在这种状态下，物体上没有外力，因此没有加速度。由于没有来自该状态的转变，所以一旦达到该状态，系统将永远在此停留。这两个具有单跃迁的新状态代表了这样一种可能性，即物体的短程

运动（或变得）如此之小，以至于弹簧施加的力小于静摩擦力。

因此，我们从运动和物质的纯定性模型中，推导出了谐波系统、振荡器以及振荡结束方式的一些微妙的性质。

8.11 稳定性分析

衍生品的定性推理能力支持更复杂因果模式的识别。回顾第 6 章中的大坝例子，其中有一个开放的溢洪道，水以恒定的速度从河里流入。这里将连接水源和水槽的有限容器（湖）理想化地建模为一个体积无限的容器。湖水的水位会随时间如何变化呢？

首先要注意的是，到目前为止所描述的初始状况并不清晰。我们所知道的如图 8.25 所示。

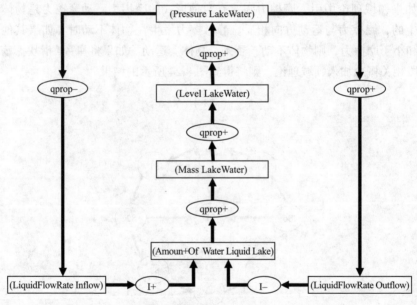

图 8.25 湖水水位的影响因素

因为有两个方向相反的流影响着 AmountOf，除非知道它们的相对速度，否则无法确定水位是如何变化的。存在如下三种可能性：

1）如果（>（LiquidFlowRate Outflow）（LiquidFlowRate Inflow）），则水位会下降。

2）如果（=（LiquidFlowRate Outflow）（LiquidFlowRate Inflow）），则水位会保持不变。

3）如果（<（LiquidFlowRate Outflow）（LiquidFlowRate Inflow）），则水位会上升。

类似于其他顺序关系，流速的排序关系有分量空间，有助于确定状态。此处有三个必须考虑的初始条件。从第一个开始，水位下降意味着流出的水量在下降，因为它与大坝的压强成正比，根据这个假设，压强在下降。由于大坝的压强与流速成反比，所以流速在增加。这一推理得出的结论是，在流速比较中可能存在从 > 到 = 的过渡。第三个条件相同，但符号相反：水位的增加导致流出的速度增加，流入的速度减小，进而导致了流速的关系从 < 到 = 的转变。最后一种情况是水位不变，此时由于流速关系没有变化，所以不会引起任何变化。图 8.26 对此进行了说明。

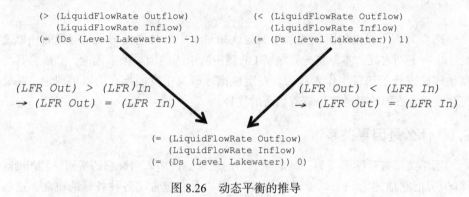

图 8.26　动态平衡的推导

　　这是一个值得关注的结论。我们推导出了一个动态平衡的存在，它与从水位变化的状态向水位恒定的状态过渡一致。能够识别此类行为，对于理解世界上复杂的变化是很重要的。这个例子表明，可以通过纯粹的定性推理来实现。

　　如果根据行为的定性推理结果，如关于质量和能量守恒的推理（Forbus, 1984），来构建抽象的模型，则收获会更多。

8.12　讨论

　　QP 理论能够得出一些相当微妙的结论。令人惊讶的是，纯粹的定性推理就足以获得很多结论。但这些结论是人类专家能够得出的，而且他们也确实基于此处的描述方式得出了这些结论。作者相信新手在使用量和关系的定性表述以及连续过程的概念时也使用了类似的表达方式。然而，对于新手而言，流程的表示可能不太清楚。原因是，流程包含了经验的具体表现形式和由经验的类比处理所构建的部分概括，而且与文化相关。这一论述将在第 12 章和第 4 部分深入探讨。

　　定性表征和推理对于理解因果关系和变化的意义远远不止我们目前的认识。第 9 章和第 10 章对此进行了探讨。

第9章 因果关系

迄今为止所提出的因果关系模型与认知科学中的其他模型既有有趣的相似之处，也有不同之处。本章首先总结了 QP 理论所引入的因果关系理论，然后将其与其他理论进行了比较。作者认为，在定性推理研究中发展起来的因果理论，在处理连续现象方面比其他理论有着显著的优势。

9.1 什么是因果关系

因果关系被哲学家视为一种形而上学的现象。许多人质疑它的实用性：Minsky（2007）把它描述为一个"手提箱词语"，意思是它包含了各种各样的概念，这些概念彼此之间不是很兼容，但是却用同一个词来描述。Hayes（1979）认为因果关系本身的理论很少有深刻的内涵，大部分的深度在于特定领域的定律。作者认为 Minsky 和 Hayes 在某些方面都是正确的，但从定性推理的进展来看，一幅清晰（尽管有点复杂）的前景已经出现。令人鼓舞的是，只有少数几类因果模型才能解释人类关于连续系统的大多数推理。

我们的出发点是将因果关系视为一种心理现象，而不是一种物理（或形而上学）现象。这意味着我们将人们的言行作为因果推理和学习的证据。从这个角度来看，首先要注意的是，因果关系比人们想象的要复杂得多。许多关于因果关系的哲学分析重点都于离散事件，类似于"台球"因果关系，认为一个事件会引起另一个事件的发生，而且原因总是先于结果。但是在对连续变化进行分析时，产生了微妙的现象。例如，变化需要定义一个用于度量变更的参考框架。在分析因果关系时，似乎有四种不同的测量方法（Forbus，Gentner，1986a）：

1）增量测量描述了在相同情况下，在一个感兴趣的区间内按时间顺序分布的变化。台球属于这种情况。

2）连续测量描述了在某一定性状态下同时发生的事情。

3）差异测量描述了情况的变化如何引起其他变化，本质上是对两个可能世界的比较。

4）离散测量描述了同一情况在两个不同时刻发生的变化，并不关心两个时刻之间发生了什么。

可以以炉子上的水壶（见图 9.1）对此进行阐述。

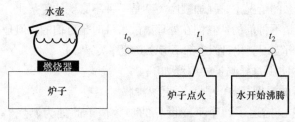

图 9.1　烧水事件的时刻线。对于此过程状态内和状态间的简单解释

假设时刻 t_0 时把盛了一半水的水壶放在了炉子上。过了一会儿，时刻 t_1 时有人点燃了炉子。这时，热量开始从炉子流向水壶里的水。在之后的某个时间点，记为 t_2，水开始沸腾。使用增量测量的因果关系对此描述为："在时刻 t_1，点燃炉子会使水和燃烧器之间产生温差，导致热量流动，进而引起水的热量上升，温度上升。"

增量测量要求一个变化先于另一个变化。它延伸到连续变化的领域，即我们用于表示宏观离散事件的因果关系，例如，一排多米诺骨牌在一个被推倒后，其他相继倒下。它保留了关于因果关系的古代哲学主张（即原因必须先于结果）。因此，它具有一定的直观吸引力。不幸的是，这种对连续领域的扩展会导致一些问题。尽管将打开炉子的行为看作是一个离散事件是合理的，但是把热量和温度的上升看作是它产生的结果却有待商榷。温度被定义为一个涉及物体热量的代数方程，通过乘以系数来适当地缩放单位。从物理学上讲，只讨论热量的上升而不讨论温度的上升是毫无意义的。其他选项的存在表明，没有必要把解释的顺序与物理变化中的顺序混为一谈。

试图去概括因果关系的顺序的概念，恰恰说明了它可能变得多么违反直觉。例如，为了保持顺序关系，de Kleer 和 Brown（1984）引入了虚构因果关系的概念。其思想是，即使在一个连续系统中，也存在一段非常短的时间，其内变化是递增的。为了使因果关系概念正确发挥作用，需要引入虚构时间，其中事件是部分有序的，而且在虚构时间之间不存在真实时间。时间结构的这一额外层次似乎要付出高昂的代价。

连续测量避免了这个困难。对同一行为的连续测量描述为："在时刻 t_1 时，打开炉子会造成水和燃烧器之间产生温差，从而导致热量流动。这会导致水的热量上升，从而导致水的温度上升。"

在此，打开炉子的直接影响是同时发生的：温差、热量流动、水的热量和温度上升。原因和结果同时发生。尽管如此，仍然可以识别没有顺序的依存关系。依存关系可以说是因果关系的核心。为什么？为了解释为什么会发生某些事情，或者理解如何使某些事情发生，依存关系是至关重要的。顺序关系是依存关系的一种形式，但不是唯一形式。当一个人实际上可以干预以改变结果（即当你移开几张多米诺骨牌时，你就可以防止一长串多米诺骨牌倒下）时，顺序关系在因果关系中就是有用的。但是，在不存在顺序关系的情况下，强加顺序关系是一种不必要的复杂化。这并不是说增量测量在心理学上是不可信的：它们在处理离散事件时是可信的。但是正如上面的例子所示，人们在分析连续变化时似乎都不考虑其顺序关系。

对水壶事件使用差异测量的解释如下：

如果燃烧器的温度较高，则水会更快沸腾。

请注意，这里描述了两个不同世界的参数值（此处为燃烧器温度）的变化，其他方面都是一样的。受影响的参数是历史的一个间接属性（即一个定性的状态会持续多久）。当然，这种反事实可能会导致行为本身的结构发生改变：如果燃烧器的温度更低，水可能根本不会沸腾。

这种推理被称为比较分析（Weld，1990），它提供了涉及连续因果关系的反事实推理。

当内部变化没有模型或内部结构无关紧要时，离散测量就非常有用了，例如，根据引起地质变化的过程解释地质地层的产生过程（Simmons，1983），以及过程已经发生的事实（即隆起、沉积、侵蚀），还有它是如何改变发生情况的。但是，对于这个任务来说，关于变化内部的推理并不重要；只要发生变化就足够了。

9.2　QP 理论的因果关系

回想一下，定性过程理论的中心假设是唯一的机制假设（即连续系统中的所有变化都是由过程直接或间接引起的）[⊖]。它与连续、增量和离散的因果解释都是兼容的。但是与增量测量不相容：如果在一个因果链中有 n 个量，增量测量将需要创建 n 个定性状态，这种情况在大多数日常解释中都不会发生。

继续用水壶的例子来看看因果关系的进一步解释。图 9.2 显示了水加热过程中定性状态的一系列活动过程和影响。

产生热流的原因是温度差异。热流过程（通过 I+ 关系和封闭世界假设）引起了水的热量增加，进而导致水的温度上升（通过 qprop+ 关系和封闭世界假设）。水温的变化可能最终会改变热流所依据的顺序关系（或者，正如工程师所言，温差驱动了热流）。因此，状态（导数的符号）的内在变化会引起状态的组成发生变化，这是通过对该状态中的顺序如何变化的极限假设来表示的。因此，这个解释很自然地涵盖了随时间扩展的因果解释。正如第 8 章所言，定性模拟可以用来推断振荡、动态平衡和其他细微的行为特性，因此可以支持的因果关系范围相当广泛。

⊖ QP 理论有意忽略代理（例如，某些人采取的有意行动），以便专注于连续的现象。这些行为对连续世界的影响可以通过影响模型片段条件的变化来建模。这些变化包括连通性的变化（例如，打开阀门或在炉子上放一个水壶）或顺序关系的不连续变化（例如，踢球）。

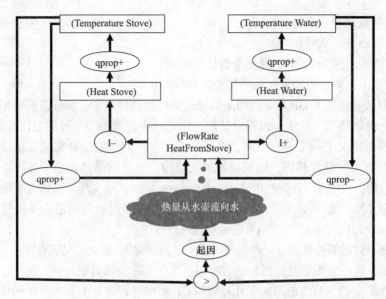

图 9.2　水壶中的水在加热过程中的内部状态因果关系

当然，并非世界上一切都是连续的。该事件是如何与机构和离散事件相互作用的？人类因果思维的完整模型也必须将它们纳入其中。QP 理论提供了使它的模型能够与其他模型相连的概念性接口。回想可知，过程和视图的条件既包括普通命题，也包括任意命题。这些任意条件为世界上的离散行为提供了影响持续变化的手段。例如，打开开关或打开阀门可能会为某个过程建立先决条件。同样地，过程结果中的命题可能描述了当它处于活动状态时所具有的感知属性（例如，有些水壶在水沸腾时会发出哨声），从而提供可用于行动模型和规划的信号，如下所述。

在多个级别上对操作建模，可能有很多优点。例如，推动一个移动的物体。推的行为至少可以用两种方式转化为 QP 理论。最简单的方法是使用模型片段来描述作用力。然后，这个力将被添加到该物体的力的集合，用来确定网络节点。如果认为作用力是施加的力，那么模型会更加复杂，而且是一个连续过程，该过程会持续到所涉及的力耗尽为止。可以将其建模为力的"燃料"参数。没有发挥作用的力通过对自己燃料水平产生积极影响的过程进行重建。行动和过程之间的一些深层关系仍在探索中。例如，Weld（1986）表明，可以用离散动作的聚合过程来生成连续过程，这可以被用来对分子遗传学和数字电路等领域进行因果模拟。另一方面，在军事行动的因果模拟中，使用 QP 类型的连续过程来表示离散动作已经被证明是有用的（Hinrichs et al., 2011）。连续和离散之间的状态交替可能是因果推理的人类概念结构的一般属性。

任何因果关系都需要支持以下类型的推理：

1）预测：将会发生什么？为什么？

2）解释：为什么会发生？

3）规划：怎么样使其发生？

4）检查：预测/解释/计划中有什么问题？

5）学习：对于可能发生的事情如何建模？

我们已经知道了 QP 理论的因果解释是如何处理预测的。解释涉及对相同概念的归纳。也就是说，给定一组观察结果，构建一个与该行为一致的定性状态序列。过程和视图定义了一个假设空间，在这个空间中，假设它们是完整且正确的，那么正确答案必定包含其内。如果清楚系统结构，则可以通过构想（即产生所有可能定性行为，详见第 10 章）和滤波（deCoste，1991）来实现。如果对系统的结构只有部分了解，那么必须做出有关结构的假设，以及对行为的潜在原因进行假设（Friedman et al.，2011b）。第 17 章将对此进行详述。

规划可以被看作是建立一种情况（或一系列情况），在该情况下会发生一定的过程。例如，做一顿饭通常包括加热、冷却、流动、混合和其他过程，这些过程是并行和顺序发生的。目前已研究了几种使用 QP 模型进行规划的方法，包括将过程描述编译为时间计划运算符（Hogge，1987）、使用 STRIPS 运算符扩展构想⊖（Forbus，1989）以及将定性推理与传统计划程序集成在一起（Drabble，1993）。这些技术是互补的：将过程与其他计划运算符（只要没有外加干预就会被执行的运算符）整合在一起，会对其他潜在后果产生最小的影响，但是如果将行为作为另一个瞬时变化而整合到一个设想中，则会对行为产生一个动态的影响。

由于 QP 理论使用了唯一机制假设和用于驱动推理的封闭世界假设，所以基于 QP 理论进行诊断会更加容易。也就是说，如果一个预测（或计划）是不正确的，则只需考虑以下假设类型：

• 通过对模型进行定性推理而得出的另一种预测是正确的。（回想一下，定性模型倾向于做出多种预测，因为它们所处理的信息是抽象的。）

• 系统结构信息不完整或不正确。例如，一条最初不在系统中的流体路径（即泄漏）或应该关闭的阀门却是打开的，这也许可以用来解释为什么汽车制动液的液位在下降。

• 系统初始条件信息不完整或不正确。例如，机械师在维修汽车后可能没有将制动液系统补充完整。

• 系统中可能发生情况的模型不完整或不正确。一个典型的例子就是人们通常不会考虑热水系统中循环水的沸腾，但如果确实沸腾了，可能会产生令人惊讶的结果。

⊖ STRIPS 运算符是一个离散的动作模型，它通过在当前的情境模型中添加和删除的事实列表来描述发生的情况，以表示该动作的效果。使用 STRIPS 运算符需要识别一组应该被视为原始的事实，所有其他的事实都是从它们派生出来的，以便正确处理行动的间接后果（Fikes，Nilsson，1981）。

• 关于一般情况下会发生事情的模型是不完整或不正确的。也就是说，流程和 / 或视图词汇表不完整或不正确。

当然，这些假设都可以进一步引出许多具体的假设：一般来说，诊断并不容易。但这种结构确实使它更容易处理。它还有一个额外的优势就是能够构建失效机制模型，例如，泄漏是意外的流动（Collins，1993）。它也显示了诊断如何自然地引导学习（即当最后一种假设被证明包含了对失效机制的正确解释时）。

运用 QP 理论的经验表明，这种解释为人类推理的许多领域提供了自然的解释。液体和气体的日常模型，工程热力学（Collins，Forbus，1989；Skorstad，1992），烹饪（Tenorth，Beetz，2012），运动，化学（Mustapha，Jen-Sen，Zain，2002）和化学工程（Catino，Grantham，Ungar，1991），生物学（Noy，Hafner，1998）；生态学（Salles，Bredeweg，2003），甚至概念隐喻（Forbus，Kuehne，2005）都是这样建模的。人们认为使用这些模型的系统产生的解释是合理的。以此为依据，将 QP 理论作为人类对连续系统进行因果推理的模型。

9.3　因果关系的传播

定性推理研究已经提出了连续系统中因果关系的另外两个模型。尽管两者方式不同，但是都是基于传播的。下面依次进行讨论。

9.3.1　融合模型中的因果关系

正如第 6 章所讨论的，模拟电子设备似乎是在一个完全不同的因果模型下工作的。在 QP 理论中，两个参数之间因果关系的方向（如果存在）是由约束它们的模型片段的集合一次性确定的。该理论的一些约束条件（即不存在仅涉及定性比例的循环，并且不能直接或间接影响任何量）在因果论证中保持连贯性。直接影响的参数是可扩展参数，与强度参数的因果关系是通过定性的比例关系来表述的。这种因果关系可以直接用于传统工程系统的状态空间模型中。

该模型原则上可以应用于模拟电子设备。人们可以在非常简单的情况下讨论电荷及其流动。某点上的电荷是一个可扩展参数，如果要校正电路中每个节点的电荷，并且当两个连接节点之间存在电压差时，引入电荷流作为使电荷平衡的过程，此时可以用 QP 理论建立电子模型。这种方法的问题在于电子电路中有很多节点，它们之间有很多路径。例如，晶体管收音机在分立元件级别上的原理图比发电厂的等效原理图有更多的节点和连接。这使得在电子学中使用 QP 理论的概念开销相当高。此外，可存储于特定节点上的电荷量可以忽略不计。电子学中电荷流动的动力学在许多情况下是不值得研究的，从而开发了许多分析技术将电路结构简化为等效但简单得多的结构⊖。因此，电子学专家不考虑电荷，而是直接根据电

⊖　Norton 和 Thevenin 的等效。

流和电压来工作，这是一种不同的理想化（粒度假设，如第 11 章所述），使他们能够更有效地分析电路。

在因果关系融合模型中，变化是由扰动或干扰引起的。这意味着必须将输入视为电路分析的一部分[一]。输入的变化可以被定性地表示（例如，＋ 或 －），通过与每个组件和节点的模型相关联的约束定律在电路模型中传播。扰动在电路中传播的顺序与系统中因果事件的顺序一致。虽然这个模型适用于电子学，但并不适用于对自然系统的推理。水循环的输入是什么？是太阳系吗？即使有人为干预，输入也并非总是有效。例如，在炉子上烧水，输入只是开启燃烧器吗？或者在水壶里加水也是一种输入吗？当对象可变（不像电子产品）时，将固定组件结构中的传播作为一种思考世界的方式就不可行了。比如，在化学工程领域，要建立复杂的工厂来加工材料生产产品，这种情形下专家推理又如何呢？据作者所知，没有人对化学工程中的解释做过系统调查，以确定其中是否发生了这种理想化的转变。至少作者还没有看到这样的解释。作者怀疑原因是在化工厂的每个节点上所考虑的东西是真实的，是可以操作的，而电荷不是，至少对我们这些不是电气工程师的人来说不可操作[二]。

9.3.2 因果顺序

第三种模式也是最古老的。正如第 6 章所提到的，它最初是由 Herb Simon（1953）作为一种思考经济学的方式提出。其思想是，对于任何代数方程组，可以将某些参数集标识为外生的（即被系统之外的东西所约束或驱动）。可以将这些参数视为输入，然后将在这些输入和其余参数之间找到的计算顺序视为该方程组所隐含的因果关系。

具体地讲，因果顺序算法有两个输入：

1）一组方程。在 Simon 最初的工作中，这些是定量的代数方程，但后来的工作将其扩展到定性方程（Iwasaki，Simon，1994）。

2）方程中参数的子集是外生的。这些是不需要在因果关系中解释的。

因果顺序算法根据外生参数生成因果关系的有向图，并将方程组中的每个参数联系起来。简单来讲，因果顺序算法的工作流程如下：

1）查找出只有一个参数没有解释的所有方程。对于每一个这样的方程：

a）建立解释参数与未解释参数之间的因果关系；

b）将未解释参数添加到解释参数集合中，并将该方程从当前方程组中移除。

2）如此循环处理，直到没有更多的方程。

只要有足够的外生参数，该算法就会构造出因果关系的有向图。如果没有足够的外生参数，就会有多个含有无法解释参数的方程。这种情况可以通过选择更

○ 有趣的是，即使像 SPICE 这样的数字电路模拟器也使用扰动模型来组织它们的计算。

○ 或者从未拆开过含有电容器的高压设备会带来不愉快的后果。

多的无法解释的参数作为外生变量来处理。

　　这种方法的优点是简单：给定任意代数参数集和足够多的外生参数，就可以构建一个因果关系来解释其余的参数。此外，如果外生参数集合发生变化，则可以构建一个新的因果关系来进行解释。这种灵活性在算法中很有价值。

　　这种灵活性存在一个问题，即它所产生的因果解释在心理学上是否总是可信的。答案是否定的。要了解这一点，请思考下面这个定义了生物体血液中钠浓度的方程：

```
Concentration(Na, Blood) =
        AmountOfIn(Na,Blood)/Volume(Blood)
```

　　我们需要从这个等式中选取两个外生参数来构建一个因果关系。如果选择 AmountOfIn 和 Volume，那么就很好：两者中任意一个参数的变化都将导致钠浓度的变化。但是，如果选择 Concentration 和 AmountOfIn 时，就会得到一个不正确的因果关系："如果血液中的钠含量上升，那么血液量就会上升。"的确，在一定范围内，如果盐摄入量增加，一个机能良好的动物随着时间的推移，它的血液量会保持 —— 但这是由于体内另一套机制所导致的，并不是由于钠的浓度导致的！

　　QP 理论为构建心理学上合理的解释提出了一个对外生参数的约束：外生参数集应该是方程组的扩展参数集。在这种情况下，因果关系可以解释为定性的比例关系，尽管其效果需要进一步分析：

```
(qprop Concentration AmountOf)
(qprop- Concentration Volume)
```

　　一个合理的假设（尽管尚未得到证实）是，如果总是将可扩展参数选为外生，则为一组代数方程所构建的因果顺序就相当于一个构建良好的 QP 理论为实例化特定场景中被写进模型的方程所构建的因果顺序。当然，问题在于：为场景生成一组方程时，已经完成了许多建模工作。尽管如此，人们可以想象从某些领域的一组遗留方程模型为领域理论的逆向工程创建一种有用的技术。

9.4　认知科学中因果关系的其他概念

　　人们对认知心理学和人工智能之间的因果关系越来越感兴趣（Gopnik，Schulz，2007；Halpern，2016；Pearl，2009；Sloman，2009）。这些模型倾向于关注二进制变量（例如，事件的发生与否），但是定性推理忽略了这些变量（极限点除外，例如，开始/结束一个过程或存在某个个体）。定性模型处理连续系统中因果关系（包括反馈）的能力是它们所不具备的。有些解释假设原因必须先于它的影响，而在 QP 理论中却不是这样，因为状态内的因果变化是同时发生的。这些形式主义中有一些是贝叶斯的，它们提供了一种依据数据来测试因果模型的方法（Pearl，Mackenzie，2018）。

　　作者认为这些研究是对定性推理领域中因果关系模型的补充。例如，Pearl

（Pearl，2009；Pearl，Mackenzie，2018）和 Halpern（2016）基于结构方程模型创建了良好的因果推理。具体因果机制是如何被形式化的不得而知。QP 理论的连续过程概念提供了这样一种形式化。换句话说，根据 Simon 的因果顺序方法可知，描述一个域的 QP 因果结构的影响图可以被视为一组结构方程。结构方程因果模型方法主要侧重于评估潜在的干预措施，通过对功能依赖的潜在形式的更强有力的假设来支持更强有力的结论。在 QP 理论中，过程的发生（或不发生）是进行干预的自然场所，而不是某个特定的参数，因为可以有多个直接影响的参数，而协调源并不会单独出现在结构方程中。因此，综合解释可以更加全面和强大。

9.5　小结

定性推理的研究已经产生和完善了关于连续变化的因果关系模型。有证据表明，这些模型在心理学上是可信的，因为使用这些模型创建的系统生成的解释被人类专家认为是合理的，适用于广泛的领域和任务。进一步的实证审查是必要的：例如，因果关系的 QP 概念预测，在人类对模拟电子之外的连续因果系统的解释中，将广泛发现连续测量因果关系，而不是增量因果关系。无论如何，这些模型使系统能够产生合理自然的解释，证明它们可能是人类因果推理的良好模型。

第 10 章　变化的定性模拟及推理

定性模拟的概念是定性推理的核心，因此有必要对其性质进行更详细的研究。其中一些性质已经被广泛地研究出来，并被正式证明可以应用于任何定性动力学理论。其他的则更多是基于将定性模拟技术应用于各种问题和领域的经验。本章从总结基本概念出发，将第 5、6、7 章中介绍的概念汇总在一起。然后讨论存在性和连续性如何与变化的推理相互作用。最后，讨论了定性模拟的一些性质，并以一个开放性问题结束。

10.1　定性模拟

可以把一个定性状态视为由在某些瞬间或时间间隔内持续的一组命题所描述的情况。命题集包括一个情况中所有量的定性值，以及确定哪些模型片段存在并处于活动状态或非活动状态所需的其他陈述。例如，在考虑炉子上的水壶时，我们所知道的水温信息（即最初温度低于沸点，也低于炉子的温度）将是任何定性状态的组成部分。类似地，在实例化的模型片段条件下的陈述都是真的，例如打开炉子，并必须知道是"真"还是"假"。

对定性状态进行更正式的讨论，有助于深入了解定性模拟的本质。将场景模型的定性状态的基础集定义为一个陈述集，这些陈述的真值条件必须已知才能定义定性状态。为了简洁起见，将可能的排序关系压缩为具有四个可能值的单个陈述：>、<、=、⊥，最后一个表明在该状态下实际上不存在被比较的一个或两个量。（下面将讨论存在和变化如何相互作用。）例如，一开始水壶里没有蒸汽，所以比较它的温度与炉子的温度是没有意义的。给定一个场景模型 SM，将其基础集定义为其他两个集合的并集：

Booleans（SM）= 在分析过程中有效性可能变化的一组非序数语句。

Ordinals（SM）= 分析中需要比较的分量对的集合。

Booleans（SM）中的场景模型语句的一个例子是炉子是否被打开。一个不在 Booleans（SM）中的场景模型语句的例子是炉子是否是炉子：任何分析都假定有一个固定的背景或参考框架，且保持不变。Ordinals（SM）总是包含 SM 的实例化模型片段条件中出现的每一对量。为了定义 Ds 值，在 Ordinals（SM）中要比较每个量的导数与零的相对大小。此外，如下文所述，定性模拟算法本身可以在操作过程中为 Ordinals（SM）添加新的元素。通过第一性原理进行的定性过程（QP）理论的任何实施的一部分工作都是通过从构成 SM 的实例化模型片段集合中收集 Booleans（SM）和 Ordinals（SM）来自动计算 BasisSet（SM）。

一个情景模型可以有多少种定性状态？因为每一个布尔值有两种可能，每一个序数值有四种可能，所以状态数的上限是

$$|States(SM)| \leq |Booleans(SM)|^2 \times |Ordinals(SM)|^4$$

使用不等式是因为等式对应的是最差的情况：每个表述都是完全独立的。但事实并非如此。例如，如果没有蒸汽（即它的序数为零），则与它有关的所有其他序数都是无意义的（即 ⊥）。同样地，水的热量不能在温度下降的同时增加（至少在这种情况下是这样）。模型片段的因果影响和条件所隐含的这些相互制约因素大大地减少了可能状态的数量。

回想一下，构想正在为某些场景模型生成所有可能的状态和它们之间的转换。构想有两种形式：

• 可实现的构想包括可以从某个初始状态（或初始状态集合）达到的所有状态。

• 总体构想包括系统可以从任何可能的初始状态到达的所有状态。

根据 BasisSet（SM）的定义，可以大致了解如何计算总体构想：找到 Basis-Set（SM）的所有一致解决方案，它们将构成系统的定性状态。然后对每个状态执行极限分析，以找到它们之间的所有转换。计算一个可实现的构想是比较容易的：如果给定了一个完整的初始定性状态（即 BasisSet（SM）的所有元素都是已知的），则对其反复执行极限分析，直到不能生成更多状态为止。在这两种情况下，结果都是有限的，因为 BasisSet（SM）是有限的，但是状态数量可能呈指数倍增加。

如果给定一个初始状态的描述，并非所有的 BasisSet（SM）元素都已知，会怎么样呢？在这种情况下使用了两种策略。第一种是执行对状态完成度的搜索（即 BasisSet（SM）的未知元素的值，这些未知元素会导致一致的、完全指定的状态）。第二种是处理状态的部分信息（deCoste，Collins，1991）。处理部分信息的优点是工作量较少，但缺点是部分状态可能是一致的，也可能是不一致的（即不完全一致）。针对工程应用的构想者通常搜索完成度。他们的工作是提出一致的可能性，并且他们没有其他方法来检查结论的真实性，所以要从定性模型中提取尽可能多的信息。

构想什么时候会变得紧凑，什么时候状态的数量会激增？当存在一组紧密耦合的相互关联的影响时，构想就处于最紧凑的状态。炉子上的弹簧块振荡器和水壶就是紧密耦合的例子。导致状态爆炸的主要因素是系统的子集是完全独立的。例如，如果在一个简单场景的构想环境中有 N 种状态，将 M 个简单的场景结合在一起，没有任何方式可让它们相互作用形成一个更大的新场景，那么合并后的状态数将是 N^M。这是一个组合爆炸的经典例子。对于这种情况有几种补救方法。一

种是使用情景模型的因果分析来对模拟进行分解，这样独立的组件（在 QP 理论中称为 p 组件）被独立地模拟，而组合状态仅按需形成。另一种方法是转换视角，以便删除一个或多个组件（例如，选择一个合适的时间尺度进行建模，见第 11 章）。第三种是简单地合并为一个整体：对于某些应用程序，这是值得的，如第 19 章所讨论的。

请注意，构想的有限性取决于 BasisSet（SM）的边界。第 5 章中所有关于数值的定性表述，除了一个以外都有这个性质。唯一的例外是允许引入地标。回想可知，地标是参数在特定时间所取的特定值。如果考虑带动摩擦力的弹簧块振荡器的最大偏移，则在每个循环中，该最大值都会降低一些。如果忽略静摩擦力，那么这种振荡将永远持续下去，总是变得越来越小，每一次都会产生一个新的地标，它与相邻状态的关系必须添加到 BasisSet（SM）中，从而使它无限制地增长。因此，在引入地标时进行构想会引发无数多个状态。

10.2 存在性及连续性

变化推理的一个微妙之处在于存在的变化。流体的相变给出了一个例子：当水开始沸腾时，就产生了蒸汽 —— 一个新的个体，尽管它和水的物质是一样的，但是它的特性在许多方面与水截然不同。第二个例子是种群建模：当一个物种的种群数量为零时，它就会灭绝。如何考虑不存在的物体的连续属性？如何准确地预测存在的变化？

任何解决方案都应该符合人类直觉，并在数学上保持一致。首先需要区分逻辑存在和物理存在。简单来说，逻辑存在就是事物存在的某种状态是一致的。杯子里的咖啡当然可以是逻辑上的存在；二维的方形圆就不符合逻辑。物质存在意味着一个特定的个体确实在某段时间内存在。咖啡里的砷是一个逻辑上存在的个体，但是人们不希望它物理存在。这两种存在形式很容易区分。这是一种实际的需求：例如，在故障排除中，假设存在"汽车制动系统中的泄漏"这样的实体（液体流动的实例），逻辑上讲它可能是汽车制动失灵的原因，同时还需要确定它的物理存在。

QP 理论假设物理上不存在的实体没有分量。这似乎很符合人类的直觉。可以试着向某人描述咖啡中砷的特性，它的浓度和温度。或者，举一个不那么令人不安的例子，就是渡渡鸟的出生率。即使暂时考虑这些量，也必须承认它们所属的实体是短暂存在的。这种情况经常发生在故障排除中，对于任何进行过流体或电气系统故障排除的人来说，泄漏和短路都是常见的假设。

模型片段类型可以分为两种：概念性的和物理的。物理模型片段类型的实例逻辑上存在于对其约束项（即存在满足参与者约束的个体）进行实例化的任何时间。当它处于活跃状态时（即条件成立时），它是物理存在的。当用顺序关系来确定一个物理模型片段的成立条件时，称之为量 - 条件存在。当然，被包含的液体是受分量制约的一类个体。当它们的数量大于 0 时，它们就是存在的。在此之前，它们可能存在，但实际上并不存在。同样，如果仔细检查汽车制动系统没有发现任何泄漏的迹象，那么就可以断定没有泄漏，并查找其他原因。什么是概念模型片段呢？它们是关于认知的，是概念结构的一部分，所以处于活动状态意味着它们所代表的概念在那种情况下是成立的。当然，物质存在意味着概念存在。

数量条件存在的变化可以通过极限分析来预测，因为它们最终归结为顺序关系的变化。然而，为了对个体持久性的假设进行建模，需要对第 7 章中描述的算法进行细微调整。因为它是存在的，因此可以这样来描述（Forbus, 1985）：

在定性状态 B 中，为每个极限假设 LH 找到新的状态 $\{A_i\}$：

1）令 E 为构成下一状态种子的语句集。通过假设非数量条件的个体仍然存在，并且所有的静态前提条件都保持不变来初始化 E。（这样保留了分析的背景假设。）

2）通过假设 LH 的顺序变化来扩展 E。此外，假设所有其他提议的变更都不成立（即对于所有 $LH_i \neq LH$，它们的顺序都保持不变）。

3）当一致时，假设存在于 B 中的数量条件的个体仍然存在于 A 中。

4）对于所有在 Basis（SM）中尚未处理的序数，生成 E 的一致扩展来创建 $\{A_i\}$，即可能的下一个状态。

5）如果 E 是不一致的，或者 E 是一致的，但是没有可能的一致扩展，那么 LH 对于 B 是不可能的。

步骤 3 实现了存在的持久性。如果一个极限假设引起了一个存在的变化，那么这个变化将受限于步骤 2 中它的顺序的假设。在步骤 4 之前必须假定持久性；否则，可以假定 ⊥ 为序数关系，这样（在任何正确的 QP 实现中）将排除个体的存在。有两种一致性测试适用于候选状态。第一种是本地状态：逻辑上不一致吗？这是通过寻找矛盾来确定的。第二种是关于连续性：给定 B 中发生的内部状态，那么是否可以从 B 中继承一个特定的 A_i？例如，如果 B 中（$< Q_1 Q_2$）、（$Ds Q_1 -1$）和（$Ds Q_2 0$），那么 Q_1 就不可能等于 A_i 中的 Q_2，因为这两个量实际上是在向两边背向移动。同样，过渡到（$> Q_1 Q_2$）也会破坏连续性。

当考虑中值定理的潜在适用性时，存在性和连续性之间发生了有趣的相互作用。例如，Williams（1984）提出存在从

（$= Q_1$ 0），（$Ds Q_1$ 0）

到

（$> Q_1$ 0），（$Ds Q_1$ 1）

的变化。在他所专注的模拟电路领域，这没有什么问题。但是，例如，如果 Q_1 是一个物种的种群，这将导致个体自发性地产生。

在第 7 章中提到，定性模拟算法本身可以引入新的序数比较。例如，当考虑冲突的直接影响时，可以用额外的假设来处理。如果只有单一的正面和单一的负

面直接影响，那么可以引入并改变它们的大小顺序关系，以探索可能的结果。另外，当存在多个相互冲突的直接影响时，可以创建一对净正和净负的直接影响参数，它们之间的顺序关系决定了结果。当然，引入的每一个新的序数关系也必须满足连续性。由于可以在处理过程中发现这些新的顺序关系，所以 QP 实现有时会回过头来重新检查之前的状态，以确定它们是否可以一致地使用新的顺序关系进行扩展。如果不能，则那些以前被认为是一致的状态实际上是不一致的，这将导致它们被标记为不一致。此外，如第 7 章所述，如果排除了状态的所有转换，则该状态本身可以标记为不一致。因此，一旦考虑额外的序数关系，有时可能会发现多个状态是不一致的。

由于定性表征提供了部分信息，因此有必要严格检查所有序数的连续性，包括那些最初认为不相关的序数。本质上，构想者必须考虑到定性关系中会发生的任何情况，因为这是它所能提供的一切。尽管在逻辑上是正确的，但对于修正此类算法行为的解释，看起来与人类通过行为进行推理的解释几乎没有什么相似之处。对人类解释的非正式观察，以及对访谈和来自多个实验的协议数据的检验都让作者认为，当人们通过定性的行为进行推理时，他们很可能不会这样做。此外，在试图理解相同的情况时，构想者也会比人们产生更多的状态。（这使得构想者非常适合检查领域理论！）给定领域理论，那么这些额外的状态在逻辑上是可能的，而且通常人们一看到它们就会产生直觉。但因为它们在经验上很少见，所以人们似乎没有想到它们。这个例子表明经验如何指导人类进行定性推理。

构想者可能是人类推理机的理想化模型，工作记忆和其他能力的限制降低了人的这种能力，导致我们生成了更少的状态和转变，并且通常不报道诸如网络影响的连续性计算。也有可能是人们正在用一种完全不同的方式（例如，类比）进行定性。本书第 12 章将进一步谈论该假设。

10.3　定性推理的正确性

如何判断定性推理是正确的？以下有三个常用标准，即建模的黄金标准：

1）结果相对于现实世界是否准确？这是我们在日常生活、科学、工程和其他行业中使用的建模标准。

2）结果在心理学上可信吗？这是我们在认知科学中使用的建模标准。

3）结果与微分方程的数学模型一致吗？这是数学家用来评估这两个系统之间关系的建模标准。

本书关注的是定性推理在心理学上的合理性，因此第二个标准是我们主要关注的。真实世界的准确性忽略了能够表达代表误解的模型的重要性。也就是说，如果一个推理方案的结果在现实世界中不够准确，那么它在我们的日常生活或专业生活中将是无用的。（第 19 章将提供充足的证据，证明可以并且已经建立了专业人员认为对他们的工作有用的定性模型。）第三个标准比较了定性推理和微分方程，它是非常重要的，因为几个世纪以来，微分方程已经被证实对连续现象建模非常有用。由于定性模型是建立在它们描述常微分方程空间这一事实的基础上的，因此，探索这种抽象所带来的损失和收获是很用的。本章后续内容将重点讨论此问题。

10.3.1 相空间

相空间是一种研究动力学中常用的可视化行为的工具。相空间的轴是系统的独立参数，因为给定了这些参数，其他的参数就完全确定了。例如，在弹簧块振荡器中，独立参数是位置和速度，因为这些可扩展参数可以随着时间变化。（毫不奇怪，在大多数 QP 运动理论模型中，它们也是系统的直接影响参数。）相空间中的每一点都对应着系统的一个状态。图 10.1 显示了一个弹簧块振荡器的两个相空间。

图 10.1 左图对应于无摩擦振荡器，右图对应具有动态摩擦的振荡器。视觉上很容易理解两者之间的动力学差异，这就是相空间具有吸引力的原因。（当然，对于大多数实际系统，有两个以上的独立参数，这限制了它作为可视化工具的实用性。但正如第 19 章所解释的那样，它仍然有它的用途。）

系统的行为用相空间中的轨迹表示。轨迹上的每一点都对应着系统的定量状态。由于定性表征是定量表征的抽象，所以定性状态通常对应于区域，但有时也可以是线和点。例如，图 10.2 说明了图 10.1 所示的弹簧块振荡器的相空间是如何根据之前的模型片段分解为定性状态的。图 10.2 右图相空间中间的点，代表有动态摩擦的振子，被称为吸引子，轨迹最终将结束于该点。换句话说，可以把定性状态看作是相空间的区域，在相空间中，定性状态之间的转换对应于区域的边界。

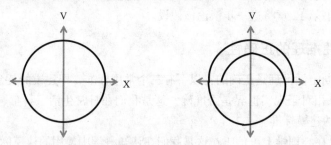

图 10.1　弹簧块振荡器的相空间表示。坐标轴是动力系统的独立参数。
左图的振荡器是无摩擦的；右图的振荡器是动态摩擦的

现在我们已经有了足够的概念性工具来了解关于定性表征的一些更深层次含义。此处提出的论点是直觉上的，而且是合理的；正式证明详见 Kuipers（1994）。我们希望从定性表征中得到的第一个性质是，对于每一个定性状态，至少有一个真实的行为。这个性质当然适用于上例中无摩擦的弹簧块振荡器。当加入摩擦力时，数学模型的极限趋近于零，因此，如果我们认为最终会达到这个极限，此性质对它也是成立的。假设它对一些定性模型不成立。然后，有争议的是，实例化模型的领域理论存在问题。通过向模型片段添加条件，总是可以将它们的适用性限制在相空间的合适形状的区域。（也许这需要一些不切实际的条件，但那是另一回事。从原则上讲，这似乎是可以做到的。）在此，我们将其作为一个已知条件。

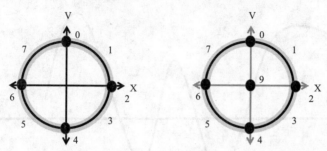

图 10.2 图 10.1 所示相空间的定性表征。

如果没有引入地标，则无法区分后续振荡器之间的差异

我们想要从一个构想中得到的第二个特性是，构想中的每个转变都包含了潜在相空间中可能发生的一些状态路径。换句话说，相空间中与定性状态相对应的区域间的每个边界对应于构想中这些状态之间的某种过渡，并且基础系统具有一些数值参数集，这些参数导致一个轨迹从其中一个区域开始，然后越过边界进入另一个区域。可以构造出一个反例吗？假设存在一个分叉点（即相空间的区域，其中轨迹分开，导致两个路径）。这些吸引子将处于不同的定性状态，但是它们之间的界限将永远不会被超越。因此，我们甚至不能保证个体转变都是真实发生。

构想中第三个有用的特性是，通过构想的每一条路径都对应于系统的一些可能行为。如果不能保证各个转换都是正确的，那么显然不能保证该特性。但是情况甚至比这更糟：即使所有的转换都是正确的，也不能保证构想的每一条路径都对应一个真实的行为。为什么？再次考虑具有动态摩擦的普通振荡器。假设引入地标，使得每个位置的波峰和波谷产生一个新的地标值。对于任何特定循环，系统在局部要么到达一个较小的地标，要么到达前一个地标，或者经过它创建一个新的、更高的地标。从能量方面考虑可知，如果它在一个循环中减少，那么在下一个循环中也应该减少——但这并不是直接从定性表征中得出的。因此，如果每次在局部选择一个任意可能的转换，就可以生成一个行为，从数量上看，类似于图 10.3。

这说明了什么呢？回想一下，如果给定正确的输入就会产生正确的输出（第 3 章）的推理方法就被称为合理推理方法。纯粹的定性模拟显然是不合理的。如果给定正确的输入，推理方法总是产生所有正确的答案，则称为完全推理方法。纯粹的定性模拟是完整的，因为一个结构良好的领域理论应该总是能够产生适当的定性状态，而且世界上所有可能的转变都可以在那里找到。但是，由于所涉及的

知识的抽象性，它会产生一些不可能产生的转变。值得注意的是，Kuipers关于这一主题的论文将定性模拟描述为可靠但不完整。作为一名训练有素的数学家，他无法想象自己在研究一种不可靠的算法，于是在巧妙地应用了德摩根定律后，就把这些定义颠倒了过来。作者认为，保留这些术语的直观含义更为重要。

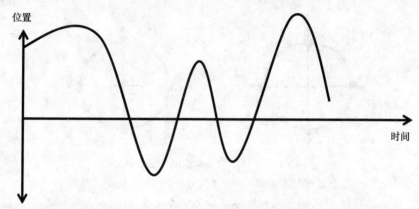

图 10.3　对于弹簧块振荡器而言，在物理上不可能出现这样的情况

　　这里隐藏着一个有趣的开放性问题。纯定性模型会生成状态转换的局部描述，这些状态转换没有足够的信息，或积累了足够的信息以保证局部选择每次都正确。但是，如果有一个完整的定量模型和数值数据，则可以计算出将会发生什么，所以如果将有的细节添加到定性描述中，那么在从构想生成行为时就足以确保它的合理性。为了保证定性模拟的合理性，至少要具备什么细节？除了详细的数学模型之外，还有什么？这仍然是一个定性推理研究的开放问题。

　　定性推理的不可靠性重要吗？当我们仅使用纯定性信息进行推理而无法获得定量知识或经验时，这才是一个严重的问题。在原始数据来自传感器（生物或工业）的应用中，物理世界的底层一致性确保了由数据构造的状态确保的一致性（当然，假设有一个合理的领域理论）。在规划或设计中，完整性更重要：如果真正的状态或行为被遗漏了，那么就会错过机会或问题。对于日常的常识推理来说，纯粹的第一性原理定性推理提供了一组期望，其中包括大量的失效方式：例如，有了足够丰富的领域理论，就会在考虑到咖啡杯有可能破裂的情况下而放下它。这是作者转向基于类比的定性推理的诸多原因之一：经验（存在于真实世界或其替代情况，教育）告诉我们在世界上确实发生的事情，通过类比归纳，就可以得到结果的概率估计。定性表征对于提取情境的特定细节以及归纳一般性而言是必不可少的，但纯粹的第一性原理表征则不必完成人类定性推理的全部任务。

第11章 建　　模

　　建模是科学和工程的核心。建模将一种难以驾驭的、混乱的情况或现象转变成一种干净、清晰的描述，可以对其进行分析以产生所需的答案。建模包括选择相关的内容，并找到表达清晰的抽象来捕获正在研究的内容，同时还简单到可以进行跟踪分析。众所周知，科学或工程领域的一个标志是在适当的时候它们是对模型和共识的一个有力集合。然而，目前的建模仍然是一门艺术。

　　不仅仅是科学家和工程师，每个人都可以建模。但是，当考虑到科学家和工程师有效运用的知识范围时，所涉及的问题就凸显出来了。想想早上在实验室长凳上喝的咖啡。原则上，量子力学可以用来模拟它是如何冷却的，以及何时可以饮用。但没人这么做。初始化模型所需的信息量将是巨大的，计算将是繁琐的，所有这些都与所问的问题类型不成比例。事实上，考虑一个像这样的常见情况，很可能采用类比估算（见第18章），它是直接利用经验给出的一个粗略但有效的估算。但是，对于不太常见的情况呢？例如，分析一个工程师设计的一个复杂的物理系统。此类系统通常可以从多个角度进行查看。例如，在设计一辆汽车时，研究润滑油系统的工程师可能只考虑润滑油的体积特性：需要多少润滑油，以及润滑油在发动机不同部件之间流动的速度有多快。另一种分析可能集中在热性能上（例如，石油会热到足以分解吗？）。之后的分析可能会同时结合这两个关注点，但是得在努力之后才能确定有希望的候选设计，因为这样的分析需要更多的计算和更多的详细信息。

　　如果从工程师或科学家的思维转向技术人员或教师，会发现仍然需要多种模型。技术人员检测或排除复杂系统的故障需要制定一组可管理的假设，这通常意味着从非常抽象的模型（例如，"某处有泄漏"）开始，然后通过观察将假设细化为非常具体的内容（例如，"阀门MS1A正在泄漏"）。教师在讲解复杂系统如何工作时，要避免让学生负担过重，并逐步向他们介绍系统的各个方面，帮助他们建立有效的模型。反过来，为了成为优秀的科学家和工程师，学生需要学习多种系统模型，更广泛地说，需要学习如何为以前从未有人建模的系统和现象建立新的模型。

　　本章讨论一些来自定性推理的思想，它们为连续现象模型的形式表示和推理提供了一种方法。它们已被应用于各种领域，正如第19章所述，并已被用于工业应用程序，从而证明它们能够在创建和使用模型时支持人类行为。本章首先通过介绍一个丰富的示例（蒸汽推进装置）来说明模型的一些基本区别。这里使用的概念完全是定性的和直接的，但是，正如你将看到的，能够得出有趣的结论。然后，介绍了组合建模方法的基本思想，并以蒸汽厂模型为例进行了说明。概述了用于模式制定的算法，包括计算复杂性。最后，重新检查这些算法，以获得它们反映的关于模型制定问题的性质以及人们可能如何做的信息。

11.1 例子：一个蒸汽推进装置

在工业革命之前，轮船是靠风力或人力驱动的。利用蒸汽为船舶提供动力带来了航海技术和实践的革命。更紧凑、更简单的新技术不断渗透到舰队中，虽然蒸汽动力船的数量在减少，但是目前仍然在使用。另一方面，从蒸汽中提取电力的方法在现代陆上发电厂中仍然很流行，其中大多数仍然使用蒸汽（由煤、石油、天然气、核反应或太阳能反射器加热）来驱动涡轮机，为电网提供电力。图 11.1 显示了一个蒸汽推进装置的简化示意图。水在锅炉里加热产生蒸汽。蒸汽在涡轮机中膨胀，涡轮旋转为螺旋桨提供推力，推动船只在水中行进（或者，驱动发电机发电）。蒸汽离开涡轮机，并在冷凝器中冷却，冷凝器又使蒸汽回到全液态。冷凝器里的水被抽到锅炉里，这样整个过程就可以重新开始了。这种对水的重复利用就是它经常被称为动力循环的原因。

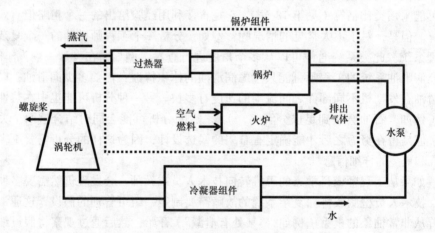

图 11.1 船上蒸汽推进装置的简化示意图

图 11.1 进行了简化。它概括了其物理实例为由蓄水池、管道、阀门和专门组件构成，对于一艘护卫舰来说，就是一个小仓库的大小。图 11.1 所示系统已经被大大简化了。例如，有些阀门只有在启动系统时才打开，用于从管道中排放冷凝水，而管道中很快就会只含有蒸汽。许多子系统被完全忽略了。例如，水会不可避免地从系统中流失，所以对于在海上停留很长时间的船只来说，蒸馏装置会产

生更多的淡水[⊖]。学习操作这类系统的受训者确实要花时间来掌握这些错综复杂的管道，比如，他们可以在海上诊断和修复所存在的问题。但是像这样的抽象模型提供了一个框架，在此基础上可组成对特定船只的更详尽的知识。

即使在此抽象层次上，仍然可以用几种不同的方式来查看该系统。可以通过只考虑流过系统的液体的体积特性来了解所涉及的液体量，从而确定需要多大的设备才能产生所需的功率。这是建模方面的一个例子：在分析中只关注一种类型的现象。多视角的另一个例子是在设计手机时：无线电的灵敏度、功耗和热性能都是相互关联的，但设计人员最初一次只关注一或两个方面，来降低复杂性。

建模的另一个方面是粒度。尽管图 11.1 中的描述非常抽象，但出于某些目的，即使这样也太详细了。

例如，要分析一个蒸汽工厂的最大可能热效率，可以将热流完整地抽象出来，仅仅将系统看作一个抽象的发动机（见图 11.2）。

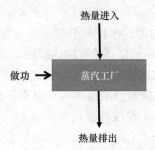

图 11.2　考虑工厂的整体效率时，将工厂视为抽象的热机是非常有用的

可以肯定的是，工厂的实际效率会受到热流的影响，但是如果理论最大值过低，那么实际效率就没有意义了。另一方面，可以更详细地研究工厂的子系统。例如，锅炉内部的抽象模型如图 11.3 所示。

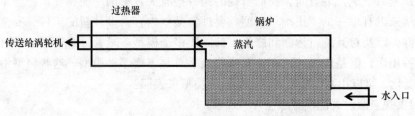

图 11.3　锅炉组件

锅炉本身就是将泵入的水变成蒸汽的地方。通过过热器将额外的能量加入到蒸汽中，所以它是在一个非常高的温度下开始，以至于即使是涡轮机提取了能量，蒸汽中也绝对没有水滴留下。（离开涡轮机的蒸汽流动得如此之快，如果有任何水

⊖　不能使用盐水，因为它具有腐蚀性：锅炉中的水的化学性质必须仔细控制，因为即使在其表面上有少量的矿物质沉积（即人们在需要清洗的茶壶中看到的水垢），也会从根本上降低导热性，从而降低系统的效率。

滴留下来，它们会用机关枪子弹似的力量撞击涡轮叶片，将其粉碎。）如果想要分析如何改变炉膛的燃料/空气比来影响锅炉的蒸汽生产，则需要考虑锅炉和炉膛，但是该组件之外的系统其他部分（例如，冷凝器组件、涡轮机和泵）都是不相关的。甚至可以只关注炉子的一些问题。例如，废气中的黑烟是一个问题的症状（即炉膛内的燃料/空气比太大）。捕获这种现象的模型甚至不需要考虑锅炉，更不用说蒸汽装置系统的其他部分了。

除了观点和粒度之外，建模的另一个方面涉及本体论假设。例如，在分析流体系统时，科学家和工程师有时会根据流体所处的位置（如锅炉中的水，见第 8 章）来选择对流体进行个体化处理。在其他情况下，他们可能只考虑流经系统的局部单元（例如，当蒸汽通过涡轮机时，它是如何变化的）。在工程中，这些方法被称为欧拉 - 拉格朗日法。在特定的本体论中，其他的近似可以进一步降低分析的复杂性。例如，分析热力学循环的一个常见假设是忽略来自涡轮机的热损耗。在现实生活中，最大限度减小这种热损耗对于提高效率是很重要的，但是在许多情况下，确切的热损耗是未知的，而且测量起来会非常困难。（当然，在许多分析中，设计涡轮机的工程师并不测量涡轮机的热损耗。）

最后，在建模中经常出现的另一种假设是关于行为的默认假设。例如，在对图 11.1 中的蒸汽装置进行推理时，假设在所有应该有水、蒸汽或两者都有的部分，它们是存在的，但是在诸如干燥或糖分很高的地方，它们是不存在的。尽管在考虑灾难场景时，模拟锅炉干了之后会发生什么可能会很用，但这与理解它的基本操作原理无关。这大大减少了系统可能的状态数。这样的假设称为操作假设。一个非常常见的操作假设是假设系统处于稳定状态，即正常运行（所有预期的物理过程都发生在应该发生的地点和时间），参数在正常范围内。在图 11.1 这样的系统中，通常只有一到两个稳态行为，这大大减少了需要考虑的可能状态的数量。

在查看该蒸汽装置时，我们看到的是一些有关建模的一般属性。物理系统中几乎从来没有单一的"正确"模型。要理解某些内容，设计新的工件，安全地操作工件，以及对其进行诊断和修复，都需要多个模型。尽管每个模型通常可以用于多种用途，但是广泛的适用性意味着几乎总是需要多种模型。这些模型沿五个维度变化，可以用制作模型时使用的假设类型来表征：

1）观点假设关注模型中包含的现象。

2）粒度假设涉及模型中包含系统的哪些部分。

3）本体论假设关注的是用什么组织方案来描述这些现象。

4）近似假设涉及为便于分析而进行的简化，为其他假设提供选择。

5）操作假设涉及在分析中需要处理哪些行为。

接下来将讨论如何将第 6、7 和 8 章中使用的思想扩展到这些假设的表示和推理。

11.2　成分建模

回顾第 7 章中的以下想法：

• 模型片段是描述实体或现象的某些方面的逻辑量化知识。模型片段的示例包括实体的热特性表示、温度源的概念和热流过程。

• 领域理论是一组模型片段，它们共同描述了一组相互关联的现象。

• 情景描述 S 是对感兴趣的特定情况或系统的描述，用实体、它们的属性和它们之间的关系来表示。

• 对于 S 的场景模型是实体和关系所暗示的领域理论中的模型片段的实例化。

• 给定一个领域理论，为场景描述创建场景模型的过程称为模型公式化。

第 7 章是在结构描述上实例化每一个可能的模型片段。当可以使用多个粒度时，该策略显然无法扩展，而当领域理论包含相互排斥的观点或本体论假设时，该策略就失效了。其解决方案是添加更多的知识，以支持模型片段的实例化和将组装工作编排到适合当前任务的模型中。成分建模的方法论（Falkenhainer，Forbus，1991）提供了一种方法。在成分建模中，上一节中讨论的五种假设被形式化，并用于推断哪些模型片段与给定的分析相关。建模假设之间的逻辑约束成为领域理论的重要组成部分。首先考虑应该使用什么标准来判断场景模型，以及模型制定如何适应创建和使用模型的更大过程。然后，讨论如何形式化建模假设，以及需要对其施加的各种重要约束，以生成有用的模型。之后，讨论结构抽象问题。最后，讨论模型公式化算法、取舍以及对人们如何建模的建议。

11.2.1　建模标准

建模，特别是在科学和工程中，通常是一项迭代工作。模型被公式化，然后在一个或多个分析中使用。评估结果是否合适，如果足够好，迭代就结束了。否则，该模型的问题将被用于进行细化或生成一个完全不同的模型，这个过程将一直持续下去，直到驱动它的问题得到解决。由于模型公式化与模型的使用是分离的，所以它依赖于对模型的一个或多个查询的分析来指导模型。蒸汽工厂查询的日常问题如下：

"工厂的最大效率是多少？"

"每天通过系统泵入多少水？"

"锅炉内水温的变化如何影响过热器出口蒸汽的温度？"

"是什么导致了废气中的黑烟？"

注意，前两个需要数字信息，而后两个是定性的。所有这些都需要关注工厂及其组件的不同粒度级别。场景模型有三个关键的标准：

1）场景模型必须对其预期目的有用。也就是说，它必须提供足够丰富的表示，以支持用于为精确查询（或多个查询）得到答案的任何分析技术。

2）情景模型必须是连贯的。此处所谓的连贯指的是内在的一致性，并不排除所建模现象的相关方面。

3）场景模型应该很简单。简单地说，它不包含回答查询所不需要的方面。首选简单模型，因为它们通常需要较少的资源。此处资源包括计算工作量、输入数据和参数的数量以及详细程度。

一致性的效果是显而易见的，但正如我们将看到的，该要求对领域理论的结构有着深远的影响。正如需要修改和完善所表明的一样，对有用性的判断通常是近似的。简单性和有用性可以相互抵消：定性模型比定量模型更简单，因为它的参数更少，需要使用的详细信息更少，但是如果需要一个数字答案，通常需要一个定量模型。（但并非总是如此 —— 例如，一个静止的物体移动有多快？）在其他情况下，简单性和有用性并存：当向学生解释蒸汽装置的工作原理时，定性的、因果的稳态行为解释比数值动力学模拟更有用，也更简单。

11.2.2　建模假设和约束

为了对建模进行推理，需要在领域理论中加入一层控制知识，为此需要进一步扩展模型片段实例化的逻辑。给定场景描述 S 中一个潜在的实例化模型片段 MF 的实体 e_1, …, e_n, 仅在以下情况下才允许在场景模型 SM 中实例化。

1）（considerMF MF）在 SM 中成立。

2）每个 e_1, …, e_n, （considerEntity e_i）在 SM 中都成立。

3）（ignoreMFI MF e_1, …, e_n）在 SM 中不成立。

直观地讲，considerMF 意味着模型片段所代表的现象或方面，也就是它的论据，与场景模型相关。类似地，considerEntity 表明作为其参数的实体与 SM 相关。另一方面，ignoreMFI 表明模型片段 MF 的特定潜在实例并不适用于当前环境。例如，在基本蒸汽循环的初始热分析中，热流是相关的，但与诸如涡轮机之类的部件所损失的热量无关。（这种低效率在后续的分析中得以解决。）进一步进行非单调约束如下：

```
(<== (considerEntity ?e)
    (includeEntity ?e)
    (uninferredSentence (ignoreEntity ?e)))
```

也就是说，最初的场景涉及了实体（includeEntity），而且基于当前有效的建模假设（即不能推断 ignoreEntity），无法推断出可以忽略它。同样地，

```
(<== (considerMF ?e)
    (includeMF ?mf)
    (uninferredSentence (ignoreMF ?mf)))
```

例如，依赖于绑定列表的具体化：

```
(<== (considerMFInstance ?mft ?bindings)
```

```
    (considerMF ?mft)
    (uninferredSentence
    (ignoreMFInstance ?mft ?bindings)))
(<== (ignoreMFInstance ?mft ?given-bindings)
    (ignoreMFInstance ?mft ?other-bindings)
```

例如，这可以使系统排除所有源自零件（例如，涡轮机）的热流。

代表本体论的假设　任何特定的模型都代表特定的观点，因此必须基于一组一致的本体论假设。有些任务涉及需要不同本体的多个模型，但是在每个模型中，假设本体论假设是兼容的。本体论假设的一个示例是应使用所包含的流体本体：

```
(considerOntology ContainedFluidsOntology)
```

本体论假设的一致性是通过它们之间的逻辑约束来实现的：

```
(not (and (considerOntology ContainedFluidsOntology)
        (considerOntology PieceOfStuffOntology))))
```

此处，假设制定场景模型时使用了逻辑环境（见第 2 章），因此不需要将场景模型作为 considerOntology 关系的参数。

粒度假设　控制粒度是控制模型复杂性的重要方法之一。理解大型系统所涉及的推理时，关键的一点是不需要同时考虑系统中的所有对象。有两种方式：首先，可以忽略当前关注区域之外的对象；其次，通过抽象的方式将对象集合视为单个的聚合实体。为了讨论粒度，必须为部分 - 整体关系和系统边界引入一些约定。此处使用一个非常简单的模型，但是该方法与更复杂的情形兼容。关系（hasSystemPart ?system ?part）在 ?system 还是 ?part 时完全成立。例如，锅炉和过热器与锅炉组件之间具有 hasSystemPart 关系。?part 可以是一个系统，也可以是一个基本实体：

```
(iff (primitiveEntity ?thing)
    (not (exists (?p) (hasSystemPart ?thing ?p)))))
```

至少如我们所描述的，锅炉只是一个容器，因此它是一个原始的实体○。规定 hasSystemPart 关系是不可传递的，因此系统只包含它的直接部分。

建模假设 considerSystem 意味着在任何一致的场景模型中都必须考虑系统各部分的存在：

```
(forAll (?s ?p)
  (implies (and (considerSystem ?s) (hasSystemPart ?s ?p))
        (considerEntity ?p))
```

这意味着必须抑制关于该系统的更高和更低层次的观点：

```
(forAll (?super ?sub ?p)
    (implies (and (considerSystem ?super)
```

○　一些真正的锅炉其实只是大容器。为了提高效率，另一些将工作流体分成许多小管，以增加热传递的表面积。

```
                    (hasSystemPart ?super ?sub)
                    (hasSystemPart ?sub ?p))
            (ignoreEntity ?p))
    (forAll (?super ?sub)
      (implies (and (considerSystem ?sub)
                    (hasSystemPart ?super ?sub))
            (ignoreEntity ?super))
```

例如，当考虑主蒸汽循环时，锅炉组件被视为一个黑匣子。这要求领域理论包含一个或多个模型片段，这些模型片段包含根据循环属性控制其整体行为的法则。假设下一步将锅炉组件视为要分析的系统。在这种情况下，需要对系统的输入和输出建模，将它们作为外生变量来进行分析。在科学和工程建模中，源和汇的概念正好起到了这种作用。正如我们在第 7 章和第 8 章中看到的，这些想法可以在定性过程理论中被形式化。

观点假设 观点假设涵盖了广泛的建模思想。两种重要的观点假设是近似和抽象。近似用于构建更简单的模型，尽管结果可能不那么精确，但是通常更容易使用。近似的一个来源是忽略可能对要执行的分析无关紧要的影响。一个常规的例子是忽略一碗混在一起用于烘焙的配料的蒸发作用。工程上的一个例子是无黏性流量近似，它假定流体的黏度为零，因此可以忽略耗散效应。无摩擦运动、无弹性物体和不可压缩流体是其他常见的近似例子。另一方面，抽象减少了模型的复杂性，但不会降低准确性。例如，可以将阀门建模为离散的（即完全打开或完全关闭）或作为连续的、可变的流体阻力。抽象的另一个例子是在体积流分析中忽略热特性。

与本体论假设和粒度假设不同，观点假设存在于特定领域。而且，观点假设需要被局部化：流体系统中的某些容器可能需要被视为有限的，而其他容器可能被视为源或汇。这意味着形式化观点假设时，需要考虑它们的范围。定义（considerPerspective <perspective><entity>）意味着，当它为真时，在任何正在构建的场景模型中，都应该将观点 <perspective> 应用于实体 <entity>。领域理论要包括能够确保假设结果合理的定律。例如，如果考虑一个系统的体积特性，那么就要考虑其所有部分的体积特性。另一方面，我们可能只考虑流体系统某一部分的耗散效应，而忽略其他部分的耗散效应：

```
(considerPerspective DissipativeFlow FluidPath1)
(considerPerspective InviscidFlow FluidPath2)
(considerPerspective InviscidFlow FluidPath3)
```

considerPerspective 语句被用于对参与者进行约束，它们有助于控制模型片段的实例化。例如，最简单的流体路径模型甚至不包括黏度参数。另一个模型片段，包括与上面第一个语句匹配的参与者条件，将引入工作流体的黏度和流体阻力参数，并通过描述流体路径几何形状的参数来约束它们。这些约束又可以分解为两个模型片段，其中一个只包含定性约束（即直接影响），但是如果增加了定量分析的额外观点约束（详见 Falkenhainer，Forbus，1991），则另一个要提供定量方程。

操作假设　工程师和科学家经常使用默认的行为假设来控制复杂性。例如，热交换器由热管和冷管组成，其目的是将热管内流体的热量传递给冷管内的流体。在进行大多数分析时，通常假定热管中的流体比冷管中的流体热，因为热交换器就是这样工作的，因此其他两种可能的情况可以忽略不计。如果分析结果是错误的，那么必须重新检查这个假设（以及在分析过程中所做的其他假设）。使用有限的信息和有限的资源，错误总是难免的。但是，通过理解所做的假设，错误是可以改正的。

操作假设有两个作用。首先，它们专注于分析。在定性模拟中，操作假设可以排除构想环境的大量子集，从根本上缩小范围。例如，在分析上面的主蒸汽循环时，假设所有的部件都有水，并且处于适当的状态。例如，排除了任何组件或路径为空的任何定性状态。其次，操作假设为近似提供了现实核查。例如，在介绍性的物理教科书中，对钟摆的分析通常是通过假设 $\sin(x)$ 等于 x 来简化的，只要 x 很小，这就是合理的。同样，当对液体流动进行定量建模时，尽可能忽略紊流也是有用的，因为它的建模过程相当复杂。当雷诺数小于 2300 时，层流简化的假设是有效的。通过在模型中包含这个约束条件并计算雷诺数，可以在模型本身中建立有效性检验（Falkenhainer，Forbus，1991）。

常见的操作假设有三种。第一种涉及序数关系（例如，上面雷诺数的约束）。第二种涉及系统的正常模式（例如，关于热交换器管的相对温度的假设）。模式通常可以用连接序数关系上的操作假设来描述。第三种是稳态假设，即假设某一类参数的所有导数为零。稳态假设在工程分析中很常见，原因有两点。首先，它们从根本上限制了可能行为的空间，只关注那些感兴趣的行为的主要子集。其次，在许多情况下，没有针对感兴趣的现象的瞬态模型，或者相比于稳态模型，这些瞬态模型的建立和使用更加困难⊖。再者说，这些是可以被局部化的。比如，可以假设一个系统的体积处于稳定状态，而且也可以假设它的热量是非稳态的。领域理论必须包括令假设适用于系统边界的一些约束条件（例如，如果一个系统的热特性被假定处于稳定状态，那么这个假设也应适用于该系统中所有流体的热特性）。

使用（operatingAssumption <statement>）来表示 <statement> 是当前模型中的一个操作假设。之所以需要这种关系，是因为对于某些操作假设而言，所涉及的量可能并不总是存在于由分析生成的状态中，而直接进行 <statement> 的假设将禁止或甚至根本不考虑这些量的状态。

⊖　例如，尽管涡轮风扇发动机在现代飞机中至关重要，但尚未开发出可以精确反映风扇叶片断裂等故障的模型，因为这需要飞行员冒着生命危险来收集构造这类模型所需的数据。

类别假设　某些假设集合表示了应该一起考虑的自然分组，例如对对象或现象的相同方面建模的替代方法。比如，如果要对包含体积特性的分析中的任何流体路径进行建模，就需要做出一些假设。否则，将得不到一个连贯的模型。类似这样的分组形成了类别假设。类别假设意味着必须对建模做出某一维度上的选择。例如，一个流动的流体可以被建模为具有零黏度（即无黏度），或非零牛顿黏度，或非牛顿黏度（如牙膏）。并非所有维度在所有情况下都是相关的，因此类别假设的作用域是由相关条件确定的。假设（assumptionClass <condition> <list of assumptions>）关系来描述 <condition> 成立时相关的类别假设，其中 <list of assumptions> 之一必须为真，才能保证模型的一致性。（换句话说，<list of assumptions> 被认为是相互排斥和完备的。）例如，如果 ?pi 是液体流动的一个实例，则

```
(assumptionClass (FluidViscosity ?pi)
    (TheList (considerPerspective InviscidFlow ?pi)
        (considerPerspective DissipativeFlow ?pi)
        (considerPerspective NonNewtonianFlow ?pi))
```

注意，通过对流程实例进行假设，可以在进行选择时同时考虑工作流体和路径。例如，如果驱动分析的查询是压强损失，那么就不能选择 InviscidFlow，因为它假定不会发生损耗。这些约束必须被视作领域理论的一部分。

假设类为领域理论提供了结缔组织。回想可知，模型片段是局部的：如果它们以某种方式修改或合并模型片段的影响或限制其数量，那么它们可能会将另一种类型的模型片段作为它的一部分。但是，QP 理论中没有模型片段的全局组织。类别假设只施加了足够的组织来指导建模过程。对一个模型而言，类别假设实例化提供了一个必须考虑的因素的动态清单，该清单是在建模时已经完成的工作基础上形成的。

11.2.3　结构抽象

场景描述可以在多个抽象层次上表达。其中最重要的两个是

• 日常本体论：一种用人们日常见到的事物来表达的描述，尽管可能是一种新的结构，但是很容易辨认。炉子上的平底锅，冰箱或烤箱里的冰块托盘，汽车发动机的润滑系统等都属于这一类。

• 结构抽象：以领域理论中发现的概念实体（例如，容器内液体、流体路径等）表示的描述。

原则上，这两个层次之间不必有什么差别。也就是说，领域理论中的模型片段确实可以用日常实体和关系来表示。正如第 12、17 和 18 章所讨论的那样，这实际上可能是建立日常理论模型的一种合理的方法。但是，这些知识不会像用更抽象的概念表示的领域知识那样具有普遍性，因此也不具有广泛的适用性。所以，在明确的专业知识中，抽象的结构概念通常被识别出来，并用于形成知识。然后，

在需要识别这些结构抽象时，才考虑成本问题，称其为结构抽象问题的结构描述。在科学家和工程师的专业知识中，学习这些抽象概念是学习该领域的一个重要部分：例如，每个物理专业的学生都要学习质点质量是什么。但是，每个物理专业的学生一开始都会纠结于什么时候该应用这个概念。当要对将一枚硬币从建筑物上扔下去的过程进行建模时，将其想象成一个质点是很有效的。但是，当要对在桌子上旋转的相同的硬币进行建模时，该假设则是失效的。似乎何时使用特定的结构抽象的知识是通过经验积累出来的，下面讨论使用类比检索和泛化来逐步获得日常用语表达的结构描述和领域理论的结构抽象之间的合理映射。

11.3　模型公式化算法

为特定任务自动创建模型的方法是定性推理的重要贡献之一。这些方法将大多数传统数学和工程中隐含的知识和技能都形式化了。

给出一个要推理的特定场景的命题形式，最简单的模型制定算法是实例化领域理论中每一个可能的模型片段。当领域理论范围较窄、重点突出、不包含过多无关信息时，此算法就足够了。但是，它不适用于广义理论，而且完全不适用于包括可选的和相互不相容的观点的领域理论（例如，把一个容器内的液体看作是一个有限的物体，而不是一个无限的液体来源）。它也没有考虑到任务约束。模型的简单程度和持续性取决于任务本身。如果想知道一杯咖啡在一小时后是否仍然可以饮用，使用一个定性模型就足以推断出它的最终温度是它周围环境的温度。如果想知道准确度为 5% 时 12 分钟后它的温度值，那么宏观定量模型是更好的选择。换句话说，模型制定的目的是为给定任务创建最简单合适的系统模型。

更复杂的模型制定算法搜索建模假设的空间，以控制领域理论的哪些方面将被实例化。Falkenhainer 和 Forbus（1991）的模型制定算法实例化了所有可能相关的模型片段，并使用基于假设的真相维护系统来寻找所有合法的建模假设组合，这些假设足以形成能够回答给定查询的模型。使用的简单性标准是最小化建模假设的数量。这个算法非常简单和通用，但是有两个主要的缺点：①完整的实例化可能代价很大，特别是最终只使用模型片段的一个小子集的时候；②模型片段的一致组合的数量对于大多数问题而言都是趋向于指数级的。本节的其余部分将描述克服这些问题的算法。

通过对领域理论施以额外的结构，可以提高模型制定的效率。Nayak（1994）的研究表明，在一组约束条件下，模型制定可以在多项式时间内完成。约束条件是：①领域理论可以分为独立的假设类别，②在每个假设类中，模型可以按照特定性质的（可能是部分的）简单顺序组织起来，形成因果近似的一致晶格。Nayak 的算法计算出每个局部假设类中最简单的模型，但不一定会生成全局最简单的模型。

确保建立一致模型的条件，即包括产生所需解决方式的足够信息的一致模型，为模型的制定提供了强有力的约束条件。例如，在生成有关一个参数的变化会如何影响系统的其他特定属性的"假设分析"时，模型必须包含将变化的参数与其他相关参数联系起来的一个完整的因果链。这一见解可用于将模型制定视为对一组提供最简单完整因果链的模型片段的最佳优先搜索（Rickel, Porter, 1994）。Rickel 和 Porter（1994）算法的一个新颖特点是，它还在适当的时间尺度上选择模型。它通过选择最慢的时间尺度来提供一个完整的因果模型，因为这样提供了可使多余细节最小化的精确答案。（较快的现象是通过间接影响来建模的，而较慢的现象是通过常数参数来表示的。）

与其他人工智能问题一样，知识可以减少搜索。有经验的建模者积累的两种知识包括：①特定建模假设的适用性范围；②当给定的模型被证明不合适时，如何重新制定策略。任务需求有时可以从更详细的动态模型指导定性表征的构建（Sachenbacher, Struss, 2005）。模型制定通常需要迭代。通常会生成一个初始的定性模型来识别相关的现象，然后创建一个狭义的定量模型来处理当前问题。类似地，可以用特定域的错误标准来确定特定模型的结果内部不一致，从而使得推理程序重新开始搜索一个好的模型。一种方法是将模型构造为动态偏好约束满足问题，这样可以构造和利用比"最简单"更粒度细化的模型偏好标准（Keppens, Shen, 2004）。

11.4 如何制定模型

到目前为止所描述的算法全是基于第一性原理的。除非领域理论的内容代表了从教育和经验中提取的知识，否则它们完全不考虑先前的经验。另一方面，任何从事科学或工程建模的人都会告诉你经验的重要性。除了个人经验外，明确的建模标准是不同学科的工程实践的一部分，也是特定科学界的惯例。因此，从特定实验室中使用的非正式约定到工程标准的编写，建模知识是有文学成分的。

建模知识的经验和文学成分可以与上述第一性原理算法相结合，以大大提高其效率：例如，如果知道可以安全地忽略掉一个特定类型系统中的黏度，那么建模假设可以被视为固定的，因此就消除了一个原本可能是指数级的搜索过程。例如，Falkenhainer（1992）描述了如何在领域理论中积累涉及特定模型片段的先前分析的准确性度量值，并用其帮助制定以后的建模决策。

类比似乎是一种快速构建合理模型的可行方法。下面研究它是如何工作的，并考虑学生如何在一个领域中学习建模。理想情况下，通过阅读积累的例子可以作为一种经验。假设该学生正在阅读一本物理教科书，特别是一个涉及斜面上的物体的例子。关于自我解释的文献（Chi, Bassok, Lewis, Reimann, Glaser, 1989）告诉我们，处理得越深入的例子，学习效果越好。类比法的运用说明了两种可能的情况。首先，学生可能在内部本体和问题中提到的实体类型之间建立联系。（"好吧，一个块可以被看作是一个质点质量。"）其次，学生可能正在填补解释中的空白，添加关系结构来约束未来的匹配。（"方程中 $\sin\theta$ 用来计算力的垂直分量。"）从他们的日常经验中，学生知道滑动摩擦力，并且知道当它在真实表面上滑动块状实体时摩擦力的重要性。但是因为书中忽略了摩擦力，因此聪明的学生会推理得到：摩擦力在此并不重要。因此，有关从结构描述到结构抽象（即块到点的质量）的映射的证据，方程如何与几何相联系，以及相关的建模假设，所有这些都有可能从实例分析中提取出来。

如第 4 章所述，当遇到新的问题时，人们会自动进行类比检索以找到相似的例子。如果在相关（正如关于转移的文献所表明的那样，是一个大假设）时检索到滑块示例，那么与新情况进行类比就为我们提供了关于如何建模的建议。此外，有证据表明类比概括可以用来学习从结构描述到结构抽象的映射。Klenk、Friedman 和 Forbus（2008）从演算中表达的物理问题的有效解决方案开始。可行的解决方案是在教科书中可以找到的细节级别，而不是完全精心设计的证明树[⊖]。每一步都被具体化，其前因被正式地表示出来。例如，以下是来自一个可行解决方案的两个陈述，它们表明问题中的特定实体如何被映射为领域理论的更抽象概念：

```
(stepUses Gia-2-10-WS-Step3
  (abstractionForObject Ball-2-10 PointMass))
(stepUses Gia-2-10-WS-Step3
  (abstractionForObject Drop-2-10
          ConstantTranslationAccelerationEvent)
```

在此表示中，stepUses 表示其第一个参数 step（此处为 Gia-2-10-WS-Step3）以第二个参数为前提。关系 abstractionForObject 表明，第一个参数的对象、第二个参数的概念是该问题中使用的抽象。问题中的其他语句（未显示）表明 Ball-2-10 是 Ball 的实例，Drop-2-10 是 DroppingAnObject 的实例。给定一系列有效的解决方案，该模型使用 SAGE（见第 4 章）来学习如何执行结构抽象。特别是，每个特定的结构抽象都有一个泛化池，也就是说，将有一个泛化池针对

```
(abstractionForObject ?x PointMass)
```

以及其他用作结构抽象的概念，取决于它在 abstractionForObject 语句的第二个参数中的表现。当处理可行的解决方案时，为每个 abstractionForObject 语句构造一个案例，然后将其添加到适当的泛化池中。该案例由提到特定实体的各个事实组成（例如，Ball-2-10）。因此，它将包括关于球的结果，所参与的空间关系，所有涉及它的方程等。因此，随着时间的推移，每个泛化池将由泛化和非同化示例的某些组合组成。这些泛化池用于对结构抽象做出如下决策：

1）给定一个来自新问题的实体 e，就像从一个有效示例中学习创建实体案例一样，为其创建一个案例。作为一个新问题，这种情况通常有着更少的信息（例

⊖　特定的表示约定是与教育测试服务和 Cycorp 共同制定的（Klenk，Forbus，2009a）。

如，没有方程）。然而，它将涉及与它相关的任何事件（例如，DroppingAnOb-
ject），因为这些都是指定问题内涵的一部分。

2）对于每个泛化池，检查为实体案例检索的最佳匹配。如果它包含与泛化池
的概念相关的 abstractionForObject 语句的候选推理，则将该概念保留为候选。

• 通过获取实体案例与最佳检索项之间匹配的规范化结构评价得分，计算该假
设的置信度。

3）选择置信分值最大的假设作为近似 e 的概念。如果没有假设，不要选择 e
的任何抽象。

每个结构抽象只有两个例子，SAGE 构建的类比模型足以使结构抽象的准确率
为 89%。每个结构抽象包含 8 个示例，准确度提高到 99.5%。它表明类比泛化可以
为快速学习在建模中对结构抽象做出决策提供一个良好的模型。

人们在更广泛的建模决策中可能会使用类似的过程。假设学生继续学习课程
时，又再次读到了关于滑块的内容，但这次是在力学课本中，滑动摩擦和重力都
被考虑进去了。类别假设的泛化库可以提供高效的数据学习，以便快速地对新问
题的个体建模选择做出决策。这既与专家们迅速做出决定的非正式观察结果一致，
也与他们不能总是清楚地说明为什么做出这个决定的原因相一致。SAGE 泛化池中
的部分泛化关系结构可能因太大而难以表达，特别是当它们不能作为部分专家技
术词汇的命名模式时。具有这样命名的模式（如层流、湍流）提供了简化和规范
化经验知识并将其与书本知识联系起来的方法。这与使用类比学习快速学习新的
关系术语一致。

第12章 动力学模拟

越来越多的证据表明人们在整个人类认知过程中使用类比（Gentner，2010）。因此，如果人们不把它用于定性推理，这将是令人惊讶的。本章探讨了可运行的心理模型的思想、第一性原理与类比推理之间的权衡以及基于相似性的定性仿真模型。作者认为，类比提供了心理模拟和定性推理的心理学上合理的处理方法。

12.1 心理模型和可运行性

心理模型（Gentner，Stevens，1983）是人们在推理关于世界时使用的概念模型。它们在形式上类似于民间的理论（Clark，1987；Rosenblit，Keil，2002）：它们被存储在长期记忆中，并且被检索并用于推理特定情况。有一种关于心理模型的感觉，它们比演绎更容易使用：直觉是人们"运行"心理模型，很容易推断行为及其后果。认知科学中的另一种心理模型的观点（即 Johnson-Laird，1983）也认同这种比逐步演绎更容易的感觉。然而，Johnson-Laird 心理模型是关于在短期记忆中模拟特定情况，然后通过计数来回答有关简单离散情况（第3章描述的沃森任务是最受欢迎的）的问题。这与我们在这里对连续系统和行为随着时间推移的推理的关注是不同的，该术语在概念变化和认知发展研究中使用的方式完全不同。这里的心理模型推理示例是有关人们如何推理基本现象（如电力和蒸发）以及复杂系统（如蒸汽工厂和复印机）。

一个吸引人的直觉是，心理模型推理就像用你的"心灵之眼"观看一部物理系统的电影。这种直觉在计算上已被多次探索（Battaglia et al.，2013；Funt，1980；Gardin，Meltzer，1989；Kosslyn，Schwartz，1977）。如第3部分所述，当然有理由相信视觉感知被用于人类空间推理中。但是，对于心理模型的定量模拟说明存在三个基本问题：

1）没有足够的信息。考虑一个放置不当的喷漆罐，它会被打翻并滚到正在煮意大利面的炉子上。你之前从未见过这种情况（希望如此），但是你仍然知道这很危险，需要迅速采取行动才能把罐子从火炉上拿下来，以免发生真正糟糕的情况。几乎没有人对这种情况的物理知识有足够的了解，无法为这种情况编写一个能够预测爆炸的数学模型。即使做到了，该模型也需要大量的数值参数，所有这些参数必须通过观察该情况来确定，并以足够的精度进行估算，促使模拟产生合理的结果。这显然在心理上是不合理的。

2）没有足够的计算能力。当然，大脑是功能强大的计算机。但是它们很慢，并且计算流体动力学提出了惊人的计算需求。是否有神经结构作为并行介质来进行此类计算？动态模拟的问题在于，后期发生的事情取决于先前发生事情的准确模型，因此必须依次推导出时间行为。为了达到中等精度，需要在 10^{-9} 秒内计算每个步骤的元素⊖。这比神经元的运算速度快了很多数量级。Battaglia 等人于 2013 年提出，在蒙特卡罗模拟中，尝试生成备选答案并克服对参数知识的缺乏，这使得计算负担更加不切实际。

3）它给出的答案没有那么有用。知道将使你的厨房受到摧毁的霰弹弹片的具体速度并不是那么有用。（当然，这种定量结果在计算机游戏的物理模拟中很有用）人们想知道的是，这些事件可能很快会发生，并且有足够的因果信息使得人们能够搞清楚如何预防不良事件的发生。筛选高分辨率的时间数据流来检测事件给使用定量模拟增加了额外的计算负担。

行为的定性表征更适合进行心理模拟，不需要大量准确的数据即可做出预测。定性模拟产生的输出种类与心理模型任务更相关。具体而言，定性模拟明确表示事件，包括多种可能的结果，并包含因果关系信息，这些信息对于确定如何更好地改变状况非常有用。

定性模拟是否可以作为可运行的计算模型？它取决于定性模拟的概念。如第 10 章所述，第一性原理定性模拟是最坏情况下的指数。这对日常推理意味着什么？这意味着，要使用第一性原理推理，必须保持高度集中，以便系统中的数量保持很小。否则，可能的状态数激增，因此内存的负载变得难以置信。

一个例子使这个变得更加清楚。如果考虑在厨房做饭，有很多事情发生。可能在炉子上加热意大利面的水，在烤箱中烤大蒜，以及在食品加工机中研磨香蒜酱的配料。如果把整个厨房和其中发生的一切都当作一个单独的系统，那么它就很大而且会有很多状态。另一方面，如果使用关于因果机制（即连续过程）的知识将其划分成为大量的子系统，每个子系统都相对较小，第一性原理定性模拟变得更加合理。可以考虑在炉子上、在烤箱里和在食物加工机中或多或少单独地发生的情况。（理论上，可能存在相互作用 [例如，沸腾的水对面食造成的额外湿度可能会影响大蒜的烘烤]。但实际上，人们似乎并没有考虑到这一点。）每个操作都相对简单，只有很少的结果。因此，可以很快地对它们进行第一性原理定性模拟。当然，在计划这些操作时，我们要确保香蒜酱制作要在面食制作之前就完成了，所以它们之间是相互作用的，但只能在一个更抽象的层次上。因此，运算能力可能来自于第一性原理定性模拟，但限于非常小的系统，因此它仍然很快。

⊖ 假设程序运行频率为 1GHz，对于当今的游戏平台来说，它处于较慢的速度。

另一个解释是可运行性来自定性模拟，而不是第一性原理定性模拟。使模拟定性的原因是使用定性表征，包括事件、状态以及它们之间的因果关系。类比推理似乎非常适合这种推理。因此，接下来从建模人类心理模型的角度比较了第一性原理推理和类比推理。

12.2 人类定性推理：第一性原理还是类比

定性推理捕获了心理模型推理的几个重要属性：

• 处理不完整和不准确数据。通过感知可以很容易地提取定性信息，这种粗略的区别比精确的细节更容易被记住。例如，导数的符号比绝对数量的大小更容易感知，并且第 3 部分提供了定性视觉和空间表征如何在视觉感知和认知之间架起桥梁的例子。

• 支持简单的推论。日常的"显而易见的"推理可以很容易地进行。例如，如果没有发生任何事情，那么任何事情都不会改变。

• 因果知识的表示。定性表征明确因果知识。它们提供了表达因果理论和数学关系的部分知识的词汇，以及根据推理的需求组合这部分知识的方法。

• 歧义的表示。在日常推理中，可以很容易地想象到多种替代的行为。这种能力对于想象某种情况下可能发生的事情是至关重要的，既可以查看是否获得期望的结果，也可以为可能出现的问题做计划。

第一性原理的定性推理具有一些重要的性质，使其作为一种心理模型很有趣。首先，它是生成性的。人们通常能很好地对新颖的情况和系统进行推理。许多从事定性推理的研究人员的目标是建立一种理想的物理推理机，该系统可以在最好的人类科学家和工程师所做到的水平上对世界的复杂程度进行推理，但却没有他们的缺点。这个目标导致了对最大化通用性的概念模型的关注。定性物理学定律原本是用领域无关的术语表达的，并且对特定领域的知识则以情境无关的形式表达。其次，人们能够清楚地阐明一般的通用因果定律。当然，这种情况更多地发生在受过更多教育和培训的人身上，但这是人类能力的一部分，因此也是需要解释的一系列现象的一部分。

不幸的是，纯粹的第一性定性推理作为人类推理模型，有几个严重的缺点。第一，如第 10 章所述，它在时间和内存使用上都是最坏情况。这意味着它不能很好地扩展。例如，如果需要通过新的区分来拆分每个现有状态，向环境中添加一个对象可能是环境大小的两倍或三倍。相比之下，人类的心理模型推理速度很快，并且随着问题规模的增大，似乎可以很好地扩展。在有性能界限的情况下，有几种处理指数过程的标准方法。一种是简单地使用超时并在超出资源限制时停止计算。除非基本的计算安排得很巧妙，否则此类方案无法保证所关注的行为，实际上是其设法产生的行为之一。是否可以按照"显著优先"的计算顺序来组织第一性原理模拟是一个悬而未决的问题。在作者看来似乎不太可能。一种更复杂的方法是使用元推理来估计特定计算的价值（Horvitz，2001；Russell，Wefald，1991）。这种估计将依赖于一种预测，即探索某一特定状态的后果将是有趣的，这是一种一开始就在进行定性推理的预测。第三种方法是简单地限制输入的大小，以便可以容忍指数资源的使用，如前所述。

　　第一性原理定性模拟的第二个问题是过多的细节。为了正确地预测行为，第一性原理定性推理者必须严格、不懈地运用连续性和均值定理。这可能会导致比口头协议更有区别的状态（如Kuipers，Kassirer，1984），以及比一个人所能产生的状态更多。例如，为了排除不适当的状态转换，需要进行速率之间的比较。但是从未见过口头协议中提到的这种比较，除非有人通过动态平衡进行推理（例如，流入平衡流出）。这本身并不排除它们在内部的使用。此类信息可能只是口头上的漏报。但是，这些差异是质疑这种计算在心理上是否频繁的基础。大家都知道，上升的东西一定会下降。但是当考虑到这个时，是否总会被迫想到，球在运动峰值时的速度必须恰好为零吗？第一性原理定性模拟器必须始终生成该状态以产生局部正确的结果。但是，即使是这样严格的细节，第一性原理定性模拟仍可能导致虚假行为（见第10章）。可以肯定的是，正如永动机计划的历史所证明的那样，人类定性推理是不可能的（Ord-Hume，2006）。尽管可以通过能量考虑消除设想中不健全的一些粗糙性质（揭示永动机方案中谬误的相同因素），但并非全部都能消除，而且还不清楚所涉及错误的根本原因是否相同。

　　第一性原理定性模拟的第三个问题是，它完全依赖于抽象的、通用的知识。人类知识包括具体的、特定的信息以及通用的知识。例如，经验在人类模型的制定中起着重要作用（见第11章）。但定性推理研究倾向于避开这种知识。这似乎很奇怪，但是有一个可以理解的原因。在定性推理研究中，只关注与情境无关的领域知识是出于避免特殊模型的需求。例如，结构原理（de Kleer，Brown，1984）中的"无功能"是由较早的系统驱动的，这些系统的模型包含了关于一个系统作为一个整体如何在其组成部分的模型中发挥作用的知识（Rieger，Grinberg，1977）。这种结构和功能的混合违反了组合性，导致模型狭窄而脆弱。如果将整个系统的正确功能隐式内置到其组件的模型中，则无法从该模型中得出在其操作环境不同或某个组件破坏时的行为。

　　另一方面，人们存储并记住特定物理系统的行为这一事实是毫无争议的。例如，经常会建立相当复杂而又具体的心理模型。人们的心理模型似乎还包含特定情况的法律和原则。这些经验为模拟推理提供了动力。如何从类比推理和学习中产生代谢性？有四种方法：

　　1）定性表征促进转移。假设人们存储并使用情景和行为的定性表征，那么两种仅在数量细节上不同的情况看起来将是相同的，因此匹配得很好。

　　2）即使部分匹配，类比推理也能产生结论。对于常识推理，域内类比（例如，根据将咖啡倒入另一个杯子的经验来推理将咖啡倒入新杯子时会发生什么）

通常提供可靠的操作指南。

3）多个类比可以用来拼接复杂系统的模型。例如，在理解心脏时，多个类比可以做出不同的结论（Spiro，Feltovich，Coulson，Anderson，1989）。此外，类比推理可以相互联系，并且共同性的结论相互制约（Blass，Forbus，2017）。

4）类比泛化产生增量抽象。类比泛化提供了一种从积累的经验中学习更通用模型的方法，从而改进传递，并因此提高通用性。

最后一点对于领域知识的结构尤为重要。如果怀疑类比处理对于人类推理和学习至关重要，那么它也将用于连续系统的推理中。这对人们的各种心理模型有深远的影响。具体而言，提出以下建议：

1）大多数人对连续系统的认识是具体于上下文的。我们对此类系统和情况拥有丰富的经验。

2）人们的知识包括一系列模型，从具体于上下文的内容到非常抽象的语境几乎一直变化。

从传统的定性推理研究人员的角度来看，这些想法令人厌恶：如果一个人是手工构建领域理论，那么第一性原理模型的优势在于，每个添加的陈述都可以无限期地使用。另一方面，当我们学习如何通过阅读、与人素描以及直接与物质世界互动而构建系统时，我们可以创建出从大量经验中积累和学习的系统。这可能是创建类人领域理论的最佳方法。

通过一个简单的日常体验来查看这一观点所隐含的模型连续性：往一个杯子里倒咖啡，有点太热情了，导致溢出。尽管方式不同，每种类型的模型都支持预测。

12.2.1　记忆经验模型

记忆经验是一种在特定时间涉及特定杯子的行为的记忆（例如，更多的咖啡倒入你最喜欢的杯子，导致其从顶部溢出并洒在你的桌子上）。行为的描述包括许多具体细节，例如对象的视觉属性及其行为。

人们积累了多少经验以及以什么形式积累仍然是一个未知数。尽管如此，我们对世界的广博知识似乎至少始于记忆中的具体经验。即使是具体经验也可以用于预测：把酒倒入一个杯子就像把酒倒入另一个杯子里一样。

12.2.2　部分泛化模型

虽然大多数视觉属性已经消失，但这种情况的某些方面仍然非常具体（例如，咖啡杯而不是容器）。没有引入逻辑变量。相反，涉及的实体几乎都是 SAGE（见第 4 章）构造形式的所有广义实体。

我们称这些模型为原型历史，因为它们是行为的原型描述（Forbus，Gentner，1986b；Friedman，Forbus，2008）。原型历史是通过类比泛化构建的。示例行为可以直接观察到，也可以通过文化传播。在所有情况下，你至少已经倾注了一点意图和注意力构成了直接观察的例子。另一方面，太阳系的形成是很多人（包括一些专业人士）都有的模型，但并不是任何人直接观察到的模型。通过观察创造的原型历史很可能远远超过通过文化传播创造的原型历史，就其实例而言，它们的"分量"可能要高得多。另一方面，假设正确理解了文化传播的解释，则其抽象性质为匹配和概括提供了一种高辛烷值燃料的形式。为行为提供一个新的术语（即"倾倒"）是促使人们进一步了解这个概念的强烈动机（Christie，Gentner，2014）。

12.2.3 因果注释经验模型

我们可以将关系添加到记忆的经验中，来指定行为各个方面之间的因果关系。例如，你可能已经注意到溢出是由你在杯子装满后继续倒咖啡引起的。广义上讲，这些因果关系可能是通过实验或有人向你解释情况，类似于对另一种情况的解释或通过应用更一般的抽象来实现的。可能还包括额外的定性关系（例如，溢流率取决于倾倒速度）。

尽管这些带注释的经验非常具体，但是它们提供了一种简单的归纳解释形式。如果观察到足够相似的行为，则通过类比推测以前情况中的解释性关系，以保持新情况。如果匹配是基于记忆的定性状态序列中的第一个状态，则可以通过更改因果输入来避免可视化的潜在不良结果（即在溢出发生之前停止并慢慢倒入，这样做更容易）。

这些描述可以视为规则描述，因为它们描述了适用于多种经验的共性和因果假设。（Gentner 和作者有时称它们为情境规则，因为它们可以解释情境认知的一些标志性现象。）尽管如此，它们仍然通过类比处理进行检索和应用。它们的通用性意味着它们将在更广泛的情况下匹配，从而提供更多的预测和解释能力。

什么时候以及为什么对原型历史引入因果注释是有趣的问题。加强与计划相关的预测能力（即如何实现预期的结果并避免不良的结果）是一个明显的动机。对一种情况或系统有多种预测是另一种情况。

注意，把因果模型当作具体经验或原型历史的注释是一个因果关系的分布式模型。如果一个因果模型只针对在表面特性上与当前情况有所不同的原型历史制定，则可能无法在适当的情况下检索和应用该模型。这种分布式性质为模仿模型提供了一种解释（Collins，Gentner，1987），其中观察到一个人有多个相同现象的不兼容的模型。在第 17 章中讨论了捕捉此类现象的概念变化的计算模型 [即 Friedam 的组合相干理论（2012）]。

12.2.4 类属域理论

类属域理论是一组逻辑上量化的模型片段，包括流程和溢出模型片段，因此极限分析可用于预测溢出是填充情况的一种可能结果。

让我们退一步来考虑这四种知识状态。知识的第一种状态代表纯粹的记忆。

知识的最后一种状态代表第一性原理定性模拟器使用的知识类型。两者之间的例子表明，这些极端情况并没有列举所有可能性。也就是说，我们应该认为领域知识是在一个普遍性的连续体中传播的。中间层的概括和解释，以保守的方式构造了部分解释，这在人类知识中既有力又很常见。

如何利用这些中间层的知识进行预测和解释？使得其与特定示例采用相同的方式：通过域内类比。接下来研究这个过程的一个简单计算模型，然后返回到其对学习轨迹和专业知识的影响。

12.3　基于相似性的定性模拟

基于相似性的定性模拟依赖于从它们中提取的记忆经验和概括的库，并通过类比处理来理解新的情况。它支持的任务如下：

• 预测：在新情况下，基于相似性的检索和类比比较可将记忆行为映射到情境中。
• 溯因：给定一个要解释的新行为，通过将记忆行为的解释映射到新行为来构造一个解释。

我们推测，由类比产生的预测与心理模拟的内容相对应。因为可以检索和应用多种行为，所以分支预测是可能的，就像它们在第一性原理定性模拟中一样。（此溯因模型是这里探讨的两个类比溯因模型中的一个；第 17 章描述另一个。）我们首先概述该模型的一个简单实现（Yan，Forbus，2005），然后讨论如何将其推广到涵盖更多的现象。

12.3.1　一种基于原型相似性的定性模拟器

图 12.1 表示通用模型的一种简单实现（基于相似性的定性模拟器 [SQS]）的体系结构。

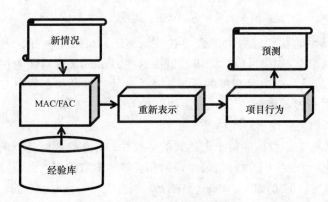

图 12.1　在 SQS 中的信息流

输入是一种情况，而期望的输出是对接下来可能发生的状态的预测。处理首先通过 MAC/FAC（见第 4 章）对经验库进行类比检索。注意，MAC/FAC 返回的提醒介于零和三个之间；如果没有提醒，则无法进行预测。如果有多个提醒，则选择具有结构评价得分最高的提醒（即与这种情况最匹配）进行处理⊖。其次，检索到的情况与当前情况之间的匹配由重新表示系统进行检查，并在必要时进行调整，以确保有关状态转换时的候选推断，因为这些推断将提供预测。这里，所有可能提高匹配度的重新表示方法都是彻底地执行的，这是另一种简化方法，即在没有更具体的任务约束的情况下，这也不是不合理的。如果重新表示失败，则系统返回到原始匹配。

第三步是使用映射的对应关系和候选推断来推测可能的下一个状态。令 S 为初始情况，R_s 为映射到它的检索状态。从 R_s 到另一个状态（R_n）的转换是 R_s 描述的一部分，并且由于 S 没有转换，所以有关转换的信息将作为候选推断出现。这些推断将包含一个类比 skolem、一个表示"类似" R_n 的占位符。SQS 创建一个新的实体，例如 S_n，来表示相对于 S 的 R_n 的模拟，然后从经验库中检索有关 R_n 的事实，并通过 $R_n \leftrightarrow S_n$ 的对应扩展映射将它们投影到 S_n 上，如图 12.2 所示。

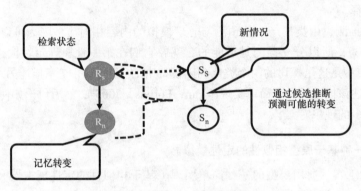

图 12.2   通过候选推断预测计算状态转变。
虚线箭头表示相应的状态，虚线表示映射信息

产生新预测的替代过程可能会导致其他类比 skolem（例如，为目标域推测的其他未知对象），如果可能，则需要解决这些 skolem。这意味着在目标中确定（或推测）要与该基础项目相符的适当实体。从候选推断中提取出必须满足的条件 skolem，并通过推理解决 skolem。如果找不到现有实体，则创建一个新实体，并将候选推断约束应用于该实体。

最后，检查关于目标的每个表达式的一致性，并在必要时进行调整。使用两个测试来确定一致性：①执行与每个谓语相关联的参数约束，以及②每个命题都不应该证明是错误的（Falkenhainer，1987）。当发生不一致时，寻找一个替代目标通讯员。如果无法解决不一致问题，则系统将返回到下一个最佳提醒重新启动行为预测过程，直到针对当前情况形成一致的预测行为为止。

⊖   这是一个简化；多次检索是生成多种可能行为的一种方法。

　　尽管原型仅实现了在基于人类相似性的模拟中正在发生的事情的一个子集，但该系统仍显示出一些有趣的行为和可能性（Yan，Forbus，2005）。给定由第一性原理定性模拟器产生的简单定性状态和转换的描述，它就能对新情况做出准确的行为预测。例如，为了测试它使用部分描述的能力，给出了日常反馈系统的几种变体（例如，家庭供暖系统，抽水马桶），当作记忆和探针。有两种不同的控制家庭供暖系统的方式。在离散控制系统中，所需温度（称为设定点）与实际温度之间的任何明显差异都会导致炉子全开。在比例控制系统中，炉子提供的热量取决于设定温度与实际温度的差异，差异越大，校正热流的速率就越高。尽管大多数家庭供暖系统使用离散控制，但许多人认为它们使用了比例控制，在某些情况下，它与汽车的油门踏板类似（Kempton，1986）。当给出一个涉及比例控制的家庭供暖系统的描述时，SQS 错误地建议，炉子以最大速率运转，这是基于与离散控制的家庭供暖系统的不正确类比。尽管这与人们的误解相反，但此例说明，未经审查的类比很容易导致误解。在一个能够收集数据（通过实验从物理世界、从阅读文章或与人交谈获得的数据）的认知系统中，可以检测到这种错误的预测，并将实际的新行为存储为一个新案例。如果使用 SAGE 进行概括，那么这两种情况可能几乎没有，在这种情况下，它将构造判别假设来区分它们（McLure et al.，2015）。

　　作为重新表示的示例，考虑将家用供暖系统的一般方案与使用老式模拟恒温器的特定家用供暖系统进行比较。以下是这两种情况所涉及的表示的一小部分：

```
B: (senses SensorX (Temperature RoomAirX))
   (compares ComparatorX (Temperature RoomAirX)
                         TemperatureSetpointX)
T: (senses ThermostatY (Temperature RoomAirY))
   (compares ThermostatY (Temperature RoomAirY)
                         TemperatureSetpointY)
```

　　来自基础的陈述表明，在作为基础的抽象功能模型中，感知和比较的功能由单独的组件（SensorX 和 ComparatorX）处理。来自目标的陈述表明，对于这个特定的系统，恒温器可以同时实现这两种功能。这在老房子中并不少见，那里的双金属条卷曲成弹簧状的线圈，可同时起到两种作用。一个汞开关（即一个装有汞珠的密封玻璃容器）在倾斜开关时会打开炉子。开关连接到线圈的中心。由于不同的金属随着温度的变化以不同的速率膨胀，因此连接到线圈中心的任何物体的角度都会发生变化。将该线圈绕成卷以放大温度变化对角位置的影响。为了设置所需的温度，通常通过转动模拟刻度盘来改变线圈的方向。因此，恒温器兼具感知功能和比较当前值与设定值的功能。

　　这些片段是通过类比将模式应用于一个新情况时出现的问题的一个例子。如果基础是传统模式，则每个功能角色将是一个变量（例如，?SensorX 和?Comparator-torX）而不是常量。该模式将通过实例化这些变量来应用，并且两个不同的变量具有相同的值没有问题。但是在结构映射中，1∶1 约束意味着我们不能简单地将两个常量 SensorX 和 ComparatorY 都映射到 ThermostatY。这就是重新表示的地方。重新表示是通过改变基准、目标或两者的表示来改善匹配。在这里，我们有一个涉及竞赛对手匹配的重新表示机会（Yan，Forbus，Gentner，2003），这违反了1∶1约束，导致至少一个具有最佳映射的匹配假设在结构上不一致。这通常是由于同一实体在同一个表示中扮演多个角色所致，这是我们在这里遇到的情况。

在 SQS 原型中，最好的提醒产生的匹配需要仔细检查，以寻找通过重新表示来改善它的机会。它的记忆包括将恒温器的物理特性分解为功能特性（例如，双金属条的曲率可测量温度，双金属条与表盘角度之间的角距离可进行比较）。这是实体拆分重新表示策略的一个例子。通常，实体拆分需要确定将实体划分为不同部分或方面的方法，并重写其在描述中的作用，以使用这些部分或方面中的一个或另一个。就双金属条而言，其不同性质可用于不同的功能用途（一种通用的设计策略）。条带的曲率随温度的变化而变化，因此这种特性就是用来感知温度的。泵开关所形成的角度决定了炉子是否开启，该角度用于比较温度与所需的设定值。重新表示之后，恒温器的每个方面都可以与检索到的模式中的不同功能描述相匹配，从而实现更好的匹配：

```
T':(senses (CurvatureFn BimetallicStrip)
           (Temperature RoomAirY))
   (compares (AngleFn BimetallicStrip)
             (Temperature RoomAirY)
                          TemperatureSetpointY)
```

这一目标的重新描述提供了一个更好的匹配和预测。

SQS 原型的含义   与人类的心理模型推理相比，这种简单的原型具有许多局限性：

1）使用一个单一的检索意味着除非事先的解释涉及分支行为，否则它不会捕获分支行为。

2）经验库很小：需要对压力测试的检索和重新表示进行大幅度扩大。

3）更多的第一性原理推理需要整合来筛选候选行为，否则这些行为在物理上是不可能的，并且使得小行为修补在一起来解释较大的行为。

4）还需要探索以存储重新表示的结果和使用 SAGE 来构造概括的形式的学习策略。

然而，它说明了基于相似性的定性模拟的一些重要属性：

· 它快速产生行为的定性预测。

· 它在多个领域运行。

- 它在不同的情况下运行（例如，接近转移）。
- 逻辑上很少观察到的可能行为是无法预测的。

这个模型的功能与人之间的一个差距是，人们能够把他们从简单例子中学到的知识构成推理出更复杂的系统。对此的一种解释可能是，他们立即学习了通用的、第一性原理领域理论。但是另一种解释是，他们结合了多种检索，本质上是将所学到的有关简单系统的行为粘合在一起，以解释更复杂的系统（Bylander，1991）。考虑尝试解释图 12.3 中的三个容器的液体流动情况，并充分分析了涉及两个容器的流动描述，如图 12.3 所示。

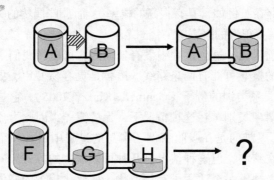

图 12.3　人们如何构成行为来解释在一个更复杂的系统中会发生什么

这种行为可以通过两种不同的方式映射到三个容器的方案，每种方式对应于 SME 构造的不同映射（见图 12.4）。

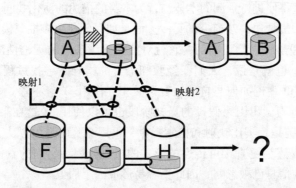

图 12.4　多个映射可以通过影响解决方案的集成结果来投影过程

这两个映射不能直接组合为一个映射，因为它们违反了结构映射理论的 1∶1 约束（例如，G 会映射到两个不同的容器）。但是，如果有选择地组合这些映射的推论呢？具体来说，如果从两个映射中预测过程结构和影响，而不是影响如何解决呢？（因为目标中最初没有因果解释，所以知道这些在候选推断中。）

考虑到派生符号的潜在差异，然后可以使用影响力解析来确定影响如何结合，以及预测的个别变迁是否仍然可能发生。这个方案有几个不同之处值得探讨。例如，预测所有推断，然后删除矛盾的推断，将使得重用经验的数量最大化。但是无论如何，由于我们在解释中依赖成分、因果模型，因此基于相似性的定性模拟似乎可以扩展，以捕获拼凑更小的经验来解释更大的系统的能力。

另一个巨大的差距是有关 SAGE 作为一个学习预测行为的模型的效果如何。随着经验的积累，SAGE 应该构建更抽象的行为描述。表达这些行为的本体将首先是用于编码所涉及实体的本体。例如，一个倾倒事件的目的地首先可分为杯子、玻璃、水槽、地板、手、桶等。目的地还将具有材料属性。例如，目的地大多是刚性的，但并非总是如此（例如，将水倒入塑料袋中）。随着时间的流逝，那些共同的关系将持续存在（例如，具有很高的概率），而那些偶然的关系将逐渐消失在背景中（例如，具有很低的概率）。

但是，到目前为止，这个过程中没有任何内容可以使我们了解容器本身的概念。这个更一般的概念可能有两条路线。语言是更容易使用、更常用的捷径。单词容器就是一个关系类别的例子（Gentner，Kurtz，2005），它是相对于一些更复杂的结构定义的对象类别（在这种情况下，保持流体，因此为流体运动提供一个合理的目的地）。更难的是在吸收新例子本身的过程中引入一个基于标准的新概念。尽管目前都在猜测，但这种情况有几种可能发生的方式。一种方式将由通信需求驱动。例如，缺乏一个适用于有用泛化（或泛化集）的好词，建议为其添加一个概念，并使用该概括为其构造编码标准。另一种方式是通过注意到相似的通用实体出现在多个泛化池中来驱动。例如，倾倒和流动的目的开始看起来非常相似（通过 SME 衡量）。来自多个泛化池的泛化部分之间的充分重叠表明该概念值得单独引入。这将使进行预测的本体与行为本身的描述的演化共同发展。

这个过程中需要进一步研究的另一方面是如何创建更多抽象模型。如果 QP 理论作为一种心理学解释是正确的，它就对有关连续现象的理论性质提供了一个强烈的归纳偏见。也就是说，人们在经验和语言的指导下寻找过程和影响。（第 13 章详细讨论了 QP 理论如何与自然语言语义相互作用。）请注意，影响是足够灵活的，即使在对行为做出因果假设的最初阶段也可以使用。（这在第 17 章中进行了详细阐述。）关键是，类比映射和检索提供了重用经验的强大方法，类比泛化提供了一种将经验提炼为更直接可传递的形式的机制，因为它们的具体细节较少，并且因为不相关的信息已被忽略，因此更容易形成因果假设。

惊奇和新颖的经验为人们正在使用哪种模型提供了线索。在理解一种现象的早期阶段，甚至是部分第一性原理模型也是不可用的。但是，人们仍然可以感到惊奇：当一种情况与一组陈旧的概括相匹配时，这些概括可以提供一组可能的结果，而其他事情却发生了，这就是一个惊奇。在理解的早期阶段，一个惊奇表明存在新颖性（例如，正在对可能的行为空间的一个新的部分进行采样）。更多的积累是适当的反应，儿童对新颖性的循环反应（Piaget，1952）无疑是一种有效的策略。在以后的阶段，还需要考虑其他假设：较早提出的因果关系可能实际上并不正确（或在当前情况下适用），或者可能选择了不合适的建模假设（例如，在选择发酵容器时忽略了气压）。后期应该更加清晰。

模型早期阶段的一个有价值的方面是，它们仍然包含了一些具体信息（如视觉和触觉信息）。尽管这些信息是通过与现有视觉、触觉和其他有关的感觉运动信息的匹配进行了调节，但 SAGE 为应对新情况而检索到的示例和概括也将此类信息投影到新情况上。作者相信，这可以解释心理模拟的具体性。当一个玩偶推到高处时，它会掉下来，它会掉入什么大致方向上，我们对此可能会有强烈的看法。我们可能会具体地感觉到降落的确切时间或落入的姿势。但是，如果发生其他情况，我们也不会受到不应有的干扰。（当然，除非像第 18 章中概述的实验那样，有一个认知发展主义者在起作用，以产生一种不可能的行为来测试大家。）

12.4　心理影响

定性推理不是一个岛屿，它应该使用与认知其他方面相同的心理过程。因此，在其他认知领域中发现的类比加工性质也应出现在关于心理模型的推理中。下面是作者和 Gentner 做出的三个进一步的预测（Forbus，Gentner，1997）。

12.4.1　具有专业知识的记忆依赖分布

我们推测，在有经验的预测中使用记忆可能会以 U 形曲线变化。也就是说，在鲜为人知时，记忆使用占主导地位，因为与先前观察到的以感知术语编码的行为进行比较就可以了。众所周知，记忆使用可能会倾向于更抽象的表示，例如位置规则。在学者需要阐明他们模型的领域（例如，他们与他人合作的情况）中，这种可能性尤其大。这可能是因为随着领域变得非常熟悉，记忆的使用再次增加，因为学者从发生的情况分布中获得了大量的样本。在这一阶段学到的理论词汇也可能大大增加相关提醒的频率（见下文）。

12.4.2　新手 / 专家检索模式的差异

在基于相似度的检索中，通常的模式（Gentner，Rattermann，Forbus，1993）是检索主要基于表面属性（即有关参与对象的外观和属性的信息），而不是关系属性（即因果参数或抽象原则）。但是，在专家中，关系提醒的频率增加了（Novick，1988）。这种现象的一种可能解释是，专家用理论上丰富的术语对现象进行编码的能力提供了额外的重叠词汇，可帮助 MAC 阶段找到合适的匹配项。例如，在解决物理问题时，已经观察到专家根据基本原理的相似性对问题进行分类，而新手则根据涉及的物体种类的相似性对问题进行分类（Chi，Feltovich，Glaser，1981）。结果表明，诱导受试者对材料进行更深入的编码会增加关系提醒的比例（Faries，Reiser，1988），从而为这种解释提供了额外的支持。在教导人们在新的领域做出预测时，应该观察到相同的现象。

12.4.3 应提高专业知识的因素

关于比较在发展中的作用的研究提出了两种加快学习速度的方法：

1）渐进对齐：通过将人们置于多个非常相似的例子中，与相同的例子中穿插非常不同的例子相比，他们的保守学习机制更容易创建可转移知识所需的抽象（Gentner, Rattermann, Markman, Kotovsky, 1995）。Kotovsky 和 Gentner（1996）指出，进行具体相似性比较的经验可以提高儿童发现跨维度相似性的能力。具体而言，四岁儿童感知跨维度匹配的能力（例如，尺寸对称性和颜色对称性匹配）在经过具体相似性（尺寸对称性的块和颜色对称性的块）的封闭试验后，与没有接受训练的对照组相比有了明显的提高。

2）邀请与关系语言的比较：给予学习者表达共享关系系统的语言，可以通过比较显著提高他们的学习能力（Gentner, Namy, 2006; Gentner, Rattermann, 1991）。例如，Kotovsky 和 Gentner（1996）教了四岁儿童关于单调变化（"越来越多"）和对称性（"均匀"）的标签。在训练任务中，孩子们（有反馈）学会了根据刺激是"越来越多"还是"均匀"来对刺激进行分类。经过这次培训后，成功完成标签任务的孩子在跨维度版本上的得分要比未接受此类培训的孩子好得多。

将这些结果应用于定性的心理模型，就如何更轻松地学习它们提出了三个建议：

1）向学生展示许多情况，这些情况的数量细节各异，但在表现出具有不同定性结构的行为之前具有相同的定性行为。例如，那些学习热和温度的人可能首先接触到一些只涉及热流的情况，然后才向他们展示相变涉及热流的情况。因为在后者中，物体的相变温度通常保持恒定而不是增加。

2）首先命名行为模式（加热，冷却），然后继续命名其背后的物理机制（热流，沸腾）。

3）明确地讲授定性推理的构成原语，使得学习者有更丰富的词汇来表达他们部分但不断增长的知识。

12.5 讨论

我们只是"运行"心理模型的直觉非常强烈。这种看似毫不费力的可能性可视化不可能是由于某种内部定量模拟，因为我们没有数据、模型或计算能力，即使对于一种行为也无法进行此类模拟，更不用说多种可能的行为了（Davis, Marcus, 2016）。定性表征可以抽象出细节，因此可以在各种情况下提供更可靠的匹配。而且，它们可以用很少的初始数据来构造，并提供因果机制和歧义性的明确表示。定性表征提供了一个视角，通过它，我们可以看到连续的世界。通过在观察到的行为定性编码（从感官和文化传播）的角度积累经验，类比归纳法构造出可以应用于更广泛的新情况和系统，并在此过程中将具体和抽象的信息结合起来，使我们对即将发生的事情有了"感觉",又使我们在有了这些信息时能将其用于规划和诊断。相同的类比推理机制处理域内和跨域类比的能力,应提供更符合人类行为的预测和溯因的灵活性和平稳性。

Ashok Goel 还探索了类比,认为它是在各种领域使用功能表示进行工程系统推理的核心(Goel,2013)。它的小组的结构 - 功能 - 行为模型侧重于对组件特定行为的符号描述,然后可以将其组合成系统工作方式的描述。尽管人类受到启发,但迄今为止,他们的重点一直是创建有用的自动推理系统。但是,例如,他们强调在调整设计时使用设计模式,这似乎是工程师使用类比的一种可行方式,因此调查这种联系可能会很有用。

12.6 小结

定性推理应该由所使用的表示形式来划分,而不是由特定的推理技术来划分。这种定性推理的处理方式与大多数定性推理研究界所采用的方法大不相同。

如前所述,关于第一性原理定性推理充分性的假设是一个有价值的假设,因为它迫使发展能够支持广泛的人类专长所涉及的推理的表示形式。但是,当我们试图理解人们实际上是如何进行这种推理时,处理过程的描述需要与我们对人类认知的更广泛了解相兼容。作者相信,从长远来看,这将导致对科学家和工程师的专家推理做出更可靠的解释,因为他们也将继续在他们心理仓库中使用这些多层次的模型。此外,这将使我们能够创建定性表征和推理的说明,从而与视觉、机器人以及与物理世界直接互动变得非常重要的其他领域的研究建立更牢固的联系。

第 13 章　语言动态

如果定性表征是我们对世界连续方面的默认表示水平，那么我们应该期望语言将与定性表征具有重要的联系。毕竟，语言是一种用于传达世界的符号系统。

在本章中，作者认为定性表征实际上在自然语言的语义学中起着重要作用，方法是通过考察前几章介绍的动力学定性表征是如何在语言中体现出来的。这一解释来自 Sven Kuehne（2004）的博士学位论文以及随后与 C.J. McFate 的工作（例如，McFate，Forbus，Hinrichs，2014）。尽管尚不完整，但它说明了定性表征的解释能力，当理解一个人在连续系统中写作、讨论或阅读有关变化及其原因时所发生的事情时，就可以说明这种定性表征。

首先较详细地描述动机。然后，讨论了如何将你迄今为止所看到的表示惯例过渡到自然语言语义研究中常用的更多增量表示。然后，考察和建构了 QP 理论中的思想是如何在英语中表现出来的。提供了两种形式的证据：通过阅读系统实现学习产生的语料库分析和描述。最后，研究了这种说法如何与认知科学文献中的其他说法进行比较。

13.1　动机

将 QP 理论视为自然语言语义学中候选概念成分的三个原因。首先，它定义的连续过程和定性因果关系的概念可以用来得出心理上合理的结论（见第 7、8 和 12 章）。因为连续过程的描述在有关物理现象的语言中是丰富的（更多请参见下文），并且通常用在隐喻中（例如，Gentner，Bowdle，Wolff，Boronat，2001；Lakoff，Johnson，1980），这意味着定性推理可以用来帮助从语言中获得信息的期望和要求。第二，QP 理论提供的因果关系与大多数连续领域中的人类因果解释是一致的（Forbus，Gentner，1986a，1986b，1997；也是本书第 9 章）。因此，不仅结论是合理的，而且解释的结构似乎与人类的推理相吻合。第三，定性表征支持的抽象信息水平似乎很自然地适合于自然语言描述中连续性原则和情况的常见的特定水平。人们不需要理解微分方程或进行详细的模拟来理解物理隐喻（例如，"她的愤怒增加，直到她爆炸"）。

13.2　将定性表征重铸为语言框架

　　语言逐步建立信息，这意味着自然语言研究中经常采用的表示形式与我们迄今为止一直在使用的表示形式有所不同。到目前为止，我们使用的表示都是基于位置表示法。也就是说，语句由带有参数的谓词组成，并且它们的参数由断言结构中的位置指示。这对于推理系统来说非常方便，但是对于表示语言现象却不太方便。原因是任何特定的语言都只提供复杂事件或关系的部分表示。这些片段必须由多个短语和句子的信息解码片段组成。这是在概念和语言表示中使用框架系统的基本动机之一（Fillmore，1976；Fillmore，Atkins，1994；Minsky，1974）。从断言的角度考虑，该策略是通过使用角色关系将事件和关系与事物本身联系起来来验证事件和关系 [也称为新戴维森表示（Parsons，1990）]。框架（或模式，如第 2 章）的概念还包含了要一起考虑的事实捆绑，使它们可用于快速推理。

　　最大的纯语言动机的框架语义纲要是 FrameNet（Fillmore et al.，2001），因此使用下面的约定。在框架语义中，含义是用结构化表示系统来表达的，框架的各个部分（称为框架元素，缩写为 FE，可以将其视为模式中的角色）绑定到文本的各个部分，并与它们关联提供含义的推理。QP 理论中的物理知识和原理的包装（部分灵感来自 Minsky [1974] 的框架概念）表明与框架语义具有自然的一致性。有一个基本的连续过程框架，其结构提供了连续过程的基本方面。子框架描述了物理过程的特定类别，参与者的差异和后果是使它们与众不同的差异。这些框架的实例与语义其他方面的框架组合在一起，以创建描述文本含义的框架系统。QP 理论的定性因果数学是通过另一组框架表达的。除了在连续过程描述中的作用外，这些定性因果框架还可以用于具有连续参数的其他领域，例如经济学或物理概念的隐喻扩展。为了在系统中提供广泛的日常概念和关系词汇，包括角色关系，我们使用 FrameNet 到 OpenCyc 本体的映射。然而，下面的讨论不需要该本体的任何知识。

13.3　QP 理论在英语中的体现

　　本节概述了一组框架和框架元素，足以编码 QP 理论的大部分结构。我们从数量开始，然后从那里构建。除了定义框架元素之外，我们还讨论它们是如何在语言中表现出来的。这是一项正在进行的工作。在本章中，这组框架是不完整的，因为状态转换仍在合并中，并且映射正在扩展为类型级别的定性表征（见第 21 章）。此外，将框架元素映射到语言的结构目录还不完整。尽管如此，形式主义已经达到了将其有效地用于计算实验的目的。

13.3.1　数量

　　数量框架表示连续属性。这是一个介绍其要素的例句："砖的温度是 35℃。"

- 实体（必需）：表示此数量所属的实体。在例子中，这是"砖"。
- 数量类型（必需）：指定此数量的参数类型。在例子中，这是"温度"。
- 值（可选）：指定参数的数值。在例子中，这是"35"。
- 单位（可选）：指定数值的物理单位。在例子中，这是"℃"。
- Ds（可选）：指定参数的派生符号，为 {-1, 0, 1} 之一。在"砖的温度正在增加"中，"增加"表示这个元素，值为 1。

前两个要素标识一个数量。我们将引用仅由这些组成的 QP 框架作为数量参考。在某种意义上说，这种框架表示形式没有经过充分说明，因为使用相同的结构来表示有关特定值的语句（例如在示例语句中），并且流畅地用于更间接的语句中（例如，在流利度为真的区间内，跨任何值的序数关系可能对一对数量成立）。关于实体是一个特定对象还是一个通用对象也存在歧义。"沸水的温度为 100℃"使用相同的框架。做出这些区分是故意留给语义解释的后期阶段，它可以使用上下文做出更明智的选择。

为实体选择唯一的填充符意味着必须引入新的概念实体来讨论与某个标准进行比较的数量。例子包括压力和温度差，在传统的数学表示法中通常将其表示为二元函数，其中的参数是所涉及的个体。例如，气压系统中的压力通常被测量为"表压"（即相对于背景大气压）。

数量类型可以通过复合名词短语进行专业化；例如，"辐射热"是指通过辐射（即不通过传导或对流）传递的热量的流速。处理英语中使用的复合名词短语的范围仍然是一个困难而开放的问题，这也影响了定性知识的提取（例如，"反应堆内室的水压"）。

数量以多种方式用英语表达。当明确提及两者时，实体通常通过介词短语（例如，"砖的温度"，"球的速度"）连接到数量类型。但是，两者都可以在适当的语境下暗示出来：

"水进入了系统。其温度上升了。"

"储水箱中的水量增加了。在闪蒸室里，水下降了。"

动词可以间接引入数量。例如，句子

"升高的温度使双金属带变长。"

这句话引入了双金属带的长度。形容词也可以这样。例如，句子

"铁比木材密度大。"

这句话引入了铁和木材的密度。

到目前为止，这些示例都明确提到了一个数量，或者至少可以直接与特定类型的数量相关联的单词。然而，还需要引入语句隐含的数量以更好地理解它们。例如，"随着温度的升高，液体会膨胀。"

膨胀意味着物理范围的扩大。根据上下文，可以进一步推断数量的特定变化。如果液体在杯子中，则使用的适当数量可能是体积。如果液体在温度计中，则高

度可能是作者想要传达的信息。如果将液体压在两块玻璃之间，则面积更可能是合适的。因此，隐含量的正确选择可以依赖于上下文和背景知识。

有些形容词既包含数量类型，也包含有关价值的信息。例如，

"沉重的热砖。"

这句话告诉我们一些有关砖的质量和温度的信息。副词也提供数量类型信息，但它们的含义更复杂：

"气体分子比液体分子移动得更快。"

"水银比水膨胀得快。"

在第一句话中，"更快"表明在速度之间进行序数比较是必要的。在第二句话中，一种液体的膨胀率（即与每种液体相关的膨胀过程实例的速率）大于另一种液体。

拥有提供了引入数量的另一种方法。例如，

"砖块有质量。"

"城市的粮食生产……"

在这些情况下，实体是拥有者，而给定类型的数量就是所拥有的。修饰动词的定语短语也会引入数量。例如，在策略游戏手册中，可能会看到

"一个公民每回合消耗 2 个单位的食物。"

数值和单位可以直接表示。例如，

"< 数量参考 >"是"< 数值 >< 单位 >"。

在从属子句的传递中也经常提到它们。例如，

"蒸汽，现在是 850℉……"

数量特定的动词（如"成本"、"重量"）通常也用于将数量引用与其值联系起来。符号值也很常见。例如，

"砖头很热。"

根据我们在第 5 章中讨论的符号值（并在第 18 章中重新讨论），这些术语与一个尺度（通常是隐式）相关联，可以用于估计合理值范围。例如，在讨论低温学时被描述为"热"的东西的温度通常意味着比在讨论恒星动力学时被描述为"冷"的东西的温度要低得多。

极限点也表示为数量参考（如"水的沸点""杠杆的最大偏移量"）。一组常见的模式将范围指示器用作数量的修饰语（如"最大""最小""平均""静止"）。另一个常见的模式是将"点"或"阈值"与极限点所在的现象或条件结合起来，如"沸点""熔点""检测阈值"。与其他数量参考一样，极限点可以用作序数或数值表达式中的变量。极限假设是用超过极限点的时间条件的语句来表示的（如"当温度达到沸点时……"）。

衍生符号有几种不同的表达方式。最简单的方法是使用通用术语，如"增加""恒定"或"减少"。例如，

"水的温度正在上升。"

对于某些数量来说，"上升"/"稳定"/"恒定"也有效，但并非对所有的都有效（如"上升长度"是不合适的）。名词形式倾向于用来表示差异，特别是在需要说明有关变化的附加信息时。例如，

"价格上涨幅度很大。"

"压力下降导致他失去知觉。"

一些动词（和形容词）提供有关数量类型以及派生符号的信息。例如，

"烤箱正在冷却。"

"冷却炉仍然很热，可以烤面包。"

13.3.2　序数关系

序数框架表示序数关系。[⊖] 框架元素如下：

·Q1（必需）：比较的一个术语，一个数量参考。

·Q2（必需）：比较的另一个术语，一个数量参考。

·Reln：Q1 和 Q2 之间的关系。这是 <、>、=、≥、≤、≠、sameOrder，或 negligible。

Reln 的大多数值的预期含义是显而易见的。sameOrder 和 negligible 涉及定性的量级比较（见第 5 章）。sameOrder 表示 Q1 和 Q2 彼此在相同的定性数量级，这意味着当考虑一个时，如果另一个属于正在分析的相同情况或系统的一部分，则不能忽略另一个。另一方面，negligible 表示 Q1 与 Q2 处于不同且更小的定性数量级，因此可以忽略。例如，

"与炉子提供的热量相比，手柄损失的热量可以忽略不计。"

正如 QP 理论提出序数关系作为值的定性表征的主体一样，英语提供了各种编码数量类型的比较术语，因此提供了更紧凑的语句。例如，

"烤箱比炉子暖/热/凉。"

"砖比鸡蛋重/高/宽。"

有些需要上下文（如"大于"可能是长度、面积或体积，具体取决于上下文）。也可以说，对于某些数量类型，

"黄金比混凝土更贵/更重。"

但是这种结构并非适用于所有数量（如面积或体积），而且这种结构似乎不适用于密集型数量。最后，在更通用的目的上，有一般的比较。例如，

"<数量参考 1> 大于/小于/等于 <数量参考 2>。"

其中两个引用的数量类型是相同的。

形容词通常用于引入隐式比较。例如，

⊖　在这里，我们背离了 FrameNet 的传统，并遵循了 Minsky 的做法，允许框架将其他框架作为参数。我们认为，当连接语言和概念信息时，这种方法更简单。

"凉面团放在热烤箱里。"

告诉我们，无论面团的温度是多少，它都比烤箱的温度低。

13.3.3　影响

回想一下，有两种类型的影响，一种对应于一个过程的直接影响，另一种代表它们对世界其他地方的间接影响。我们可以通过引入一个通用的影响框架来捕捉它们的共性，然后专门处理这两种情况。影响框架的框架元素如下：

- 被约束（必需）：指定依赖的数量（即这个关系中的影响）。
- 约束（必需）：指定在此关系中作为原因的数量。
- 符号（可选）：指定影响的方向，可以是 + 或 −。

这个符号是可选的，因为在学习领域或系统时，不知道影响的方向是知识的一种常见的中间状态。可以肯定的是，预测变得极其微弱，但即使是变化 / 没有变化的预测也很有用，预测变化并观察其迹象是改进模型的进步。

如上所述，影响框架有两个专业。直接影响框架用于表示 I + / I− 语句，通常通过动词（即作为过程的一部分）引入。Qprop 框架用于表示 qprop + / qprop− 语句。

影响以多种方式体现在语言中。间接影响在涉及因为它们的表面形式的数量方面尤其丰富。Kuehne（2004）发现了 7 种不同的模式，总结见表 13.1。第一种模式 "The / The" 对应于 Culicover 和 Jackendoff（1999）所称的比较相关结构。

表 13.1　表示定性比例的表面形式

The/The	"表面积越大，对流热量从表面上损失就越多。" <复合 1> <数量 1> [< 变化 1>]，< 复合 2> <数量 2> [< 变化 2>]
As	"随着体积的增加，密度降低。" 随着 <数量 1> <变化 1>，< 数量 2> <变化 2>
When	"温度计中的液体加热时会膨胀。" 当 <数量 2> <变化 2> 时 <数量 1> <变化 1>
Depends	"热量取决于运动量。" <数量 1> 取决于 <数量 2>
Affects	"流量路径的面积会影响体积流量。" <数量 1> [< 符号 >] 影响 <数量 2>，< 数量 1> 影响 <数量 2> [< 符号 >]
Influences	"货币供应量对通货膨胀率产生积极影响。" <数量 1> [< 符号 >] 影响 <数量 2>，< 数量 1> 影响 <数量 2> [< 符号 >]
Causes	"热量增加导致气温上升。" <变化 1> <数量 1> 导致 <变化 2> <数量 2>

如上所述，变化要么是导数的符号（例如，"增加"），要么是比较的符号（例如，"更大""更多"）。符号用 "上""下""正""负" 之类的词表示，它们表示 + 或 −。在有两个变化的模式中，如果变化方向相同，则符号为 +。如果变化方向相反，则符号为 −。

注意，其中四个模式明确提到了两个数量的变化方向。这迫使人们将它们的关系解释为功能性的，因此它们是间接的影响。另一方面，三个模式（Depends、Affects 和 Influences）不存在。这些模式在文本中也被用来表示它们连接的数量之间存在某种未指定的因果关系。它可能确实是一个单一的间接影响，但它可能是这两种影响的整个链条。因此，解释过程必须谨慎进行，并且似乎涉及相当多的领域知识。

在 QP 理论中，直接影响始终是过程的一部分。在英语中，它们的表现方式也有类似的紧密联系。它们始终与某些变化（通常由动词表示）相关，可以将其视为流程的部分说明。例如，

"热量从热的砖流到凉的地面。"

这句中有两个直接的影响，一个是对地热的正面影响，另一个是对砖块热量的负面影响，如介词短语所示流动的源和目的地。涵盖这句话的一般模式是

"<Qtype> <Change> [<from> <Entity1>] [<to> <Entity2>] [<via> <Path>]"

其中，<Change> 是动词，表示"流动""移动""泄漏"之类的过程。[ ] 中的元素是可选的。<from> 可以是"从"，但是也常使用其他短语（例如，"out of""away from"，具有与 <to> 相似的变体）。<via> 可以是"通过"，也可以是"沿着"，甚至是"在"，例如"在水槽中"。英语的这些模式之间的约束仍然需要进一步说明。Kuehne（2004）确定了直接影响的其他模式，可以将其视为该模式的变体，包括可选的代理参数和多个变化。例如，在"密闭的容器中，一种物质散失的热量必须等于另一种物质获得的热量"中，第一种物质被视作一种介质，有两种直接影响来表示热量的获取和散失。

13.3.4　模型片段碎片和流程

这个框架模型片段有以下框架元素：

- 类型（必需）：表示模型片段的类型（例如，包含液体）。
- 参与者（可选）：每个值都是参与模型片段的个体。
- 状态（可选）：活动或不活动。
- 条件（可选）：一个或多个框架或语句，它们的连接决定模型片段是否处于活动状态。
- 结果（可选）：每个值要么是一个 QP 框架，其实体是从该框架的参与者中提取的，要么是一个涉及此框架参与者的语句。

其中大多数是可选的，因为任何特定的语句都只包含一个或两个框架元素。框架连续过程是模型片段的一种特殊形式。根据 QP 理论，只允许连续过程框架在其结果中有直接的影响框架。

过程在英语中表现为动词的特定类别。例如，在 FrameNet[⊖] 中识别的流体运动动词包括：bubble、cascade、course、dribble、drip、flow、gush、hiss、jet、leak、ooze、percolate、purl、run、rush、seep、soak、spew、spill、splash、spout、spurt、squirt、stream、trickle。尽管所有这些对液体都有意义，但只有一部分对气

⊖　截至 2012 年 7 月 20 日。

体有意义：例如，气体不流动。尽管拒绝了热量理论，但在英语中热仍然被比喻为流动的液体。通常使用"流动"和"泄漏"，但是"冒泡""嘶嘶"和"飞溅"显然对热量不起作用。考虑到源、目的地（在 FrameNet 中称为目标）和路径的重叠，FrameNet 将流视为运动的特殊化，这是有意义的。类似地，FrameNet 在其扩展框架中包括以下动词：contract.v、contraction.n、dilate.v、enlarge.v、enlargement.n、expand.v、expansion.n、explosive.a、grow.v、inflate.v、lengthen.v、shrink.v、stretch.v、swell.v。

参与者通过介词短语连接到模型片段。例如，

- "from" \<p> 表示作为来源的参与者。
- "to" \<p> 表示作为目的地的参与者。
- "of" / "in" \<p> 表示该进程正在执行的实体。
- "alone" / "in" / "through" / "around" \<p> 表示实体，它是某种运动的路径。

注意，尽管 QP 理论原则上没有限制参与者的数量，但少量可用介词却限制了可以通过语言进行交流的数量。鉴于文化传播对于构建这类知识的重要性，这可能是对容易学习的模型片段类型的限制。

13.4　证据

这里介绍的一系列模式不应视为完整的模式。它们是通过分析科学书籍（包括教科书和面向大众的书籍）中的一系列章节来开发的。但是，它们是令人鼓舞的，因为它们表明 QP 理论似乎确实捕捉了自然语言语义学的某些方面。此时自然会出现四个问题：

1）这种模式在人们期望找到的文本（例如，科学书籍）中有多普遍？

2）这种世界连续方面的语义描述是否与对语言其他方面的语义描述相吻合？

3）作为自然语言理解所假设过程的一部分，定性模型实际上可以从此类文本中提取吗？

4）定性推理产生的推论对推导文本的内容是否有用？

第四个问题在某种程度上是最简单的：文献中描述的许多问题，到目前为止的本书中，最初是用自然语言提出的。日常情况的描述已显示出定性推理可以产生与人们针对此类问题所产生的结果相一致的答案。因此，尽管在人类推理和特定定性推理方法之间进行更详细的比较仍会带来新的见解（例如，第 12、17 和 18章），但本书不会在这里进一步考虑第四个问题。

接下来，看看到目前为止有关前三个问题的证据。

13.4.1　语料库分析

探索这种模式有多普遍的自然方法是进行语料库分析。Sven Kuehne 和作者（Kuehne，Forbus，2002）研究了一本关于太阳能的书的四章，即 *Sun Up to Sun*

Down（Buckley，1979）。他们选择这本书是因为它写得很清楚，并且大量使用图表和类比。他们选择了第 2~5 章，因为它们提供了热量、温度和热流类型的基本说明。两位熟悉该理论的评估人员分别对每个句子打分。然后他们比较了结果，讨论分歧，直到达成一致。

我们研究了文本中物理过程的语言实现。基于 QP 框架语义学，定义了九种信息，关于过程：过程名称（P）、有关过程子类的信息（即专业化）（SC）和参与者（PA）；关于条件：先行激活（AA）、先行顺序关系（AO）和先行关系（AR）；最后是关于结果：间接影响（CII）、直接影响（CDI）和影响以外的结果关系（CR）。单个句子中可能会出现多条信息，因此我们对特定类型的短语的数量以及出现的句子数量进行了评分。句子可以包含多种类型的信息，因此同一句子可以出现在多个类别中。这里还区分了实例中的信息（通过初步分析确定）和一般信息，因为假设（第 12 章）常识物理学源自涉及具体描述的域内类比。表13.2（一般信息）和表 13.3（特定示例的信息）显示了本书的结果。

表 13.2　使用 QP 理论概念的一般性陈述

类型	P	SC	PA	AA	AO	AR	CR	CDI	CII
# 语句	10	1	8	15	5	1	9	8	15
# 短语	11	4	14	16	5	1	18	16	18

表 13.3　在例子中使用 QP 理论的概念

类型	P	SC	PA	AA	AO	AR	CR	CDI	CII
# 语句	26	0	28	15	6	5	26	19	14
# 短语	26	0	74	15	7	5	53	38	17

注意，特定于示例的数据包含的过程数量是上述进程数量的两倍以上，大约是参与者数量的五倍，并且还包含有关上述进程后果的更多信息。但是，有关流程条件（AA、AO 和 AR 类）的信息量几乎相同。正如预期的那样，有关流程专业化（SC）的任何信息都只能在常规信息中找到。

QP 理论提供什么样的覆盖范围？在 216 个句子中，有 94 个提到这里提出的 QP 框架系统中的至少一个元素。这意味着 QP 理论可以在这些章节中占据大约 43% 的内容，这是可靠的，因为这些章节恰好包含了 QP 理论要处理的内容。与 QP 理论无关的材料将这些概念用于日常经验（例如，烤箱、房屋、绝缘材料）。人们可能会希望在其他类型的文本中使用较少的 QP 相关材料。

13.4.2　与语义学其他方面的兼容性

尽管世界上有许多方面是连续的，但许多方面却不是连续的。因此，QP 理论充其量涵盖了自然语言语义所需的部分概念结构。它是否负责其他语义学领域的语言解释？为了证明这个问题，我们来看看 QP 理论中的物理过程分析与 FrameNet 中的物理过程分析之间的比较。尽管关于 FrameNet 作为词法语义模型的准确性尚未达成共识，并且默认情况下它并不与支持推理的更深层次的本体相关，但它仍然是目前存在的最大、最精确的词汇语义数据库。这就是为什么我们首先选择使用其惯例的原因。然而，由于在 FrameNet 出现之前就已经开发了许多基本物理过程的 QP 模型，因此有趣的是，从他们的角度考虑重叠现象时，语言学家是否最终做出了兼容的区分。

本书从 FrameNet 的运动分析开始。它们的运动框架具有主题、源、目标和路径的框架元素，所有这些都可以看作是物理过程框架类型的参与者框架元素的专门化。在运动的 QP 理论模型中，存在一个数量位置是根据从源到目标的路径来定义的。一个直接影响框架（其被约束 FE 为位置，其约束 FE 为速度）是运动框架的结果 FE 的值之一。运动框架的条件为 Q1 = 速度，Q2 = 0，且 OrdReln = ≠ 的序数框架。因此，这两种分析很好地吻合。FrameNet 分析提供了 QP 框架描述中隐含的附加配置信息，而 QP 框架描述提供了 FrameNet 分析中隐含的机制的信息。FrameNet 将各种流动视为运动的专门化，因此可以在液体流、气体流和热流的参与者和 FrameNet Fluidic_Motion 框架之间创建类似的映射。有关更详细的分析，包括如何使用 FrameNet 的价态模式，请参阅 McFate 和 Forbus（2016）。

13.4.3　自然语言理解的例子

是否可以通过自然语言理解中通常使用的方法从文本中自动提取 QP？同样，目前关于语言理解在认知上的工作方式尚未达成共识，因此我们能做的最好的事情就是证明至少有一个现有解释可以做这项工作。解释智能体自然语言理解（EA NLU）系统最初是为了回答这个问题而开发的（Kuehne，Forbus，2004），但后来扩展到处理计算社会科学中发现的刺激（Tomai，Forbus，2009），如第 18 章所述。EA NLU 使用传统的流水线模型，由 Allen（1994）解析器执行语法分析，并基于话语表示理论建立通用语义分析系统（Kamp，Reyle，1993）。使用的知识资源包括 COMLEX 词典（Macleod,Grishman,Meyers,1998）和 ResearchCyc 知识库内容，并增加了定性推理的表示，包括 QP 框架。该版本的系统从简化的英语文本中提取了模型片段实例。例如，"热量从热的砖流到凉的地面"得出图 13.1 所示的分析结果。

使用简化英语的原因是为了排除复杂的语法，以便更好地专注于语义分析。例如，对于每个 QP 结构，至少实现了一种以语言表示的模式，但并不是每种模式都可以用英语实现。

这种语言系统已用于使同伴通过阅读来学习。例如，McFate 等（2014）展示了如何从科学书籍和战略游戏手册中学习定性知识。

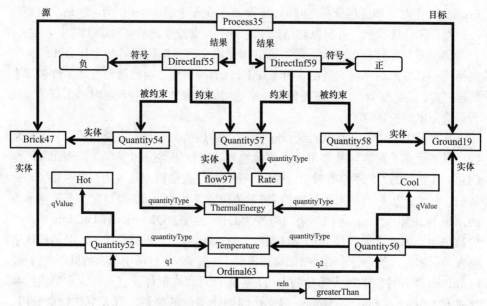

图 13.1　QP 框架是为 "热量从热的砖流到凉的地面"
这句而构建的（简化为仅显示最重要的关系）

从开放文本中大规模提取 QP 信息仍然是一个有趣的研究问题。除了扩大句法覆盖范围之外，还需要解决有趣的语义解释问题，其中许多问题与语言学的其他领域共享。例如，需要识别通用名称（例如，"热量从热的东西流到冷的东西。"），以便从文本中提取预期的常识，而不仅仅是具体例子的说明。应如何在局部的和更广泛的语义解释中使用 QP 理论的推论来理解文本？通过结合力，就有机会为连续世界建立丰富的推理语义，这可能是对人类概念结构模型的重要贡献。

13.5　其他说明

Talmy（2000）提出了一种抽象的、隐喻性的力概念构成了因果推理语义学的基础。Wolff（2007）在 Talmy 的思想的基础上进一步认为，这些思想可以扩展到社会因果关系以及物理变化。尽管力和方向的比喻很有趣，但是这些描述从未像定性表征那样形式化。此外，动力学的解释没有捕捉到有关定性表征所处理的连续因果关系的细微之处（例如，反馈系统，即时与延迟效应，以及变化背后的机制）。尽管如此，探索如何将这两个说明整合起来还是很有趣的。

第3部分 空 间

空间渗透着本书的思想。每个生物体都必须在物理环境中寻找所需的东西。许多生物都在重新组织它们的环境，如蚂蚁群、海狸水坝和城市。像乌鸦和灵长类动物一样，理解如何制作和使用工具需要理解空间、形状和力之间的相互关系。深入理解科学、工程学和数学涉及空间思维。因此，理解人类空间思维背后的表征是更广泛地理解人类认知的最重要问题之一。

在本部分中，作者认为定性表征对于人类空间认知至关重要。与其他领域一样，人们经常使用多种表示来推断空间。通过视觉、听觉和触觉，可以获得有关空间中特定实体和事件的定量信息。作者认为，这些定量输入用于动态构造空间和形状的定性表征。尽管定性表征有一些默认选择，但通常构造的特定表示取决于所执行任务的类型。理解一项任务的适当定性区别是该任务所需要的专业知识的一部分。

第14章通过结合认知科学不同领域的两类研究提供了一个理论框架。在人工智能领域，有关空间推理的工作探索了定性和定量表征在各种任务中的相互作用，这些任务从导航到科学和工程学中的专家推理。具体来说，本章介绍了定性空间推理的度量图/位置词汇模型。度量图是人类视觉处理的定量方面的功能模型，它负责两件事：①处理定量、坐标表示，以及②构建定性表征来支持推理。位置词汇是针对特定问题的空间的定性分解。该模型已用于创建可以对简单运动问题进行人性化推理，对机械系统进行专家级推理，以及对空间动态系统（例如，天气模式）进行推理。在认知心理学中，一项互补的研究领域探索了空间认知的分类模型和坐标模型，更多地侧重于特定的空间技能和记忆效应。作者认为这些调查的思路基本上是相同的。也就是说，空间和形状的定性表征本质上是空间类别。这些研究领域的综合证据为这个框架提供了非常有力的依据。

将空间分解成区域只是定性空间推理的一个方面。定性空间推理的研究人员还确定了一组丰富的关系词汇，这些词汇捕获了拓扑、方向和相对位置的相关方面。这些定性空间计算为人类定性表征的词汇提供了额外的候选假设。第15章总结了一些比较有前途的计算，概述了它们是如何用于任务和支持心理学证据（如果有）。

第16章回到定性和定量表征和推理的结合，来看看对草图的理解。长期以来，绘画一直用于探索人类空间认知的各个方面。这里描述的认知素描，是一个包含人类视觉和空间表示模型的绘图理解系统。该模型的解释力通过多次计算实验得到了说明。由于定性表征是符号系统的一种形式，因此人们可能希望它们与动力学一样，与另一种强大的人类符号系统语言进行大量交互。

作者研究了一个建议如何通过类比概括来学习空间介词的实验。为了证明这些表征可以模拟人类的视觉问题解决，作者概述了三个视觉问题解决任务（即几何类比、Raven 的渐进矩阵和奇数任务）的模拟。这些模拟都是根据心理实验使用的 PPT 图形和人体水平的表现自动构建的。它们使用相同的表示和推理引擎，只是任务之间的高级空间例程有所不同。它们预测人类反应时间的顺序差异，并且对它们的消融研究对空间认知方面产生了新的见解。

综上所述，作者认为本部分中的证据为定性表征提供了有力的案例，定性表征是视觉感知和认知之间的桥梁。

第14章　定性空间推理：一个理论框架

我们对空间的认识始于感觉的原始信号，是通过感知处理组织起来，无论是公开的还是秘密的最终用于概念性推理。感觉，尤其是视觉，涉及大量的信号处理和注意力过程，这些过程不断地转移并选择这些信息的小部分进行进一步处理。另一方面，概念推理似乎只使用很少的元素。将感知结果总结为适合概念推理的元素需要一座桥梁，这是将连续空间离散为有意义的单元的一种手段。换句话说，作者的假设是空间和形状的定性表征提供了感知和概念处理之间的桥梁。

我们首先从一个简单且具体的例子开始讨论这些问题，然后通过贫困猜想（Forbus，Nielsen，Faltings，1991），从功能角度讨论度量图 / 位置词汇模型（Forbus，1983）对于复杂的空间推理的重要性。本章还概述了基于此模型的其他工作，以证明它能够在各种任务中解释人类级别的推理。然后，我们转向研究认知心理学和神经科学领域的工作，这些工作已经集中在相似的观点上（特别是类别 / 坐标的区别，这是下面要论及的定性 / 定量的另一种说法），但同时探索了一系列不同的问题和任务。最后，我们通过将这些不同的研究领域汇集到一个统一的账户中进行总结。

14.1　关于空间运动的推理

定性的空间表征是什么样的？让我们考虑一个简单的例子，如图 14.1 所示。

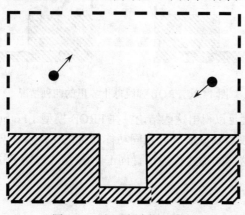

图 14.1　这两个球能碰撞吗

我们有两个球，这些球受下面的表面约束，沿箭头指示的方向移动。如果球离开虚线表示的我们感兴趣的区域，它们将再也不会返回。这两个球会相撞吗？我们的直觉告诉我们它们可能会，但是当然我们不能确定，除非我们观察（或模拟）一段时间。但是有关此问题的一些变化表明，我们能够做比简单的模拟更微妙的推理。考虑图 14.2 所示的四种情况。

在图 14.2a 中，我们可以看到两个球不会碰撞，因为它们都离开了我们感兴趣的区域，因此根据假设，它们永远不会返回。在图 14.2b 中，如果球完美地上下直线弹跳，我们知道它们不会碰撞，因为永远不会在同一时间出现在同一位置，这意味着碰撞。图 14.2c 进一步提出了这种空间相交的想法：如果我们假设 A 被困在井内，而 B 从未进入井内，那么我们就可以再次推断出它们无法碰撞。最后，在图 14.2d 中，除非两个球不反弹，否则肯定有可能发生碰撞（例如，它们是鸡蛋而不是球）⊖。在这种情况下，根据它们的方位，一旦它们与表面碰撞，它们将停止移动。

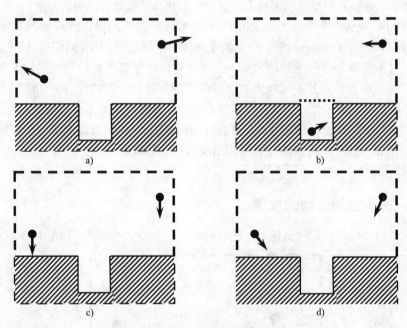

图 14.2　FROB 弹跳球世界里的四种情况

什么陈述和推理足以得出这些结论？在 FROB 模型（Forbus，1980，1983）中，通过自动将空间和表面划分成具有相同功能属性的区域和边界，从而对空间和表面进行定性描述。这样的描述称为位置词汇。图 14.3 说明了这个特定问题的位置词汇表。

⊖ 用物理学术语来说，它们的恢复系数等于零（即完全无弹性）。完美弹性的物体的恢复系数为 1。

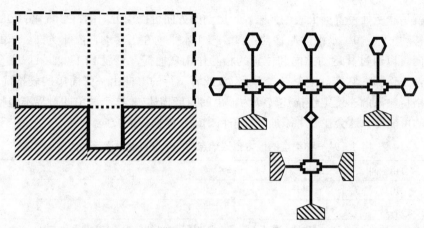

图 14.3　假设重力并忽略移动物体的形状和大小，则将根据度量图（左）
计算出位置词汇（右）。阴影区域是表面，有缺口的矩形是自由空间区域，
菱形是自由空间区域之间的边界，六边形是感兴趣区域之外的出口。弧线表示连通性，
并用定性方向（例如，上，下，左，右）标注，此图中未显示

有四种元素：

1）自由空间区域是球可以自由飞行或掉落的地方。

2）表面是球可能会碰撞物体的边缘。

3）过渡边界是自由空间区域之间的边界。

4）出口边界是我们感兴趣的区域与更广阔的世界之间的边界。

为什么要使用这组特定的区域和边缘？为什么不只使用一个区域作为自由空间，而使用单个多段边缘作为表面和出口呢？因为这种表示太模糊了，不能支持图 14.2 中的场景所做的推理。例如，图 14.2 中，井在图中是隐式的。这种定性表征使它的存在变得明确，从而使人们能够推理出球可能卡在此处的可能性。此外，通过在拐角处分割表面，我们既尊重知觉上的区别，又尊重球碰到拐角两侧可能最终朝着完全不同的方向前进的事实。由于重力是垂直作用的，因此将自由空间划分为表面上方的区域是有意义的（再考虑一下图 14.2c）。由于球可能会失去能量，因此通过从角部投影的水平边界分割自由空间来识别井，并可以提供另一套有用的区别（例如，图 14.2b）。

关于这种表示有一些重要的属性需要注意。首先，它在图中接地。在许多空间推理情况下，我们认为感性的定量表征可以支持计算位置词汇所必需的定量计算。我们称之为一般类型的定量表征度量图。我们认为人类感知目的的一个重要部分就是为定性空间推理奠定基础。其次，元素是不重叠的，使球的每个位置映射到位置词汇表的唯一元素。第三，它对方向进行编码，在这种关系中，如果一个球沿特定方向运动，那么下一个会遇到的哪个位置。

这三个属性使模型能够将给定的场景映射到每个球的定性状态。状态的空间

方面就是球所处位置词汇表的元素。[⊖] 运动的方向可以用方向的符号量化：(0，0)
没有移动，(1，0)水平向左移动，(1，−1)水平向左下移动，依此类推。球的运
动方向可以通过其运动方向和位置的相互作用来捕捉，见表14.1。如果球完全没
有弹性（例如，它实际上是一个鸡蛋），或者飞行的方向由一张简单的表格确定，
该表格将输入的速度定性描述转换为输出的速度描述。（这个简单的世界不包括球
旋转的可能性，这会在表中添加额外条目来确定碰撞后的方向。）

表14.1 从一种类型的地方到该地点的一个球可能发生活动的映射

自由空间	飞
出口	离开
移动	发送
表面	碰撞，静止，或飞，取决于表面法线的相对方向和运动方向

可以定义一组定性模拟规则，给定一个定性状态的情况下，推导出一个球的
所有可能的下一个状态。与定性动力学一样，此类规则可预测多种可能的结果。
例如，一个球在最右边的自由空间区域中向左飞，可能会使图仍然向上移动，过
渡到左边的区域或停止上升，这取决于它实际在该区域中的位置以及其实际速度
是多少。

这些定性模拟规则可以在每个球的场景中详尽地运行。注意，由于每个位置
只有少数可能的状态，并且每个图都有一组固定的位置，因此每个模拟的大小在
位置数上是多项式。（将其与定性动力学的预想相比较，在定性动力学中，状态数
在这种情况下呈指数增长！）给定一个场景的额外假设（例如，球无法进入井），
我们可以删除违反该假设的状态，以及在直接排除的情况下无法再访问的所有状
态。除了可达性之外，FROB还使用其他两个运动约束来减少可能性。一个是，除
非一个球是完全弹性的，否则它将停止或离开图。另一个是，在水平方向的表面
（或两个垂直方向上的表面之间）上横向弹跳的球只能停在该位置内，沿该方向离
开，或改变横向方向。否则，FROB会成为Zeno悖论的原始形式。

这一点，再结合排除存在于同一位置就可以排除发生碰撞的可能性，为FROB
模型提供了一种机制，可以自动得出图14.2中关于场景的结论。图14.4显示了修
剪后每种场景下的位置词汇。

如果有定量信息，通常可以将其投影到定性表征中以提供进一步的限制。例
如，假设已知球的高度和速度，那么我们就可以计算出它的总能量。如果所有这
些能量都转换为势能，那将反映出球可以达到的最大高度。这样的一条线可以在
度量图中进行编码，其含义通过位置词汇传播——例如在图14.5中，虚线表示最
大高度，因此我们可以得出结论，球永远不会离开顶部。

⊖ 为了简单起见，这种表示有意遗漏了一些拐点。后来构建了一个更复杂的包含拐点的版本，
但是原理相同。

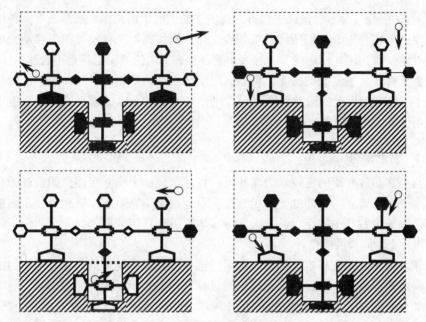

图 14.4　定性约束足以排除图 14.2 中每种情况下可能发生的碰撞。涂黑的地方被该特定场景的含义排除在外。两个球之间没有重叠的位置就足以排除碰撞

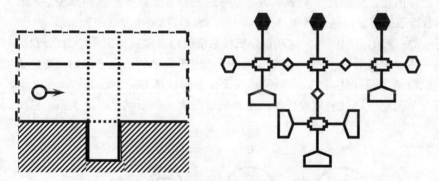

图 14.5　应用定量知识来删除定性的可能性。在这里，可以获得有关球的速度和高度的数字信息，从而可以计算出球的最大可能的高度。如右边删余的位置词汇所示，无法到达该高度以上的地方

14.2　度量图 / 位置词汇模型

　　FROB 提供了人类空间推理的度量图 / 位置词汇模型的一个简单例子。定量表征基于空间推理，并且我们假设植根于感知的过程可以用作涉及视觉关系的许多问题的预言。度量图组件构成了对这些功能的功能性观点，而不是对实现细节的要求。度量图的关键作用是计算形状和空间的定性表征（例如，表示空间的位置

词汇）。这些符号表示为情况关键方面提供了简洁明了的总结。当然，在某种情况下重要的事情会随着人们所做的推理而变化。例如，如果我们要考虑移动大小不同的对象，则 FROB 使用的"一种大小适合所有"的位置词汇将是不合适的。（稍后的例子将涉及更复杂的方案，例如，用于诸如时钟之类的运动学机理的推理以及关于车辆在地形上的运动的推理。）因此，定性的空间关系需要在一定程度上根据要用什么样的推理来计算。

14.2.1 贫困猜想

与第 2 部分介绍的定性动力学相反，在定量表征中建立定性空间表征的必要性似乎令人惊讶。尽管此处显示的数量表示与数字信息兼容，但此处显示的推理均不依赖于少数几个数字，并且大部分根本不需要任何数字。为什么我们不能在空间推理上做同样的事情？

作者认为这是有根本原因的。贫困猜想如下：没有纯粹的定性、通用的形状或空间属性的表示。这是什么意思？假设有这样的表示。作为一般用途，它应该支持如何组装一个复杂物体的推理，比如自行车。我们应该能够取出每个部分，单独计算它的表示，然后仅使用定性表征而丢弃定量信息。任何组装了某种东西的人现在都应该对此表示怀疑。给定一对零件，就可以很容易地看出它们是否能组合在一起。但是，要创建一个表示每个零件的先验方案以支持这种推理，本质上需要非常详细的定量信息（例如，在计算机辅助设计模型中发现的表示形式）。

考虑一类一般的空间问题，这在设计机械系统时很重要：给定两个二维形状，一个可以平稳地滚过另一个吗？一些定性表征适用于简单的情况（例如，两个正方形不能，而两个圆柱体可以）。但是，假设一个圆柱体有一个凸起，而另一个圆柱体有一个缺口，那么结果取决于凸起和缺口的大小和形状之间的关系（见图 14.6）。

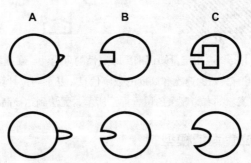

图 14.6　滚动问题的例子。A 列中的形状可以与 B 列
和 C 列中的形状平滑滚动吗？需要定量信息来回答这个问题；
孤立计算零件的定性描述不能解决这个问题

这就需要对这两个部分进行定量比较，从而失去了普遍性。尽管定性表征对于空间推理很有用（实际上是至关重要的），但似乎没有一种形状或空间的定性表征可以独立于一项任务细节的信息，甚至是关于该任务中的特定问题的信息进行计算。

可以说，这样的表示尚未找到，或者一个都不存在。人类的创造力令人印象深刻，几十年来人们一直试图创造这样的表示但都失败了，但这本身并不排除有人明天会发现一个。同样，人们在处理空间问题时会严重依赖于草图、图表和模型，这一事实只能为这种推测提供薄弱的证据。毕竟，人们可能会发现利用其强大的感知系统进行空间推理会更方便。最有力的论据是数学。数字的定性表征的力量来自于数值上总次序的存在，它们是一维的⊖。在更高的维度中，不存在唯一的总次序。因此，我们不能从定性空间表征中获得同样的力量——它们本质上比数字的定性表征更模糊。

这一直是一个有争议的说法。关于定性空间微积分的许多工作（在第 15 章中概述）都是出于证明它是错误的（Cohn，Renz，2008）。然而，作者认为所收集证据的权重继续支持这一点。例如，迄今为止发展起来的定性微积分种类繁多，表明没有一个微积分可以涵盖人们执行的空间推理的范围。正如下面的其他例子所示，基于 MD / PV 模型的系统能够在多个任务中进行人类级别推理。与往常一样，可以从三角测量中获得更多知识，这些证据来自认知科学多个领域。人工智能研究提供了关于特定任务需要什么样信息的证据。认知心理学为人们在任务中实际使用什么样的信息提供了证据。

14.3　MD/PV 模型的其他例子

尽管许多系统已经为这个模型的实用性提供了证据，但作者只关注两个研究领域，因为它们说明了定性和定量相互作用的强大程度。第一个是关于机械机制的推理，第二个是关于场的推理。下面依次讨论。

理解运动物体如何相互作用是空间推理的一个关键方面。比如，一个机械时钟。要理解这种机械系统是如何工作的，就需要结合运动学（即运动的几何学）和动力学的理解。动力学可以用第 2 部分讨论的思想来表示。这里重点讨论运动学。运动状态的表示应包括什么？对理解机械系统的人工智能程序的研究表明，状态的两个组成部分是①连通性，因为一个物体需要接触才能影响另一个物体的行为；②形状，因为物体的形状决定了它们的连通性。理解机械系统如何工作所涉及的推理可以分解为一系列基本推论，与定性动力学的推论类似：

1）寻找潜在的连接关系。运动学的位置词汇必须明确显示系统中物体之间的成对接触。

2）寻找运动状态。必须建立成对的接触关系来形成一个完整的运动状态。例

⊖　总次序意味着没有歧义：一个数字要么小于、要么大于、要么等于另一个数字。

如，此时仍需要一些定量信息来计算相对位置和大小，但是在此步骤中计算出的符号表示足以满足其余的推论。

3）寻找机械状态。这包括确定作用在物体上的力，它们可以自由移动的方向，以及在给定的运动状态下它们实际如何运动。

4）寻找状态转换。运动最终会导致连通性变化，从而提供运动状态转换。还必须找到动态状态转换（例如，摆锤消耗其动能）。

例如，时钟系统（Forbus et al.，1991）始于对机械系统各部分的扫描图像，并自动产生了诸如机械钟之类的系统构想，描述了它们是如何工作的（见图14.7）。零件的原始物理空间描述会自动转换为配置空间，其中轴是系统每个组件的角度。配置空间的定性表征对于机械推理极为有效，可以分析广泛的设计（Faltings，1992；Sacks，Joscowicz，2010）。

图 14.7 一个机械钟。通过扫描零件的照片，
可以对这样的复杂机械系统进行定性分析

第二条研究是关于一种非常不同类型的空间推理。许多空间现象是分布式的，例如解释一个区域的气压测量结果来构建对天气的描述。Yip 和 Zhao（1996）开发了一个优雅的模型，即空间聚集模型，来解决此类问题。它使用计算机视觉技术从空间分布的数据点中提取定性结构。由于这些定性结构以定量表示为基础，因此处理通常是递归的，使用一个级别的分析来提供一组新的更高级别的实体，然后在后续级别进行分析。因此，它是 MD/PV 模型的递归形式。来自其空

间聚合语言（SAL）的思想已被用于分析心脏的跳动、理解手机的传播方式以及构造天气前沿的描述（Zhao，Bailey-Kellogg，Huang，Ordomez，2007）。

这些结果提供了证据，即 MD / PV 模型足以建立在人类能力水平上执行多项重要空间推理任务的系统。这反过来提供了证据，证明至少在整体表现上，它是人类空间推理的合理模型。几乎可以肯定，如何计算空间关系的精确细节不是人类视觉系统的工作方式，因为这些软件系统的设计只在当今的计算机上高效运行。但是它们提供的广泛的表征能力证明了视觉系统计算是有用的。我们将在第 16 章中谈到这个问题。

14.4　心理学的分类 / 坐标模型

在人工智能定性推理研究的同时，认知心理学家还开始探索不同形式的空间表征之间的类似区别。Kosslyn（1994）提出空间关系可以分为两种。坐标关系明确引用了定量信息（例如，一杯咖啡距桌子边缘六英寸），而分类关系则更抽象，表明一个广泛的等价类（例如，一杯咖啡在桌子上）。从功能上讲，有机体可以计算这两种类型的表征：知道一个人可以将杯子放在桌子上只需要知道开放空间的区域大于杯子的底部，而实际上抓住它就需要更确切地知道它在哪里。有趣的是，这实质上是人工智能研究先前确定的定性 / 定量区别。空间类别只是满足给定关系的区域（即该空间中的点在某种目的上功能是等效的，这等同于对空间定性表征的定义）。

这种融合令人鼓舞，并且这两个领域所采用的互补观点和方法比任何一个领域都能产生更深刻的见解。认知心理学和神经科学领域已广泛探讨的两个问题是这些表征如何与记忆相互作用以及这种处理在我们大脑中哪个部位可能发生。我们依次总结。

假设我们看到一个对象的配置，稍后必须对其进行重构（可能是为了填补一个缺失的部分或为了识别我们是否看到了它的另一个实例）。对于人工智能系统，存储在长期记忆中的表示（当模型包括它时，通常不包含）通常是对原始编码内容的完美反映。例如，AI 系统可以存储为刺激计算的原始浮点坐标和空间关系，尽管特定系统可能只存储其中一个。人们的工作方式似乎不同。例如，空间记忆的类别调整模型（Huttenlocher，Hedges，Duncan，1991）提出同时存储定性和定量信息，但是定量信息的存储精度降低。为了从记忆中估计位置，定性和定量信息都通过贝叶斯方法进行组合，该方法使用与每种信息类型相关的误差分布。例如，在此类实验中使用的最常见的刺激是一个圆圈，要求参与者识别先前在其中看到的点的位置。假设空间类别是圆的象限，该表示的定量估计对应于该象限的中心。参与者确实扭曲了他们对类别的估计。这种效应非常强大，并且也有证据表明它发生在自然场景的位置估计中（Holden，Curby，Newcombe，Shipley，2010）。

　　神经科学可以提供有关哪些类型的处理过程相互关联或分离的证据。Kosslyn 等人的实验（例如，Kosslyn et al.，1989）表明，我们大脑的右半球更多地用于坐标处理，而左半球更多地用于分类处理。在人工智能模型和类别调整模型中发现的定性和定量推理之间的紧密结合表明，这种处理必须协调，而 Chatterjee 和他的同事（Amorapanth et al.，2012）确实在两个半球都发现了激活，尽管它们可能是根据所询问关系的性质进行差异激活。此外，他们认为有不同的神经系统来处理他们所谓的空间模式——本质上是定性的空间表示。这表明 MD / PV 模型确实在神经上是合理的。

14.5　一个统一说明

　　来自人工智能、认知心理学和神经科学的思想和证据描绘了一幅令人惊讶的统一画面。我们可以总结如下：

　　1）形状和空间的符号词汇对于人类的视觉和空间思维的核心。

　　• 这些词汇既包含实体（例如，上文所述）之间的关系，也包含引入以象征性地表示功能等同的空间区域（例如，表面上的空间）的新实体。

　　• 它们的组织反映了特定任务的概念区别以及视觉区别。

　　• 定性空间表征和空间类别是这些词汇中常用的两个术语。

　　2）定性的空间表征提供了概念表征和视觉表征之间的一座桥梁。

　　• 它们是由我们的视觉系统计算的。

　　• 它们为自然语言语义提供了空间表示。

　　• 它们可以用很少的信息进行快速推理。

　　• 它们支持高度空间领域的专家级推理，例如理解机械系统和解释空间分布的数据。

　　3）定性空间推理与定量表征和推理紧密结合。

　　• 与定性动力学不同，定性空间表征通常是从视觉或其他感知信息中提取的。

　　• 定性表征框架问题，可能需要定量处理才能回答。

　　• 用于空间情况的记忆通常同时包含定性和定量信息，这些信息用于重建检索的定量属性。

第 15 章　定性空间计算

定性地表示一种情况涉及创建一个关系网以明确显示在定量坐标表示中不明确的相关方面。但是是什么类型的关系呢？空间的微妙之处在将需要各种关系系统来捕捉人们对此进行推理的能力。人工智能在定性空间计算方面的研究为这些关系系统提供了候选词汇，并且已经有证据表明其中一些在心理上是合理的。本章以区域连接演算（RCC）为例，通过研究定性演算的基本概念来开始本章。然后，作者检查空间不同方面的各种计算，包括拓扑、距离和方向。

15.1　案例：区域连接演算

可以得出的最基本的定性区别集之一是拓扑。在数学中，拓扑是关于实体的连通性。想象一下平面上的两个斑点。它们可能会接触，也可能不会接触。也许一个在另一个内部，或者它们只是在接触。这些可能性以及与之密切相关的其他可能性，是拓扑计算必须明确的区别。

定性空间演算由一组关系组成。该集合必须满足两个属性。首先，这组关系必须互斥。就我们想象的斑点而言，这意味着一次关系中只有一个关系可以同时存在于它们之间。第二，这种关系必须是集体的。对于我们想象的斑点，这意味着它们之间存在一定的联系。总之，这两个属性可以通过排除来进行推理：例如，如果我们排除了除一个关系之外的所有关系，则该关系必须成立。

最著名和广泛使用的定性空间演算是区域连接演算（RCC），因此我们从它开始。这实际上是一系列的运算，它们描述了详细程度不同的拓扑关系。RCC8 具有八个关系，在表 15.1 中列出。这些关系有很好的数学形式化，但是为了目的，它们会使我们走得太远。[○] 从这些直观的定义中，你可以看到这些关系是互斥的。这两个逆关系对于使 RCC8 全面累加是必不可少的。DC、EC、PO 和 EQ 都是对称的；例如，当且仅当（DC O_2 O_1）成立时，（DC O_1 O_2）成立，因此它们是它们自己的逆。

○　形式化使用了从部分论到思想性和拓扑学的思想组合。有关详情参见 Cohn 和 Renz 的总结（2007）。

表 15.1   RCC8 关系

关系	解释
DC	不相连，两个斑点完全不同
EC	边缘连接。这两个斑点只是在一条线上或在一条线上一点，但是它们的内在是完全不同的
PO	部分重叠。两个斑点部分重叠，因为它们的边缘相交，一个边缘的某些边缘在另一个边缘内，反之亦然
TPP	切向适当的部分。一个斑点在另一个斑点的内部，但是仍然有一个共享的边缘
NTPP	非切向的适当部分。一个斑点完全位于另一个斑点内，其边缘没有重叠
EQ	等于。这两个斑点完全相同
TTPi	切向适当部分的相反
NTTPi	非切向适当部分的相反

假设我们有一个 RCC8 关系网络，该网络描述了涉及一组对象的某些但并非全部拓扑关系。即使是部分信息也可能会严重限制其余信息。例如，如果对象 A 与对象 B 不相交，而对象 C 在对象 B 内，那么对象 A 和 C 必须不相交。传递推理提供了这种直觉的形式化。假设 R_1 和 R_2 是与 RCC8 的关系，以致（R_1 A B）和（R_2 B C）能保持住。这些是什么关系可以知道有关 A 和 C 之间保持的关系，我们称它为 R_3？（由于 RCC8 总体上是穷举性的，那么一定存在一些 R_3。已知的信息是否足以唯一地确定它是另一个问题。）我们可以构造一个表，包括 R_1 和 R_2 的所有可能组合，以及 R_3 的哪些值与其相符。表 15.2 显示了一些说明性条目。

表 15.2   RCC8 的传递性表的部分说明

（R_1 A B）	（R_2 B C）	（R_3 A C）
…	…	…
NTPP	TPP	NTPP
…	…	…
PO	PO	没有信息
…	…	…

第一个具体条目对应于我们最初示例的逻辑。该表的某些单元格受到很好的约束。例如，NTPP（非切向适当部分）与 TPP（切向适当部分）会产生 NTTP，即完全在内部。然而很多条目并不那么受限。仅考虑区域之间的 PO 和 PO 关系，我们对第一和第三区域之间的关系一无所知。即所有关系都是可能的。实际上，表中的一半条目是不明确的。在 64 对可能的关系中，八对（13%）导致两个可能的答案，19 对（30%）导致三个可能的答案，两对（3%）导致四个可能的答案，以及三对（5%）完全不产生任何信息。

尽管如此，传递性推理还是有用的。再将定性描述视为关系网。有时可以合并多个传递性推理，以通过消除并非在所有析取项中都可能出现的关系来提供更精确的答案。这种处理在人工智能中称为约束传播（Mackworth，1977）。这是一种有吸引力的推理方法，因为它可以非常快地进行[⊖]，即使它没有给出唯一的答案，它也会缩小可能的空间，以便可以通过回溯搜索更轻松地找到解决方案。（对视觉中的 Necker 立方体现象的可能解释是，视觉系统中的约束求解器为描述三维的关系网络找到了两个解决方案。）从认知科学的角度来看，约束传播很有趣，因为在适用时，约束传播告诉我们可以廉价地进行计算。此外，约束网络适用于局部并行计算，因此对于从事神经模型工作的人们很感兴趣。

RCC8 已经在很多方面被应用。例如，RCC8 关系可以通过计算机视觉系统从图像中自动得出。移至这种定性的表示水平有助于确保语义上接近的场景具有相似的描述，并有助于克服传感器噪声的影响（Cohn，Magee，Galata，Hogg，Hazirika，2008）。RCC8 关系在指导其他空间关系的计算中也很有用，我们将在第 16 章中介绍它们。它们也可以用于一种定性的空间模拟。比如图 15.1，它描绘了两个空间实体在平面上移动和变换时可以经历的过渡序列。

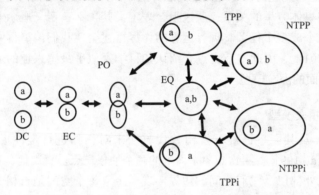

图 15.1　RCC8 关系之间的连续转换。这种邻接结构
也可以被视为这些关系的概念性邻域

成对的对象之间的 RCC8 关系定义了系统的定性状态（也许只是其中的一个组成部分）。假设实体本身的转换是连续的，则一对以 DC 开始的实体必须先到达 EC，然后才能到达 PO。同样，在到达 NTPP 之前，必须先从 PO 经过 TPP 或 EQ。因此，箭头基于形状的空间变换定义了定性状态下的可能过渡。例如，这已被用于推断病毒入侵细胞时所发生空间的方面（Cui，Cohn，Randell，1992）。

这种连续性的想法是对序列关系的高阶约束已被形式化为关系的概念邻域（Freksa，1991）。除了提供连续性，还提出了概念上的邻域作为关系相似度的度量。即两个对象为 PO 的情况比它们为 DC 的情况更接近它们为 EC 的情况。

⊖ 在离散变量的平面网络中计算所谓的弧一致性在变量的数量上是线性的（Mackworth，Freuder，1985）。

RCC8 是人们定性表征心理词汇的一部分吗？Knauff 和他的同事的实验结果表明是的（Knauff，Rauh，Renz，1997）。他们让参与者将图片分组，这些图片按照不同关系组成圆圈，类似于图 69 中的对，但是所有圆都消除了形状的影响以及各种度量和方向信息。参与者进行的分组与 RCC8 兼容。另一方面，Klippel、Li、Yang、Hardisty 和 Xu（2013）认为，进一步的实验表明，关系的集合更粗糙作为一种心理模型可能会更强大。例如，人们是否真的区分切向适当部分和非切向适当部分以及边缘连接和部分重叠的边缘？考虑到人类概念结构的丰富性，假设普遍使用单一表示形式是否有意义？Klippel 等（2013）还指出，拓扑结构通常不是人们从一种情况中提取出的最显著的空间属性：例如，相对大小通常很明显，但是大小不是拓扑属性。因此，更宽范围的定性计算，涵盖更广泛的空间现象，值得继续研究探索。接下来我们将转向这方面研究。

15.2 运算集合

RCC8 只是已创建的许多定性空间运算之一。大多数具有相同的基本特征：定义一组互斥和集体穷举的关系；通过组合表定义其含义；定义概念上的邻域，并将其应用于一个或多个任务。现有运算的详尽概述会使我们偏离得太远（请参见 Dylla et al.，2017），因此本节重点介绍认知科学家似乎最感兴趣的运算，作为人类空间表征方面的潜在模型。

15.2.1 拓扑相交模型

Egenhofer 及其同事已经开发出替代方法来对拓扑进行定性形式化（Egenhofer，Franzosa，1991）。再次想象平面上的两个抽象斑点。直观地，我们可以考虑它们的内部、外部以及它们之间的边界。现在想象每个空间是否相交。这就产生了 3 × 3 的组合可能性，从而导致 512 种可能的关系组合。但是，鉴于合理构成的斑点，大多数这些关系都是不可能的。例如，这些空间之间根本没有交集，暗示它们在不同的平面上。另一方面，对于大多数斑点，其外观将相交。因此，实际上可能存在的一组关系要小得多。关系集的大小取决于可以对斑点进行的其他假设。如果它们都是二维的，则产生的关系包括 RCC8 的关系⊖。如果其中之一是线段，则可能会产生其他关系，尤其是考虑到线段的两端可能与线段的内部、外部或边界有不同的关系。这就是 Egenhofer 的空间计算背后的见解。

用一种数学方法来表征一组可能的空间关系非常有用。但是这些在心理上合理吗？人们会使用它们吗？人们做出的区分与这种生成方案下的区分相比如何？为了对此进行调查，Mark 和 Egenhofer（1994a，1994b）进行了几次行为实验。使用了排序任务，为参与者提供了说明信息区域和线条的各种配置的卡片。区域总

⊖ 更多详细信息请参见 Galton（2001）。

是一样的。只有线是变化的。每个关系给出两个（在某些情况下为三个）示例，一个示例为直线，一个示例为曲线。他们被告知该区域是国家公园，而线条则是道路。他们被要求根据他们对这些配置的口头描述是否相同将卡片分类。在 28 位参与者中，有很大的差异。给定分析假设，在数学上有 19 种可区分的关系。确实有一些参与者区分了所有 19 种关系。大多数参与者确定了 9 ~ 13 种关系。有趣的是，在该论文显示的示例中，没有一个参与者违反了这些关系的概念领域。换句话说，使用数学上可区分的关系作为最具体的细节级别，在这个最具体的集合上进行的抽象始终是连续的。为了进一步说明这一点，研究人员还要求参与者对相同的 40 种刺激因素对 "道路横穿公园" 和 "道路进入公园" 两个说法的契合程度进行评估。参与者之间的共识很强，这表明从语言到这些空间关系存在稳定的约定映射，至少在上下文保持不变的情况下。

　　这些发现的普遍性如何？作者谨慎地指出，除了个人差异外，文化和背景因素也可以发挥作用。为了检查语言的效果，他们使用了讲英语和讲汉语的人的组合，并邀请了其他语言群体的参与者。大致而言，他们在使用同种语言的说话者之间看到的差异要大于他们在使用不同语言之间看到的差异。另一方面，他们认为话语的领域可能会很重要。他们所有的例子都是地理的。（他们的动机是了解人们的内在的地理概念，部分是为了使未来的地理信息系统 [GIS] 与人类的概念结构更兼容 [Egenhofer，Mark，1995]。）例如，如果告知参与者插图显示电路布局，他们会产生相同的簇吗？研究空间关系如何在几个其他空间域中与语言联系在一起，可以提供有价值的见解，以了解我们在语言和空间之间的映射有多普遍。

　　度量信息在空间语言定义中也起着重要作用。度量信息可用于进行其他区分，在某些情况下甚至可以覆盖拓扑信息。回到 Mark 和 Egenhofer（1994a，1994b），用 "退出公园的道路" 和 "终止于公园外的道路" 这两个词来形容的情况在拓扑上是完全相同的，只是度量属性不同。为了探讨这些问题，在一个实验中，参与者给出了绘制涉及区域和线条的空间配置的任务，这些区域和线条举例说明了 59 种自然语言的英语术语，例如沿着边缘、绕过、穿过、贯过、沿着、进入以及在内部。对图形进行了分析，以确定它们所包含的拓扑关系以及对于特定拓扑配置有意义的度量标准。考虑了三种类型的指标改进。第一种是分割率，例如，当一条线完全穿过一个区域时，子区域的相对大小是多少？或者沿着区域边界而不是区域外的边界线的比例是多少？一个拓扑关系案例分析产生了可以定义的七个不同的分割率，每个分割率都与多个拓扑关系有关。第二种类型是紧密度度量（例如，线的内部与区域的边界不重叠的距离是多少，线的重叠区域是线的延伸到区域的距离）。第三种是近似性，它综合了前两种。向 34 位参与者提供了卡片，其中包括描述公园的形状以及描述道路与公园之间关系的英语句子，并告诉他们画一条适合这种关系的道路。他们的分析表明，空间项可以分为两大类。一类由可以用单个拓扑关系标识的术语组成。例如，该术语避免始终将整条线放置在该区域的外部。另一类由具有与之相关的几种拓扑关系的术语组成。使用聚类分析来确定与每个术语相关联的度量参数的范围，从而提供一种字典，表示针对这种情况的语言和空间之间的转换。为证实这一点，使用了来自先前实验（如前所述）的五个空间术语附图的人为对象评级来确定词典选择的术语是否与这些评级相符。预测为显著的参数（例如，指标改进）在协议评级中确实非常重要。

15.2.2　距离计算

在不知道有关距离的详细度量信息的情况下，我们可以轻松地区分远近的事物。但是，根据环境的不同，我们所说的远近是不同的：西北部当步行的时候是在埃文斯顿市中心，如果驾车就在芝加哥附近，如果飞行就在明尼阿波利斯附近。旧金山，即使飞行，也很遥远，上海真的很远。我们可以在不考虑特定距离的情况下了解距离的这些相对度量。Clementini、Di Felice 和 Hernandez（1997）提出了使用有限符号代数的形式化，但根据数值间隔进行定义，并具有有助于限制其组成的属性。

15.2.3　定向计算

方向在空间配置中很重要。在处理大型空间时，我们通常会描述相对于主要地理位置的方向（例如，北，南，西北）。当处理狭窄的视觉空间时，我们可以类似地使用全局参照系（例如，上方，左侧）。所有这些简单的关系系统都可以视为定性空间计算。有一些极端的情况，尤其是当进入三维模式时，例如 Coventry 和 Garrod（2004）等已经观察到。在最坏的情况下，由于空间的影响，关系可能是集体穷举的，但不是相互排斥的程度。如果我们站在 24 层建筑物的第 12 层上，建筑物本身就在我们的上方和下方。从度量信息计算此类关系通常涉及（有时隐式地）基于代表参考对象的对象周围的边界框将空间划分为区域，并使用所定位对象位于该网格内的区域来分配关系（见图 15.2）。

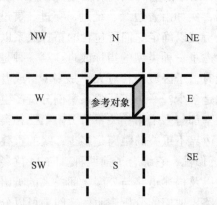

图 15.2　参考对象周围的全局方向网格

　　方向网格施加了简单的定性表征在它周围的空间上，尽管很粗糙。考虑到能从某个位置看到地标，可为更细粒度的显示奠定考虑位置环境的复杂性的基础。假设我们环顾四周，从左向右扫描，并注意到我们周围物体的顺序。这产生了一组对象，这些对象根据可见性将空间隐式地划分为一组定性区域（Röhrig，1994）。图 15.3 说明了两种这样的方案。

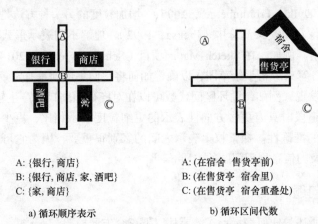

A: {银行, 商店}　　　　　　　　A: (在宿舍 售货亭前)
B: {银行, 商店, 家, 酒吧}　　　B: (在售货亭 宿舍里)
C: {家, 商店}　　　　　　　　　C: (在售货亭 宿舍重叠处)

a) 循环顺序表示　　　　　　　　b) 循环区间代数

图 15.3　循环关系代数。这些表示形式根据位置周围的一次扫描来描述位置

　　图 15.3a 显示了就一系列地标而言如何编码三个不同的位置。{ 银行，商店，家，酒吧 } 和 { 商店，家，酒吧，银行 } 在这里是等效的，因为它们表示地标的顺序相同，但起点不同。但是，地标的大小可能不同，并且与我们的位置的距离也不同，这意味着在我们进行扫描时，地标可能会重叠，甚至就我们的观察方式而言，一个地标甚至可能包含另一个地标。循环顺序代数的这些局限性推动了循环区间代数的发展（Osmani，2004），如图 15.3b 例子所示。一组与用于时间间隔的关系类似但被修改为适用于参考点周围位置的关系用于描述位置。当人们沿着图 15.3b 中从 A 到 B 到 C 的轨迹行进时，这些关系描述了两个建筑物在每个位置的相对位置。

　　任何基于位置的定性表征的演算都可以用于构造空间，将其分解为定性不同的区域（即位置词汇），这是基于构造区域内所有点具有相同的定性表征的区域。这提供了一种将定量空间表示形式（例如，地图、模型和图表）链接到定性模型的方法。例如，在没有 GPS 和路牌的情况下找到自己在地图上的位置时，可以通过这些周期性约束所施加的约束来对地图进行视觉搜索。（如果考虑到探索航海心理学的历史，而现在还没有关于人们是否实际使用定性描述来指导视觉搜索的数据，那会令作者感到惊讶。）

　　整体的参考框架通常不足以进行空间推理。考虑识别特定空间布局的发生，例如啤酒厂中设备的放置。如果要（小心地）旋转啤酒厂，则其零件内部布局的描述应保持不变。这需要使用相对取向关系。

相对方向关系始终具有一些参考对象，并且该对象相对于其进行定位。例如，如果采用以身体为中心（以自我为中心）的透视图，则将有一个具有关联方向（即前面）的参考对象。从这个角度来看，我们通常使用前 / 后和左 / 右作为定性区分来描述我们周围事物的位置。更细粒度的方法将方向划分为多个扇区，例如基于扇区的定向点关系代数（OPRA）系列（Lucke，Mossakowski，Moratz，2011；Moratz，Dylla，Frommberger，2005）。增加粒度的另一种方法是添加一个附加参考点，就像在单交叉演算中（Freksa，1992）。理解不同表示形式对不同任务的效用仍在探索。例如，在 Sketch-Mapia 项目（Schwering et al.，2014）中，使用各种定性空间计算来分析手绘草图，以确定如何将它们集成到具有定量信息的 GIS 中。研究人员发现，例如，循环区间代数可以在对齐街道路口时产生较高的精度，并且与对齐街道段时具有更多方向性表示的更细粒度表示相比，更少的方向关系可以提供更高的准确性。探索权衡表示之间的区别很重要，因为它可以揭示空间推理任务中涉及的信息处理问题的本质。

15.3　推理问题

如第 2 章所述，任何表示形式需要从以下三个方面检验：

1）就预期模型而言，其要素意味着什么？精心描述的理论显然比具有代表性的词汇更好，在这些词汇中，新的原始语言被剔除，或者由于对谓词使用了自然语言的冠词，其含义具有最好的提示性（McDermott，1976）。

2）代表性词汇中的描述如何从输入中计算出？在某些情况下，可以假定它们是由生物体中的某个子系统直接计算的（例如，视觉系统或自然语言解析器产生的表示规范）。但是在大多数情况下，可以根据需要提供的更多基本信息来计算表示形式。

3）如何将表示用于推理？它支持哪种推理？该推理的计算复杂度是多少？

本章中描述的定性计算提供了第一点的示例性模型，部分原因是其中许多是基于拓扑和符号学的数学公式。也有充分的证据表明可以从合理的输入中自动计算这些表示（例如，使用 RCC8 辅助视频分析）。SparQ 工具包中的资格操作（Wallgrun，Frommberger，Wolter，Dylla，Freska，2007）提供了从定量数据映射到许多定性计算的算法。因此，尽管这样的映射确实引起了有关噪声和设置适当阈值的有趣问题，但是它们可以从定量信息中得出。此外，这些表示中的一些已被提议作为要在涉及空间的自然语言的语义中使用的元素（Mani，Pustejovsky，2012）。因此，我们知道这些描述的确可以生成，以多种方式，并支持信息的增量积累。我们已经讨论了关于使用互斥和集体穷举关系集来定义代数以及使用约束传播技术来执行跨关系集的传递推理的第三点。这里我们再更详细地看一下计算复杂性的问题。

不幸的是，随着定性区分数量的增加，我们对 RCC8 的模糊性甚至会变得更糟。实际上，用这些计算中的几个进行推理是 NP-hard，这意味着它们不能在多项式时间内执行。[⊖] 这并不一定将它们作为一种认知模型排除：人们可以并且确实能够解决 NP-hard 问题，例如把盘子装进洗碗机和计划每天有很多停靠站的旅行，并取得了巨大的成功。但这确实意味着就我们可以从基于约束的推理而言，我们应该更加谨慎地假设。

这些复杂性结果是否意味着这些表示在认知模型中没有用？一点也不。首先，他们只关心从同一表示方案中的多个语句中挤出新信息。但这不是使用它们的唯一方法，就像视觉处理的应用程序和将草图与 GIS 对齐的应用程序。更广泛地讲，这些运算的空间关系可以用在公理中，这些公理将它们与其他类型的信息结合起来，以推理世界的其他方面。（例如，如果作者在移动时一直在画身后的地板，则作者应该规划轨迹，使其轨迹在门而不是拐角处结束，除非作者愿意在那儿站很长时间。）而且，这样的关系可以用于类比推理，在这种情况下，它们可以帮助确定正在查看的两个情况之间或当前情况与记住的情况之间的相似性（或差异）。最重要的是，他们做出与人们倾向于做出的区分相对应的区分。定性演算本身中的可推论，如果可以有的话，就算锦上添花。

15.4 小结

我们已经知道存在各种定性的空间演算，包括了人类空间概念的各个方面。拓扑的表示最受关注，因为它们是基础知识并且非常有用。但不好的方面是，文献中倾向于将拓扑和定性视为相同。在有关语言与空间之间联系的文献中尤其如此。例如，如果在大小、距离和形状方面不变，Talmy（2000）将关系描述为拓扑。但是，按照通常的数学意义，拓扑还意味着位置不变。因此，交换两个对象的位置，改变另一个对象的上方或下方（或彼此之间的左侧或右侧），将导致在拓扑上相同而非心理上相同的情况。Talmy（和其他研究语言的人）通常表示的是定性的，而不是拓扑的。拓扑关系实际是定性的，但并非所有定性关系都是拓扑的，正如上面对位置关系和距离、方向、方位计算论证的研究那样。美国缅因州小组自我描述的口头禅："拓扑重要，度量细化"（Egenhofer，Mark，1995）可能会更好地表述为"定性框架，度量细化"，因为很难相信距离、方向和方位无关紧要——他们自己的证据表明并非如此。定性表征的概念在认知科学的不同领域之间以及感知与认知之间架起了一座桥梁。

⊖ 如第 3 章所述，这里假设为串行处理。对于并行处理，通常可以降低时间复杂度，但代价是基于问题大小的处理器数量会呈指数级增长。考虑到有机体的硬件数量有限，除非输入的大小保持很小且有限，否则并行处理通常不是解决指数复杂性的可行方法。

第16章 理解草图和图表

人们经常使用草图和图表进行相互交流和思考。草图结合了我们的视觉和运动能力，可帮助我们思考事物尤其是当所考虑的问题包括空间方面时。借助笔（模拟或数字）和媒体可以方便地通过地图提供方向，解释系统如何工作以及创建新设计。但是仅凭图画是不够的：教科书中的图表包括标题，地图涉及文化习俗和传说，草图通常伴随对话，参与者在对话中声明和阐明绘画的预期含义。因此，了解理解图表所需的内容以及生成图表所需的过程，需要结合视觉、空间、语言和概念上的表示和过程。这使其成为认知科学研究的一个极具吸引力的领域。

阐明特定术语的含义将很有用。尽管每个草图都可以看作是一个图表，但作者将遵循保留"图表"的通用约定，意指经过专业准备的图纸，通常随附标题和/或其他文本，必须对其进行解释，而不必与制作它的任何人进行互动。其他所有内容都将描述为草图。区别很重要，正如我们将在下面看到的那样，因为手绘草图在解释时会带来其他系列问题。

本章探讨草图理解研究，以了解如何利用定性表征和推理来创建获取人类草图和理解各方面的系统。我们首先简要地看一下认知科学的几个领域是如何研究草图的。然后，我们描述草图理解的 nuSketch 模型：以使用 CogSketch 系统（Forbus, Usher, Lovett, Lockwood, Wetzel, 2011）为例。接下来概述 CogSketch 中使用的表示和推理的基础。然后，我们描述一些使用 CogSketch 对认知现象建模的实验，即学习空间介词、描述约定的推理和视觉问题的解决。后者特别有趣，因为它表明 CogSketch 作为高水平视觉的模型，可以在包括 Raven 的渐进式矩阵在内的多种测试中提供人为水平的性能。

16.1 草图和图表的研究

绘画是一个长期吸引认知科学家的话题。儿童绘画是用来洞察儿童对世界的理解及其随着时间如何发展（Piaget, Inhelder, 1956; Van Sommers, 1984），包括认知能力如何随年龄和疾病而变化（Lange-Kuttner, Vinter, 2008）。

图表是做什么？在第14章中提到的度量图/位置词汇模型，表明它们有两个目的。首先，它们使我们的视觉系统可以用作一类空间查询的预言，不必推理一个对象是否在另一个之上，我们可以简单地查看它们是否都在图中进行了描绘。其次，正如 FROB 的弹跳球世界所看到的那样，它们为视觉系统所计算的空间的定性表征提供了外部锚点。Larkin 和 Simon（1987）提出了第三个目的，通过将参考文献转移到外部媒体上来扩展我们的短期记忆。这三个目的都是人们使用图表的充分理由，特别是考虑到我们的视觉系统功能强大。贫困猜想表明，鉴于定性表征的简洁性的价值以及从定量空间信息中动态计算它们的必要性，这种适应性可能对任何智能系统都很重要。

在人工智能中，一直存在两条几乎不重叠的研究线涉及素描。一个重点放在图表上，包括建模人们如何理解它们，构建可以理解它们并在某种应用中使用该理解的系统以及开发基于图表的新表示形式和推理方案（例如，Cox，Plimmer，Rodgers，2012）。另一个侧重于草图识别，目标是识别某人正在绘制的实体。通常，这样做是为了向其他一些软件系统（例如，地理数据库或计算机标识符）提供输入设计程序。实体类型的词汇表是作为应用程序的一部分创建的，统计机器学习技术用于学习如何为新的草图实体标识其类型。此类系统的输入要求有所不同。有些使用的图像是通过摄像机收集的，例如 PARC 的 ZombieBoard，它将手绘的白板图像转换为 PowerPoint 图、表和项目符号点（Saund，Fleet，Larner，Mahoney，2003）。有些人使用通过鼠标或数字笔收集的数字墨水，其中包括每个点的时间信息及其位置，从而使系统能够像专心注视着人绘画一样使用速度信息（Hammond，Davis，2005；Valentine et al.，2012）。一些通过使用自动语音识别生成的文本来补充数字墨水，从而提供了另一个表达意图的渠道。因为草图识别和语音识别都有噪声，所以两者都可以提供鲁棒性。例如，在 QuickSet 中（Cohen et al.，1997），将两个识别器的前 N 个假设的列表进行比较，将出现在两个列表上的最高排名假设作为输出，这提高了准确性。

识别方法侧重于输入的自然性。如果目标是使现有软件应用程序更易于使用，则这是一种非常好的方法。但是，现有技术具有几个明显的局限性。首先是它仅适用于实体的预定义词汇。这要求对领域进行工程设计并培训用户以保留其中。⊖其次，当今的机器学习技术往往需要大量的训练数据才能达到合理的准确度。对于某些应用程序（例如，经常在单个领域工作的专家，如工程师或军事指挥官），识别方法可以提供相当的流畅度，并且比传统的图形用户界面要好得多。但是，当被认为是人类素描的模型时，它就有缺点。我们可以识别出何时草绘的东西与预期的东西不符，从而动态地调整我们的期望。我们在绘制草图时设置了本地约定（例如，一个点可能代表一栋建筑物，而外观相似的点可能代表哥斯拉正在靠近建筑物）。换句话说，我们可以自由地画出我们的世界知识，这个世界比任何固定域草图识别系统都可以处理的数量级大几个数量级（通常是几十个）。因此，作

⊖　例如，在一个涉及军事草图识别系统的实验中，参与者被要求预先指定不同种类的实体将使用哪种名称（即相位线的颜色名称，如"相位线蓝色"）。

者认为需要采用不同的方法来模拟人们如何理解草图。作者相信，接下来将要描述的新模型使我们更接近于创建可以与他人互动时进行草图绘制的系统。

16.2 草图理解的 nuSketch 模型

人对人之间的素描是什么样的？通常，参与者是在同时绘画和交谈，产生代表他们思想各个方面的实体。我们称这些实体为字形。字形可以代表物理对象（如建筑物）、抽象实体（如地震）以及其他实体之间的关系（如箭头）。要建立共识，既需要相互理解字形、它们的含义，也需要它们对情况的共享理解的含义。在草绘中，参与者必须解决三个问题：

1）分割。考虑将哪些墨水一起以形成字形？

2）概念标签。字形的预期概念含义是什么？

3）含义。在互动的背景下，到目前为止，草图对参与者应该考虑或做些什么？

解决这些问题的方法有很多，有些方法比其他方法更加专业。草图识别研究集中在前两个问题上，它依赖于固定的上下文（例如，向其他软件系统提供输入）作为第三个问题的解决方案。因此，让我们首先关注前两个问题，然后很快再讨论第三个问题。

在草图识别工作中，经常使用试探法，就像将笔从页面上抬起或长时间停顿来自动分割墨水。如上所述，在该方法中的概念标签来自于油墨识别器，该识别器将字形识别为其词汇的元素，或将其与语音识别器的输出相结合。这些解决方案没有一个是普通的。人们在思考时经常会停下来拿起笔，尤其是在进行创意设计或学习时。大多数人不是艺术家，甚至艺术家在绘制草图时绘画的准确性也不足以支持识别。考虑一下，例如，图 16.1a 显示了澳大利亚艺术家 Shonah Trescott 在进行绘画时所绘制的草图，而图 16.1b 是与之相比的绘画本身。

注意使用手绘笔记来指示预期的颜色和实体。鉴于我们大多数人都不是艺术家，因此最好将识别视为一种催化剂，这是有时可用的关于概念标签的证据来源，但总的来说不能依靠它来充实。

草图识别是一个难题，已经有几十年了，例如比语音识别，工作更少，人更少。语音识别研究始于 20 世纪 70 年代，但是直到最近十年，听写系统才变得足够好，可以被人们大范围经常使用。而且由于识别充其量是催化剂，因此在其余时间我们将做什么？像人们一样，依靠自然语言在当前是不切实际的。这让我们的团队意识到，寻找分割和概念标签的替代方法将是在理解草图含义上取得进步的有用方法。我们的方法是使用简单的工程解决方案：我们提供的界面使用户能够告诉软件他们如何分割墨水并提供概念标签。例如，在使用此模型构建的 CogSketch 系统中，开始绘制并在完成绘制字形后，单击"完成字形"按钮。提供了编辑工具，以便他们可以根据需要将墨水重新组织为不同的字形。这种针对分割的手动解决方案需要用户做更多的工作，但又不需要他们忘却很多习惯（例如，从不拿起笔或在绘画时暂停思考），也不需要他们纠正可能会中断人们思考的系统错误。同样，提供了一个界面，使用户可以基于大型知识库中的概念，告诉CogSketch 他们的字形意味着什么。$^{\ominus}$ 因此，我们回避了前两个问题，而赞成侧重于第三点：我们应该如何对草图进行推理？

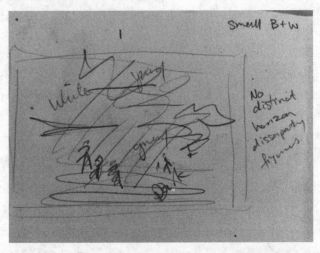

a)

b)

图 16.1　为创造力而素描。图 a 是 Shonah　Trescott 在北极时绘制的草图。
图 b 是她后来根据草图绘制的画。（经艺术家许可使用。）

我们认为，对草图的理解是基于空间和形状的定性表征。由 nuSketch 系统生成的表示旨在成为人类视觉系统生成的表示的各个方面的模型。如下所述，这包

括提供区分以检测某些空间介词以及捕获重要信息的关系，以及获得人类视觉思维的各个方面。

16.3 CogSketch：表示和处理

CogSketch 是当前草图理解 nuSketch 模型的执行工具。尽管其架构和内部结构具有 AI 读者感兴趣的方面，但对其进行详细描述将使我们在这里偏离太远。因此，在本章的其余部分中，我们仅关注于表示和执行的处理，以将建模的讨论作为基础。

CogSketch 从数字墨水开始。每块墨水都包含一系列的点，每个点包含一个时间戳以及 X 和 Y 坐标。⊖ 它将对墨水重新采样，以提供沿笔画均匀间隔的点的替代渲染，以简化曲率计算。默认情况下，CogSketch 计算字形的某些属性，例如字形的圆度，以及如果不圆的话，其长轴和短轴多大。可以在成对的字形之间计算 RCC8 关系（见第 15 章）以提供拓扑信息，并且还可以计算位置关系（例如，上方，左侧）。

CogSketch 支持的视觉语言定义了三种字形（见图 16.2）：

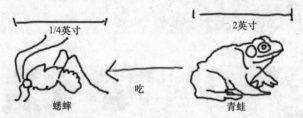

图 16.2 三种字形的示例

1）实体字形描述了所描绘的世界中的特定实体。实体字形的示例包括人物、树木和房屋的描绘。在图 16.2 中，青蛙和蟋蟀是实体字形。实体字形还可以用于描述抽象实体，如事件（如，正在运行）。

2）注释字形描述实体的属性。一些注释字形是抽象的（例如，指示物理量的值，如容器的容量）。一些注释字形指示如何测量视觉属性（例如，图 16.2 中蟋蟀和青蛙的长度）。其他注释字形指示方向（例如，旋转、线性运动或作用力的方向）。

3）关系字形描述了另外两个字形所描述的事物之间的关系。它们总是以箭头的形式绘制，并且关系的参数由箭头的头和尾最接近的位置指示。⊖ 图 16.2 中的

⊖ 虽然某些设备提供了额外的信息，例如支持悬停时的笔触压力或与屏幕的 Z 距离，但为了便于携带，CogSketch 会将这些额外信息丢弃。这限制了它的能力，例如，用笔悬停在字形上来集中注意力。我们用选择字形来代替，就像在文字处理器中选择一个单词或句子一样，作为表示注意力集中的一种方式。

⊖ 实际上，它更加微妙：CogSketch 根据关系的语义过滤附近的候选对象，为方便起见，用户可以覆盖其对绑定的判断。

"吃"箭头表示青蛙在吃蟋蟀。根据选择的关系,任何类型的字形都可以是关系字形中的自变量,包括注释字形和其他关系字形。

这种视觉语言非常强大。例如,它足够强大可以表示概念图,并且超出概念图的范围即可支持表达关系的基本原理。CogSketch 区分视觉信息和空间信息。视觉信息由构成字形的数字墨水的属性组成。空间信息由字形在所描绘的情况下描绘的实体的属性组成。通过用户指定的类型和姿势,CogSketch 有助于理解这些预期的关系。草图的类型构成基本的视觉空间关系。CogSketch 目前支持三种类型,我们认为这与人们素描时使用的最常见惯例相对应:

• 摘要:无法从数字墨水的视觉尺寸和位置中直接提取空间信息。这种类型的示例是电子电路原理图和流程图。

• 物理:所描绘的具体实体的视觉属性用于表示其空间属性。示例包括物理系统图。

• 地理空间:类似于物理视图,但是应用了地图元素的空间语义(请参见下文)。

草图的样式详述了如何将视觉坐标转换为空间坐标。对于抽象视图,当然不存在姿势的概念。对于物理视图,从侧面构成看的默认外观是草图可视平面中的 X 和 Y 坐标转换为物理世界中的 X 和 Z 坐标。其他姿势也会执行其他转换(即向下看会将视觉平面中的 X、Y 转换为世界中的 X、Y)。对于地理空间草图,视觉平面中的 X、Y 分别转换为东西轴和南北轴。姿势也会影响位置关系的计算(例如,在侧面看的物理草图中如果 A 在 B 的左上方,则如果将同一草图解释为地理空间草图,则 A 在 B 的东北方)。

当人们画草图时,经常将草图分为描绘特定的状态或替代方案,就像漫画家绘制漫画时。CogSketch 视觉语言的另一个重要特性是,它可以将草图组合成更大的结构。草图始终至少包含一个具有特定类型和姿势的子草图。但是草图也可以包含多个子草图。每个子草图也是元图层中的字形,它描绘了草图中的所有子草图。可以绘制箭头来描述子草图之间的关系。这使连环画的绘制可以显示行为如何展开,如图 16.3 所示。也可以使用多个子草图来描述系统上的视图替代点(例如,工厂所在的位置以及某些关键设备的工作方式)或解决设计问题的替代方法。

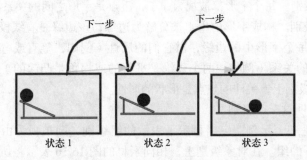

图 16.3 草图可以包含多个子草图。在元图层上,子草图被视为标志符,
可以参与关系。此连环画说明了球沿坡道滚动的行为

CogSketch 中内置的一个假设是，默认情况下，关系仅在本地邻域内计算。为了确定两个字形是否相邻，基于构成每个笔画的点来计算 Voronoi 图。（一组点的 Voronoi 图是通过与一对点等距的线将空间细分为单元格。）当在 Voronoi 图中至少有两个点（其中一个来自每个字形）相邻时，两个字形就完全相邻。猫素描的 Voronoi 图如图 16.4a 所示，在图 16.4b 中线表示将针对其计算位置关系的字形对。

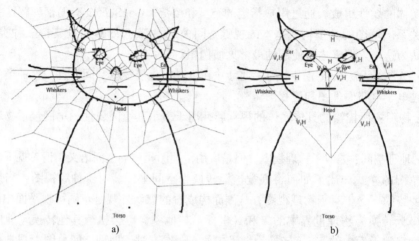

图 16.4   Voronoi 邻接区域（图 a）用于确定要计算其之间
位置关系的部分，如图 b 所示

例如，CogSketch 将计算出胡须在身体上方和耳朵在胡须上方，但不会自动推论出眼睛在身体上方，因为头部干预。此外，默认情况下，位置关系仅在 RCC8-DC（即不相交）的相邻字形之间计算。这就是为什么它不自动计算头部和其他物体之间的位置关系的原因。当然，使用 CogSketch 的模型可以进行查询以导出任意一对字形之间的位置关系。

CogSketch 的二维描述结合了三种表示形式：

1）组级别。根据格式塔原理将字形组合为单位。组的属性及其之间的关系是此级别的关注焦点。

2）对象级别。每个字形都被视为原子，重点是字形之间的关系。

3）边缘级别。构成字形的墨水被分解为边缘，该边缘是直线段或曲线，并由角分开。对于每个字形中的边缘，对它们的属性（例如，笔直或弯曲）以及形状中的边缘之间的关系（例如，两个边缘是平行的或拐角是凸起的）的定性描述进行运算。在此级别上，关注的焦点是形状的属性。

图 16.5 阐明这三个级别。

图 16.5a 是一个示例，突出显示了表示的组级别，圆被视为由正方形组成的（单项）组之下的组。在对象级别上，相同素材的图 16.5b 表示将所有三个实体视为独立的，因此，例如，可以确定一个圆在另一个圆的左侧。最后，图 16.5c 的

渲染图放大为正方形，以表示图画的边缘水平，从而显示形状如何分解为通过节点连接的边缘。还有关于表面的三维解释的第四层。CogSketch 可以使用计算机视觉中的技术将实体划分为表面，然后可以在三维中进行推理和匹配（Lovett, Dehghani, Forbus, 2008；Lovett, Forbus, 2013）。

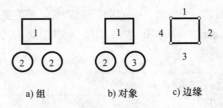

a) 组　　　　b) 对象　　　c) 边缘

图 16.5　CogSketch 的三个主要表示形式的示例

这些级别及其中的表示在多大程度上为人类视觉的各个方面提供了模型？对于视觉中的层次表示法，有很多可靠的论据（Marr, 1982；Palmer, 1978）。视觉研究的证据会尽可能推动 CogSketch 计算的表示的细节。但是，与任何计算模型一样，始终存在可识别性问题。我们的某些描述是针对信息处理约束而开发的。例如，边缘级别表示提供了有关对象形状的详细信息，但是就实体的数量和它们之间的关系而言，它们可能相当大。这增加了工作记忆负载，并使模拟匹配更加困难。因此，我们介绍的一种表示是边缘循环（McLure et al., 2011），它将连接的边缘集具体化为轮廓。如图 16.6 所示，这可以大大节省描述的大小，并因此节省后续处理的复杂性。

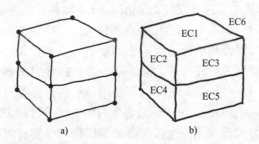

图 16.6　边缘和边缘循环，如 CogSketch 在手绘图上所发现的两个堆叠的盒子。

图 a 是找到的 14 条边和 10 个节点。图 b 标记了针对同一草图计算的

六个边缘循环，其中 EC6 对应于外部

CogSketch 既可以作为认知模拟，也可以作为基于草图的新型智能教育软件的平台进行开发。它所包含的认知模型在这些新型的教育软件中起着至关重要的作用：例如，草图工作表（Forbus et al., 2017；Forbus et al., 2018；Yin, Forbus, Usher, Sageman, Jee, 2010）使用类比（SME，第 4 章）将教师的素描与学生的素描进行比较，以提供反馈。尽管作者认为此类软件可能会对教育产生变革性的影响，但我们在此不做深入讨论。

16.4　学习空间介词

空间语言的一个重要方面是空间介词。介词在任何语言中都是相对较少的术语集（与名词和动词的数量相比），以对文化重要的方式简洁地封装了空间世界的各个方面。认知科学研究已经揭示了空间介词的许多重要特性。首先，它们在不同语言之间差异很大。例如，由英语中的接触介词的空间介词处理的情景集 on 和 in 与荷兰语 op、aan、om 和 in 中的四个区别相对应（Gentner，Bowerman，2009），如图 16.7 所示。

英语	荷兰语	关系	示例
on	op	从下方支撑	
on	aan	悬挂附着	
on	om	接触包围	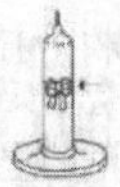
in	in	容纳	

图 16.7　英语和荷兰语的联系介词。图来自 Gentner 和 Bowerman 的原创论文

大致上，op 涵盖了来自下方的支撑情况，aan 涵盖了悬挂附着的情况，om 涵盖了接触包围的情况，以及 in 涵盖了容纳的情况。一些语言有其他语言没有的区别（例如，韩语区分紧音和松音，而英语则没有）。有趣的是，儿童在学习语言时似乎将其敏感性转移到了空间关系。就是说，小于 24 个月的孩子对语气强弱很敏感，但是当他们学习一种语言时，如果不使用他们的语言编码该区别，他们就变得不那么敏感（Choi，2006）。这表明语言学习的一部分可能正在改变一个人的默认编码策略，以更好地反映出一个人所需要的区别，以便有效地与语言社区中的其他人进行交流。

如何学习空间介词？ Kate Lockwood（Lockwood，Lovett，Forbus，2008）通过对描述典型情况的草图进行类比归纳来探讨这一问题。想法是为每个单词创建一个归纳库，作为该单词的模型。也就是说，由 SAGE 创建的归纳和离群点示例（第 4 章）随后可以用于通过类比检索对哪种空间介词适合它的情况进行分类。

在学习语言的过程中，孩子会获得很多例子。但是，模拟并没有尝试学习该语言的所有单词、语法或语言习惯。因此，考虑到模拟所处的环境更简单，使用更少量的示例情境就足够了。所使用的情境来自 Gentner 和 Bowerman（2009）的一项研究，该研究检验了以下假设：因为对于接触情况荷兰语比英语具有更多介

词，荷兰儿童的学习速度会较慢。确实是这样，他们使用的一组素材是 32 个场景，荷兰语中每个介词对应 8 个场景，图 16.8 中对此进行了说明。

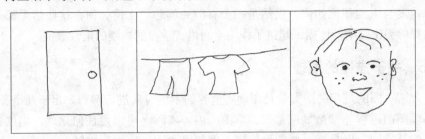

图 16.8　涉及接触的空间介词的三个素材的示意图。在荷兰语中，
前两个用 aan，最后一个用 op，而在英语中，所有三个都用 on

这些素材被用作测试案例，但是由于它们具有代表性，Lockwood 使用了它们的草绘版本作为训练集。因为概念信息在判断时是相关的，描绘对象的字形被用 CogSketch 知识库中的概念进行标记（例如，脸上的雀斑就是"表面生理特征"概念的实例）。

绘制了 32 个素材的草图，每个术语用荷兰语绘制了 8 个（英语中的 in 8 个，英语中的 on 24 个）。为了学习每种语言，为每个单词建立了一个归纳库（英语中的 in、on，荷兰语中的 in、om、aan 和 op），并为每个素材都贴上了适当的标签。交叉折叠验证用于测试，一部分素材用于测试，其余用于训练。该系统的答案是通过对归纳库的并集进行类比检索而产生的，选择包含最相似的归纳（或离群值）的归纳库。结果见表 16.1。

表 16.1　学习荷兰语和英语空间介词的结果

	英语				荷兰语		
	#	%	p		#	%	P
	正确	正确	数值		正确	正确	数值
in	6/8	75	<0.2	in	6/8	75	$<10^{-4}$
on	21/24	87	$<10^{-4}$	op	7/8	87	$<10^{-4}$
				aan	6/8	75	$<10^{-4}$
				om	8/8	100	$<10^{-4}$

即使每个单词只有 8 个样本素材，该系统仍能够学习对英语以外的所有语言都产生具有统计意义的结果的模型。仔细检查这些情况，发现其中两个特别难以表示："书中的花朵"这意味着印刷书本上的花朵，难以表述，并且由于 Research-Cyc 的形式化方面的限制，"毛巾上的孔"不能成功描述。基于更多的例子，作者希望该模型也将在介词 in 上发挥重要作用。重要的是，要注意，儿童学习得并不很快。我们认为，关键的区别在于，该系统面临的学习问题比儿童面临的学习问题简单得多。在这里，设计的条件集中在特定的介词上，而不包含自然条件下的

其余内容。此外，与原始视觉输入相比，使用草图作为输入可提供更精细的描述。给定更多自然的输入，我们期望通过类比归纳更多的素材用来研究正确的模型。学习速度与人类相比如何，当然是一个有趣的问题。无论如何，这些结果都是令人鼓舞的类比归纳的证据，超过了作为空间语言学习的模型的定性表征。

16.5 关于描述的推理

理解草图的过程的一部分是用现实世界的术语对其进行解释。出于几个原因，解码草图的过程非常微妙。首先，草图的内容实际上可以是任何东西。当然，最常见的是空间。但是有一些图形约定，例如概念图（Novak，1990），它甚至可以使非常抽象的想法成为草图。这将我们引到复杂性的第二个来源：文化习俗。例如，地图上的符号无意作为对其所代表实体的垂直描述：例如，道路地图上的小城镇可以显示为点，而城镇本身的地图将描述其中的区域。另一方面，城镇的旅游地图只关注特定街道和显示感兴趣的建筑（或已付费使用的商家），以向游客建议要做的事情。[○] 最后，细微之处的第三个来源是，需要提取草图所隐含的关系，以便适当地推断其内容。草图理解的一个重要组成部分是描绘理论，它描述了人们如何在草图中编码他们的想法。尝试创建这种理论的历史可以追溯到 20 世纪 80 年代（Reiter，Mackworth，1989），但即使到今天，现有的理论仍不完整。尽管如此，它们确实提供了一些关于视觉、空间和概念知识如何在理解具有文化习俗的草图中相互作用的见解。

让我们从草图地图开始，它用于规划军事行动（见图 16.9）。

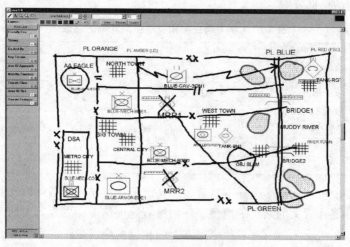

图 16.9 一个动作过程图

这种地图可以使用记号笔在纸质地图的醋酸盐覆盖层上或使用数字墨水来绘

○ 这些装饰通常会导致街道不切实际的几何变形，从而导致其中许多街道产生适得其反的警告："请勿用于导航。"

制，以通过分布式数据库与其他人通信。字形的视觉属性与其表达的关于真实世界的关系是惊人的微妙。通过查阅参考资料和与领域专家合作，我们发现，为了理解其中涉及的视觉空间翻译，可以将它们分为五大类（Forbus，Usher，Chapman，2003）：

• 位置字形指示某物的位置。军事单位就是位置字形的一个例子。它们的位置很重要，但是它们被绘制的大小并不能说明它们的力量或组成该单位的人员和设备在地面上占据的足迹。对于提取位置而言唯一重要的视觉属性是其边界框的质心。

• 线条字形代表一维实体，其内容的宽度不依赖于其笔画的宽度。在大多数草图中，道路和河流都是线形的示例。它们所描绘的宽度通常很关键——一次可以在道路上移动多少辆车有助于确定一个单位可以移动多快，而过宽的河流可能成为无法逾越的障碍。但是，按照草图的比例，对绘图技巧的要求太高，无法描绘出来。因此，惯例是简单地省略宽度。

• 区域字形表示其位置和边界很重要的区域。表示地形（如高山和湖泊）和规划中使用的区域（如集合区、战斗位置）的字形是区域字形的示例。

• 路径字形类似于线条字形，但是它们的宽度很重要，并且它们具有指定的起点和终点。在军事行动中，必须限制计划中的行动以与其他单位协调。

• 符号字形用作需要在草图中描述的抽象实体的视觉参照物。军事任务通过符号字形表示。有时，有一些惯例可以等同于抽象概念的规则，例如在要防御的城市周围绘制防御任务的符号。但是这样的惯例在专家之间是有差异的，这就是为什么草图总是伴随着提供无法在草图上描绘的信息的叙述的原因之一。

结合对这些惯例的理解，CogSketch 的前身可以被军官用作来生成作战计划的更大实验系统的一部分。在美国陆军进行的一项实验中，指挥官很容易学习组合系统，使他们能够在不影响其创造力的情况下更快地制定计划（Rasch，Kott，Forbus，2002）。

人们在使用 CogSketch 画草图时所提供的概念标签仅用于获取他们在与他人画草图时会明确提供给其他人的信息。这仍然留下了根据我们对世界的了解对草图内容进行日常推断的问题。例如，请考虑图 16.10 中绕太阳公转的地球草图。

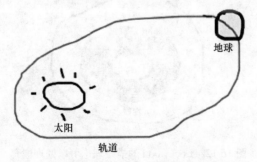

图 16.10　对地球绕太阳轨道的描述。利用概念和语言知识，CogSketch
能够推断出行星内部是行星的一部分，而轨道内部不是轨道的一部分

　　我们认为太阳和地球内部的空间是它们的一部分，而我们不认为轨道内部的空间是轨道本身的一部分。这是 Lockwood、Lovett、Forbus、Dehghani 和 Usher（2008）称为概念分割的一个示例。图 16.11 说明了另一个概念上的分割问题：用户绘制了一个水箱作为一个字形，另一个字形代表水。

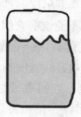

图 16.11　从表示容器中水的线，CogSketch 能够
推断出水的空间范围是由该线和容器内部界定的区域

　　人们通常不会绘制出水占用的整个区域；在这种情况下，他们只是画水面，然后指望其他参与者弄清楚他们的意思。我们如何以普通方式可靠地得出这样的推论？

　　Lockwood 及其同事（2008）的解决方案很简练。她观察到，Cyc 知识库中的概念和语言知识为推断有关字形的相关信息提供了基础。如果实体的语言表达是质量名词（例如，"水"或"油"），即来自 Cyc 概念 TangibleStuffCompositionType 的子类，则其描述应该是一个区域，此外，它将补充描述它的对象下面的任何空间。在这种情况下，CogSketch 寻求一种与可以作为 container 容器实例的东西（在 Cyc KB 中，给出其概念标签）在视觉上的交集，并使用其视觉功能来构造所描绘实体的其余部分。类似地，如果实体是物理对象 PhysicalObject 的实例，则在大多数情况下，它仅使用字形轮廓作为实体的范围（如在太阳和地球中）。容器是一个例外：容器的内部用作其范围。最后，如果实体是路径 - 空间（Path-Spatial）的实例，则字形本身的线用作其范围。这种例子不仅包括图 16.10 和图 16.11 之类的示例，还处理嵌套的实体（见图 16.12）。

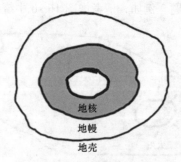

图 16.12　Lockwood 的描绘理论可以处理嵌套
实体的解释。这里，系统突出显示与地球地幔相对应的区域

　　如何习得这样的约定？正如你现在可能期望的那样，作者相信类比学习至关重要。另一个描绘中的重要问题是在给定一对实体之间存在的视觉关系的情况下，推断应该在它们之间有什么概念关系。例如，考虑图 16.13 中的独轮车。

　　在视觉上，成对的字形之间有很多接触关系（用 RCC8 术语来说是部分重叠或边缘连接），但是如图 16.13 所示，它们的解释有很大不同。表示车轮的字形正在接触表示地面的字形，我们将其视为车轮位于地面上方并停放在上面。表示手柄的字形与表示机箱的字形相接触，我们将其视为将手柄连接到机箱。同样，代表车轴的字形位于代表车轮的字形的内部，我们以此来表示车轮可以绕轴旋转。但是代表石块的字形位于代表垃圾箱的字形内部，我们认为这意味着石块恰好位于垃圾箱内。这些都是惯例，是通过经验学到的。

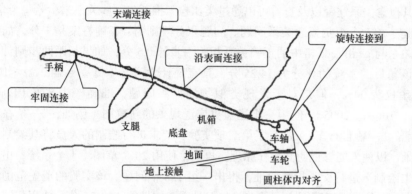

图 16.13　草图中的视觉关系可以表明概念关系。
独轮车的草图上标注了零件之间的关系

　　CogSketch 提供了一些基本链接来支持推断此类关系。如果一对图形在接触，则存在一个假设，即所描绘的两个实体之间存在 atOrOverlapsInSketch 的特殊化关系。（一个类似的关系 insideInSketch，发生在当一个图形在另一个图形内部时。）这些关系与 Cyc 本身相关，因此在每种情况下可能存在的所有可能的关系都是这些关系的特殊化（即 genlPreds）。潜在关系的集合非常大：最糟糕的情况是 atOrOverlapsInSketch 和 insideInSketch 分别为 204 和 150。这些数字通常较小，因为有关实体的类型信息可以用来过滤候选对象，但通常平均有 100 多个可能的候选对象。但是，当我们查看草图时，通常会直接想到关于应该保持什么关系的合理假设。这种由经验决定的即时推断，似乎是可以通过域内类比推理进行的推理。

　　可以使用类比学习来收集有关此类惯例的信息并将其应用于新情况吗？让我们考虑最简单的类比学习模型。给定代表经验性草图集，最简单的方法是，在给定新草图时，使用类比检索找到最相似的先验经验（通过 MAC / FAC），然后将映射产生的候选推论用作推测这个问题的答案，"关于所描绘的对象之间的概念关系这种视觉关系在草图暗示着什么？"这个简单的模型忽略了类比归纳、重新表示和迭代检索，作者怀疑所有这些都是在人们学习和应用这些惯例时发生的。但是，如果此基准运行良好，则表明这些附加流程绝对值得在这种情况下探索。

为了收集有关此方面的证据，根据贝内特机械理解测验的情况，创建了一个草图集，它们描述了多部分的物理对象（例如，独轮车，购物车，自行车）和简单的物理情况（例如，有人握住一根杆子，在钢索上保持平衡），这个试验最初是为测试技术员职位的候选人而开发的，但在认知心理学研究中的空间能力测试中也发挥了作用。这些草图是由多个研究生绘制的，他们使用 CogSketch 中的内置功能，通过检查每种情况下提供的（相当大）候选集来提供字形对的概念关系。这54 个带注释的草图构成了系统的经验。使用交叉验证，通过从案例库中将其删除，删除其概念关系注释以及查看可以通过类比检索推断出哪些关系来检验每个草图。这引起了 181 个视觉概念关系问题。问题积分规则为：正确答案是 1 分，如果建议的关系与 genlPreds 格中的正确关系相距一步计 0.5 分，如果相距两步则计 0.25分。该题目的系统的评分为 74.25 分，具有统计学意义（概率 = 24.2，$p < 10^{-5}$）。覆盖率仅为 54%，但是对于发现类似物的那些问题，准确率为 87%（Forbus，Usher，Tomai，2005）。使用一组涵盖更广泛现象的新草图（例如，"一条在水中移动船""一辆自行车"）进行了第二项实验，要求进行绘制的人员将其绘制得足够详细，以使人能够说明其操作原理。再次，使用 20 个草图（十个系统，由两名研究生绘制）进行交叉折叠验证，得出一组 138 个问题。该实验的覆盖范围略小（46%），部分是由于草图之间的差异，但是系统的性能（21.75 分，使用相同的评分标准）仍然具有统计学意义。画草图的人之间的绘画风格差异可能是也可能不是一个用于解释单个个体的差异性的合理的模型，但确实为在这些草图表示上进行检索和匹配的稳健性提供了一定的保证。

这些实验非常令人鼓舞。在基于视觉关系以及所涉及实体的类型基础上，简单的一次类比检索为估计概念关系方面提供了合理的准确性。覆盖率低于可能的范围，但是此实验与人们查看这些草图时所发生的事情之间有两个主要区别。首先，如上所述，类比归纳、重新表示和迭代检索都可能会发生，而这些都应该增加覆盖范围。其次，与人类经验相比，实验提供的经验很少。再次，人们可能会期望通过更多的经验来增加覆盖范围，尽管可能还会有更多的误报——需要对此进行更大范围的实验来研究。但是，这些结果似乎非常令人鼓舞。

16.6 建模视觉问题的解决

心理学家长期以来一直使用视觉类比问题来评估人类的智力。因此，第一个类比计算机模型解决了几何类比问题（Evans，1968）。Evans 仅能访问 IBM 大型机，该大型机的计算能力比当今的手机低。尽管如此，Evans 还是设法制作了一个有趣的系统来解决此类问题。[⊖] 图 16.14 显示了此类问题的示例以及两种类似的问题。

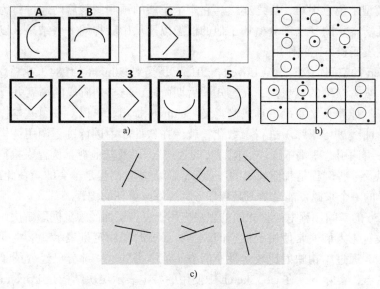

图 16.14　三种视觉解决问题任务的示例。

a）经典 Evans 几何类比任务的示例。

b）Raven 的渐进式矩阵任务中使用的这类问题的示例。

c）视觉怪异任务的示例

　　Raven 的渐进式矩阵任务类似于几何类比，尽管需要协调行和列之间的表示。在每个部分测试的问题难度增加的意义上，它们是渐进的。Raven 的测试已被证明与一般智力高度相关（Snow，Kyllonen，Marshalek，1984），这表明它超越了简单的视觉处理和普通认知能力的测试。视觉怪异任务来自 Dehaene，Izard，Pica，Spelke（2006），其中要求参与者选择不属于自己的图像。该测试用于比较北美人和南美土著人 Mundurukú 的几何能力。

　　视觉和空间思维是通用能力。认知建模的研究趋势一直集中于对单个任务进行建模（例如，几何类比 [Schwering，Kuhnberger，Krumnack，Gust，2009] 或 Raven 的矩阵 [Kunda，McGreggor，Goel，2013]）。但是，就像同一个人可以进行所有这些测试一样，一个稳健的模型也应该可以进行所有这些测试。在多个任务中使用相同的表示形式和过程有助于降低可修整性。可以将其视为一种认知断层摄影：断层摄影通过对多个 X 射线快照的结果进行整合来构建物体内部的三维图片，每个快照均以不同的角度拍摄。在多个任务中使用相同的模型会对其使用的表示形式和过程施加更严格的约束。

　　⊖　对于某些问题，Evans 的程序能够从坐标数据中计算符号描述。同样，考虑到打孔卡是用于输入程序和数据的媒介，这又是一个了不起的成就！

Andrew Lovett 为人类视觉问题解决开发了一种计算模型，集成在 CogSketch 中，它可以解决所有这类问题。它以人类的表现水平运行，人们难以做到的事情往往对模型来说也很难，反之亦然。它产生了新的预测，随后已通过行为实验进行了验证。本章的其余部分概述了他的框架以及从中获得的一些结果，以进一步说明定性表征和类比的作用。

Lovett 的空间惯例架构（Lovett，2012）是受到 Ullman（1984）视觉惯例理念的启发。视觉惯例的思想是，在感知的后期阶段，与早期阶段的高度并行流水线操作相反，计算开始变得更具战略意义。Ullman 提出，可以对一组基本操作（例如，沿着曲线进行跟踪）进行参数化，就像在软件库中进行过程调用一样。中级视觉任务由调用这些基本操作的例程（即程序），以及其他视觉例程来执行。基本的操作以及某些例程是我们天赋的一部分，而大多数例程是学会的。在此建议中，个体差异的一个来源可能是学习某项任务的更好或更坏的例程。

Lovett 的空间例程框架将相同的想法应用于更高层面的视觉问题解决。它基于三个假设：①人们通常使用定性空间表示，必要时采用定量表示；②空间表示是分层的；③通过结构映射比较定性空间表示。本书的这一部分已经介绍了前两个假设的论点，实际上，在 CogSketch 中使用的特定表示层次结构是 Lovett 的工作。结构映射操作还提供可视化比较模型的假设，这对于那些仅从概念上考虑类比的人可能会感到惊讶，因此让我们更详细地研究它。

越来越多的证据表明结构映射原则指导视觉比较（例如，Lovett，Gentner et al.，2009；Sagi et al.，2012）。回想一下，结构映射提供了几种有用的信息：在比较两种情况时，它确定了要做什么，从而突出了共性。目标和基础之间的推测是通过他们之间在投影未映射的结构而产生的。这些推论也有助于强调差异，即所谓的可调整差异。与不可调整的差异相比，可调整的差异在心理上非常重要。可调整差异的一个示例是颜色上的差异，而不可调整差异的一个示例是一种情况下相对于另一种情况下的额外实体。已经发现在概念和视觉刺激中都可以使用的结构映射预测是，当两个项目非常不同时，说它们是不相同的要快于命名差异，但是当两个项目非常相似时，命名差异的速度更快（Sagi et al.，2012）。SME 是唯一可以预测这种情况的类比模型。

Lovett（2012）发现，结构映射为心理旋转建模提供了一种简练的方法。心理旋转现象已得到大量研究。在最简单的任务形式中，展示两个图形，并要求参与者说出它们是否是同样的。在某些情况下，一个图形与另一个图形相同，但根据实验以二维或三维方向旋转。在其他情况下，这两个图形实际上是不同的，但从不同方向放置，因此不容易看到它们是不同的。一个可靠的发现是，在许多情况下，确认两个素材相同所需的时间是它们之间的角距离的函数（Shepard，Cooper，1982）。这很有趣，因为除非假定巨大的类似性，否则它假设人们已经知道在比较两个素材时应该使用的旋转方向。Lovett 认为，心理旋转是一个两步过程。第一步将 SME 用于与方向无关的定性表征。此步骤中的最佳映射为快速排除非常不同的对和假设元素定性对应的基础提供了依据。第二步估计成对的相应零件的旋转角度，计算变换的表示形式，然后进行定量比较以查看它们是否确实匹配。

草图框架的空间例程包含三种类型的基本操作：

1）视觉感知产生草图（或其一部分）的定性的、象征性的表示。此步骤会产生人性化的表示，但不一定要尝试以人性化的方式进行处理。它具有用于控制应在层次结构的哪个级别上进行操作的参数（例如，边缘、对象、组），并且其生成的符号表示始终以定量表示为基础（即 CogSketch 用作度量图）。

2）视觉比较使用 SME 描述了一对表示之间的共性和差异。由于 SME 在域上是独立的，因此可以对草图的符号表示执行这些操作，也可以跨越一组差异进行归纳或查找归纳之间的差异。换句话说，它能够进行高阶映射。

3）视觉推理会将通过视觉比较发现的差异应用于草图的一部分，以推理出新的表示形式（例如，问题的候选答案）。它通过添加或删除定性关系并应用定量形状转换来实现。

这些操作已用于为图 16.14 所示的三个任务中的每一个构建空间例程。由于心理学家通常使用 PowerPoint 来展示素材，在所有这些实验中，Lovett 都使用 CogSketch 功能从 PowerPoint 复制 / 粘贴的功能来避免素材的手动生成。让我们依次检查每类问题的结果。

16.6.1 几何类比

在这项任务中，参与者被问到经典的比例类比问题，"像 A 对应于 B 一样，则 C 对应什么？"，心理学家针对人们如何表现提出了两种相互竞争的模型。在空间例程框架方面，我们可以将它们如下理解：

1）视觉推理（Sternberg，1977）比较 A 和 B 来找到差异，然后比较 A 和 C 来找到它们对应的元素。然后将 A / B 差异应用于 C 中的相应元素以推理答案。将该推理的答案与提供的选择进行比较，并选择最相似的答案。

2）二阶比较（Mulholland，Pellegrino，Glaser，1980）也比较了 A 和 B 来发现差异。但是随后它将每个答案选择 AC 与 C 进行比较，以得出 C / AC 之间的差异。它选择差异最类似于 A / B 差异的答案选项。

Evans（1968）的模型也使用了二阶比较策略，尽管两种类型的比较具有不同的特定领域匹配过程。Lovett（2012）观察到实际上这两种策略都是在人们身上发现的。这有充分的理由。考虑每种策略所需的比较次数。视觉推理需要较少的比较（即需要两个比较来构造答案，再加上四个可以将推断出的答案与提供的选择进行比较，因此效率更高）。但是，并非总是可以这样做，因为无法推断出答案或推断出的答案与任何选择都不匹配。在这种情况下，即使效率较低（例如，对图像进行五次比较，然后对差异进行四次二阶比较），人们也可能会恢复为二阶比较。Lovett 的模型预测，此类问题对人们而言将花费更长的时间。

为了评估模型，在 PowerPoint 中绘制了 Evans（1968）的 20 个问题，并将其同时提供给人类参与者和模型。总体而言，该模型在所有 20 个问题上均选择了人们偏爱的答案。这是一项简单的任务，因此未考虑错误率，但记录了响应时间以检查回溯的预测。线性回归使用对象数量作为因子来计算，模型是否还原为二阶比较以及模型在解决问题期间是否进行了其他策略转换等因素。这些因素占人类响应时间方差的 0.95（即 $R^2 = 0.95$）。最佳匹配是通过使用 A / B 差异中的对象数量而不是答案图像中的对象数量作为工作内存负载的度量来实现的（Lovett，Forbus，2012）。Lovett 推测，与具体的图像表示相比，人们在跟踪工作记忆中的抽象差异时可能会遇到更多问题。这一点可以解释，即人们可以通过访问专用感知处理功能来进行具体的图像比较，并使用更通用的比较功能来比较差异。

16.6.2　Raven 矩阵

Raven 的渐进式矩阵（Raven，Raven，Court，2000）是一种视觉智力测试。测试共有三个版本；我们在这里重点介绍的是标准版本。[⊖] 它从包含简单纹理比较的部分开始，然后是一些 2 × 2 矩阵问题，最后是 3 × 3 矩阵问题，如图 16.14b 所示。Lovett 的任务模型使用与几何类比相同的基本策略。首先，尝试使用视觉推断，将上排与下排的差异应用于尝试推断答案。如果需要，它将恢复为二阶比较，加上每个可能的选择，并将其获得的用于下一行的表示与其他表示进行比较。

Raven 的问题比 Evans 的几何类比问题难得多，如图 16.15a 所示。

根据人们可能以最高级别的表示开始的假设，最上面两行的表示各包含两个对象，一个对象的形状和方向在各行中都是恒定的（第一行为圆圈，第二行为正方形），一个对象的方向是变化的（第一行中的箭头，第二行中的三角形）。比较相应的元素可以使模型发现变化的对象的方向在每一列中都是相同的，并且对应于每一列之间的 90° 旋转和平移。这使它能够定性地预测第三行中缺少的元素的内容，从而使其能够将此答案与候选答案的定性描述相匹配。该模型能够进行感知重组，这是一种重新表示形式。例如，当需要这样做以形成描述行中变化的一致模式时，它可以以将组分解为对象，将对象分解为边缘。这种重组有几种类型。例如，默认情况下，模型通过相邻图像之间的差异表示一行。

然而，考虑图 16.15b。在这里，重要的属性是每一行中的公共元素，而不是差异。该模型比较前两行，以确定它们是否在公共元素差异方面得到最好的表示，并选择导致它们被视为最相似的表示。

⊖　另外两个是为儿童设计的简单测试和高级测试，高级测试与标准测试有相同的问题，但包含一些难度更大的问题。

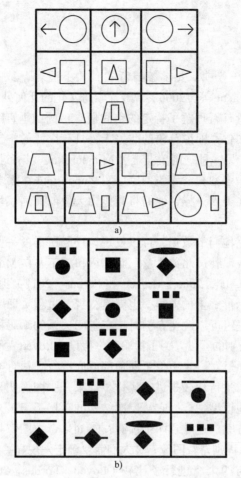

图 16.15　Raven 的渐进式矩阵样式的问题。
实际的 Raven 问题并未显示以保护测试的安全性

　　该模型在标准测试中表现很好，该测试包含 60 个问题。它正确地解决了 56 个问题，根据 1993 年的规范，该问题在美国成年人中排名第 75 百分位。重要的是，它失败的四个问题是人类参与者最难解决的五个问题中的四个。进行了一项并行的行为研究，以研究该模型对人类的响应时间的反应有多好。选择了学生擅长的 31 个问题的一部分（排除了纹理比较问题和人类做得不好的问题）进行进一步分析。这些问题按解决这些问题所需的要素数量和策略转变进行了编码。通过烧蚀模型，有选择地消除执行操作的能力以及查看哪些问题不再能够解决的方法来完成编码。该模型通过线性回归（Lovett, Forbus, Usher, 2010; Lovett, Forbus, 2017）解释了 80% 的人类准确率方差（$R^2 = 0.8$）。正如预期的那样，感知重组带来了巨大的成本。此外，与几何类比实验的结果一致，相对于公共元素策略，涉及差异策略的问题的工作记忆负载成本更高。这再次表明，记住抽象差异比记住图像内容更难。

16.6.3 怪异任务

在一个奇怪的任务中，要求参与者找到"不适合"或"不属于"的图像。图 16.14c 显示了 Dehaene 等（2006）曾经探索跨文化的几何处理的 45 个问题之一。每个问题都旨在衡量是否理解了特定的空间概念，例如垂直线、方向、凹度、包含和对称性。一种文化，即说英语的北美人，具有广泛的学校教育，英语具有丰富的几何概念词汇。另一种是南美洲土著 Mundurukú，没有进行正规的学校教育，而且他们的语言对大多数概念都没有文字。Mundurukú 在大多数问题上的表现均高于平均水平，像北美人一样，他们将其作为天生的几何模块的证据，可供所有人使用。

但是，仔细研究他们的数据，可以发现该任务所需的一些能力是学习的。例如，北美成年人的表现胜过北美儿童，而儿童和成年人在 Mundurukú 的表现是相同的（Newcombe，Uttal，2006）。Lovett 和 Forbus（2011）提出，这些差异可能在于两组之间在表示形式上的差异。也就是，视觉过程（即跨定性表征的结构映射）是通用的，但是组可以改变它们对特定空间关系的编码程度或它们在空间层次结构中使用特定级别的程度。为了检验这一假设，Lovett 为怪异任务建立了一个空间例程模型。它通过对一半图像（即顶部或底部行）执行类比归纳，然后将该归纳与每个其余图像进行比较来进行操作。如果一张图像明显不太相似，则可以认为是答案。像其他模型一样，它从层次结构的顶层（组）开始，向下移动直到找到一个好的解决方案。这导致两个预测：①如果奇数图像与其他图像发生质的变化，人们将更容易识别奇数图像；②人们需要确定发现显著差异的级别。

Lovett 将模型与四个组进行了比较（Lovett，Forbus，2011）。Mundurukú 被视为一组，因为他们的表现不取决于年龄。北美人分为三组，年龄在 4 至 8 岁为一组、8 至 12 岁为一组和成人组（18 至 52 岁）。该模型正确地解决了 49 个问题中的 39 个。这与表现最出色的北美成年人群体相当，后者的比例为 83%，而该模型的这一比例为 87%。此外，模型的错误模式与这些问题上的人为错误有很好的相关性。通过为每个问题分配 1（如果正确）和 0（如果不正确）来发现问题。与 Mundurukú 的相关性最低（$r = 0.49$），与北美成年人的相关性最高（$r = 0.77$）。因此，该模型在捕获北美成年人的整体行为方面做得很合理。

为了更深入地检查性能差异，进一步分析了 39 个已解决的问题。与其他模型一样，对每个问题都进行了编码，以说明解决该问题所需的操作（通过修整）以及所需的元素数量，并使用线性回归将修整模型与每个组的性能进行比较。跨文化存在一些共同的因素。例如，两组都存在涉及形状比较的问题的困难。此类问题要求参与者在比较图像之前先对图像的内部结构进行编码，这可能可以解释这种差异。

重要的是，两种文化之间存在差异。北美人在边缘级别的表示上有更多的困难。此外，该因素对北美儿童而言非常重要，但对北美成年人而言则微不足道，这表明教育很重要。相比之下，Mundurukú 在需要组级别的表示问题上有更多困难。由于基本形状是用英语为其命名的几何元素，Mundurukú 在这些问题上可能会更糟的一个可能原因是学习几何类别（例如，圆形，正方形）可提供编码优势。因为此任务不需要编码抽象差异，所以元素数量不是相关性的因素，这与以前的模型一致。

16.6.4 什么是有效的视觉问题解决者

Lovett（2012）观察到，这些结果加在一起，对于一个人成为有效的视觉问题解决者所需要的内容提出了一些有趣的建议。首先，像往常一样，工作记忆能力很重要。但更具体地说，记住更多抽象表示的能力尤其重要。其次，灵活的重新表示能力很重要，在此以感知重组的形式出现。特定类型信息的工作记忆能力是否可延展仍是一个悬而未决的问题。通过实践，似乎可以改善感知重组策略（Uttal et al.，2013），从而有可能改善人们的视觉思维。

当然，另一个因素是个人拥有的一套解决问题的策略。空间例程方法提供了两个令人兴奋的新机会。首先是通过创建例程集来对个体差异进行建模，这些例程可以解释特定个体的表现，这可以通过对他们在多个任务中的表现进行密切比较来衡量。第二个是模拟学习空间例程的过程。这可能有几个重要的好处，例如，更好地理解视觉思维的发展轨迹，以及在基本操作和较低级别的例程具有可塑性的程度上，找到培训人们成为更好的视觉思维者的新方法。鉴于现有的类比学习快速性的证据，协同寻求这些机会可能很重要，因为即使在许多行为实验范式中使用的试验数量也可能会发生学习。

16.7 小结

草图是探索人类认知的最佳选择，像其他认知科学领域已经发现的一样（例如，Gagnier，Atit，Ormand，Shipley，2017；Scheiter，Schleinschock，Ainsworth，2017；Sheredos，Bechtel，2017），本章对此进行了进一步说明。与许多人一样，将草图理解与识别等同起来是一种过分简化。最深层的问题涉及草图所描绘的含义，它在很大程度上依赖于世界知识和环境。流畅的在多个级别上的构建表示，并根据需要重新表示，这似乎是理解草图的核心。此外，将一组丰富的自动构建的视觉表示与类比推理相结合，可以为多种视觉解决问题的任务提供令人惊讶的强大解释，这些任务包括思维旋转、几何类比、怪异任务和 Raven 的渐进矩阵。

Ashok Goel 的团队还探索了类比和视觉推理的用途，并将其与结构行为功能模型集成在一起，为设计推理提供了一个几何层次（Yanner，Goel，2008）。他们的工作为类比推理在视觉空间问题中的实用性，特别是将空间推理与概念性知识相结合的问题提供了另一条证据。他们使用特定于域的匹配算法，但是作者怀疑，基于 SME 能够逐步扩展匹配，SME 也可以在它们的表示形式上起作用。

尽管本章讨论的进展令人兴奋，但仍有许多工作要做。例如，CogSketch 中的三维表示有些粗浅。这可能与认为人类视觉主要是特定于视点的说法并不矛盾，但与主张丰富的三维模型的说法会有所分歧。研究的另一条路线是，通过建立广泛的视觉概念及其描述惯例来发现模式，从而更好地理解描述的本质。最后，可以通过将 CogSketch 构造的视觉表示提供给人类高水平视觉的有用模型这一假设，将其与低水平视觉的模型（例如，边缘发现，立体视觉，亮度）进行集成，从而进一步检验这一假设。

第4部分　学习与推理

到目前为止，我们已经探索了定性表征的全貌，以及定性表征如何在各种各样的任务中用于推理和交流，为定性表征的实用性和心理上的合理性提供了依据。我们已经看到了一些例子，说明了这些表征如何与其他形式的概念结构相联系，比如第13章讨论了定性表征如何在自然语言语义中发挥作用，第14章和第16章讨论了定性表征如何在高层次视觉中发挥作用。在这里，我们将通过三个重要的话题来进一步说明定性表征在人类概念结构中的作用。

• 第17章描述了如何使用定性表征和类比推理来模拟学习和概念变化。该章提出了一个物理领域的心理模型框架，它激发了许多重要问题的计算探索。我们认为，使用类比概括来学习原型行为（原型历史）为学习这个世界提供了一个起点，然后对其进行提炼，以构建第一性原理知识。Friedman的概念变化集合一致性理论展示了如何将两种相互竞争的概念变化观点结合在一起，其中由碎片知识所涉及的碎片概念可被解释为用于局部建模现象的可组合模型碎片，理论论观点的内在解释一致性是由局部实例的定性推理产生的。同时还研究了跨域模拟学习，展示了如何通过累积持久映射以支持增量学习。

• 第18章进一步探讨常识推理。它将人工智能研究中一些常识观点与本书中所提出的观点进行了对比，并借鉴了认知发展研究的成果，进一步支持了人类常识推理的观点主要基于定性描述和类比推理。常识推理的一个重要方面在于，它不仅包含定性信息，通常还包括定量估计。在描述定性表征如何为类比估计提供框架机制的同时还包括有Paritosh的粗略推理的一般性理论。到目前为止，书中的大多数例子都是关于物理世界的，因为物理领域是定性推理界最受关注的领域。不过正如在该章中其余部分所表述的那样，它们的适用范围更广，它研究了如何用质的表征和类比来解释概念隐喻。最后，本章对如何使用定性表征在社交推理中建模的问题进行了描述，包括情绪方面、责备任务和道德决策的各个方面。

 • 第 19 章探讨定性表征在专家推理系统中如何应用。在人类水平上完成工程和科学任务的能力，为人工专家推理中定性表征的重要性提供了有力的证据。本章讨论工程推理中的关键问题（即分析、监控、控制、诊断、设计和系统识别），说明如何使用定性表征和推理来构建解决此类问题的系统。本章还将研究如何在进行科学建模的系统中使用定性表征，包括动态系统、遗传监管网络和生态系统建模。

第 17 章　学习与概念变化

我们已经研究了人们是如何使用定性模型对真实世界进行推理的。在探索类比如何与定性表征相互作用以实现经验的模拟（见第 12 章）中，我们看到了如何开始学习这些知识。本章将详细讨论学习和概念的变化。首先，本章提出了一个宽泛的理论，Dedre Gentner 和作者一直在构建物理领域学习过程中创建的人类表征类型的范围。然后，本章将从如何构造和使用原型行为来构建初始定性模型开始，具体研究这个框架的各个方面。由于我们的许多概念来自于我们的文化，因此描述了一个概念变化模型，它解释了模型是如何根据新的信息而变化的。本章还将讨论在领域内和领域间使用类比学习专家模型的问题。

17.1　物理领域的心理模型框架

图 17.1 所示为作者和 Dedre Gentner 从 20 世纪 80 年代以来所一直致力于开发的框架（Forbus，Gentner，1986b）。通常人们是从已有经验开始，通过记忆和类比来对新遇到的情况进行预测。对这些特定行为给予或构建的解释通过类比应用于新的情形，从而提供一种类似的溯因形式。这些行为还用于构建 SAGE 来进行概括性的构造（见第 4 章），并提供了更抽象的描述，这些描述还可以被推广到更广泛的情况。这些抽象的行为由于代表原型的行为，因而被称为原型历史。许多概念模型都基于我们的文化，例如，当我们更用力地推动物体时，物体移动得会更快。通过基于统计属性和比较引入因果关系、解释性关系（如定性比例），可以将此类概念模型添加到原型历史中[⊖]。许多概念模型来自我们的文化（例如，关于热力学性质的概念中的热和熵）。学习者的部分工作是将由这些文化所提供的模式与他们的经验适当地结合起来。正如所有的教育家都知道，这很难实现，或者作用有限。专家对概念模型的改善几乎都是源自文化，尽管它仍与原型历史和概念模型相关，但它们内部丰富的嵌套关系结构（即正式研究领域的解释和证明）意味着人们只能在很长一段时间内在其中进行操作，会产生强大而微妙的结果，而如果使用不太精确的模型则无法实现。但是，即使是专家的改进，也是利用定性表征作为模型制定和评价的一部分（如第 11 章所述）。

　　⊖　这可能就是 diSessa（1983）的现象的起源。

让我们从头开始，介绍如何形成原型历史以及如何使用它们。

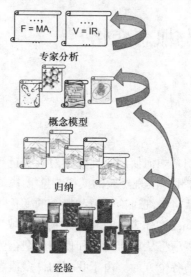

专家分析

概念模型

归纳

经验

图 17.1　一个物理领域的心理学习模型的框架

17.2　原型历史学习

原型历史大体可由特定行为构成。我们假设特定行为能够进行定性表征，因为这种表征相对容易从感知数据中提取出来。例如，当我们的视觉系统计算运动方向时，该方向直接对应于位置导数的符号。我们还假设在可行的情况下，可以对定量值进行一些估计。这些估计的可能性质在第 18 章中进行了讨论。随着时间的推移，行为被分为定性状态，在定性状态内，所感知的定性属性保持恒定。例如，当某事物停止或开始移动时，导数的符号有变化，从而导致定性状态的改变。其他用于将行为划分为状态的可感知属性也是如此。例如，如果岩石被放置在湖的表面，它很快就进入湖中，向下移动直到它到达底部为止。在水面上、进入湖中与完全沉没在湖底，对应于不同的 RCC8 关系（见第 15 章）。这些关系是很重要的，也可以通过语言表达出来（即岩石在水面上，岩石在水中，岩石在湖的底部）。由此可见，语言描述的变化也为如何将世界划分为有意义的部分提供了线索。

随着经验的积累，我们可以做出预测。岩石放在水槽上。试图将此预测应用于放置在水中的叶子，则会导致预测的失败：叶子漂浮在水面上。这种失败的预测表明此处有一个值得注意的差别，尤其是在观察者的陪同下注意到"叶子在漂浮"。回想一下，SAGE 将行为组织都归纳到泛化池中，其中有一个模式指示是否应该包含某些内容。可以将任何新示例添加到多个泛化池中，因为它可以包含多个新概念的示例。在这一点上，可以为一些漂浮和下沉的事物建立泛化池来积累一些行为，这些行为可以进行比较和对比，从而得出一个更准确的理论来解释为什么会出现这些不同的结果。通过更多地关注与这些泛化池相关的行为可有助于在可能的情况下倾向于编码和 / 或保留更多的数量信息。QP 理论为心理模型的表示提供了很强的归纳偏见：通过假设某些参数有一个极限点，以此来决定某物是否会漂浮或下沉。当经验积累在这些泛化池中时，即可收集到做出合理假设所需的数据。

Scott Friedman（Friedman，Forbus，2008）建立了一个计算模型，证明了该描述的可行性。如图 17.2 所示，用简化的英语为模拟提供了 16 个漂浮描述和 14 个下沉描述。

"The woman *bodyInLiquid0* floats in water *liquid0* in a pond *container0*. The mass of the woman *bodyInLiquid0* is 60 kilograms. The volume of the woman *bodyInLiquid0* is 62039 cubic centimeters. The woman *bodyInLiquid0* is moving but the water *liquid0* is standing still."

```
(isa bodyInLiquid0 AdultFemaleHuman)
(isa container0 Pond)
(isa liquid0 (LiquidFn Water))
(in-UnderspecifiedContainer liquid0 container0)
(massOfObject bodyInLiquid0 (Kilogram 60))
(volumeOfObject bodyInLiquid0
  (CubicCentimeter 62039))
(isa gliding0 MovementEvent)
(primaryObjectMoving gliding0 bodyInLiquid0)
(isa stillLiquid0 StandingStill)
(doneBy stillLiquid0 liquid0)
(in-Floating bodyInLiquid0 liquid0)
```

图 17.2　模拟学习漂浮与下沉的例子。左边的版本是自然语言理解系统的简化英语，它在右边产生了谓词演算断言。一种简化的方式是使用定量值和单位

Scott Friedman 在构造仿真规则时，规定当物体自主移动时、当水流动时或当它们的密度小于 0.001kg/mL 时，认为物体是漂浮的状态。尽管物体的重量和体积具有明确编码，然而密度却没有明确编码。为了方便起见，这里使用了精确的定量值，如果相同的算法采用粗略估计，则其可以正常运行。给定两个交替的泛化池 G_a 和 G_b，用于推测数量条件的策略是寻找在它们的原型历史中的参数之间的顺序关系，这些参数对于在 G_a 中的原型历史是一致为真的，对于那些在 G_b 或相反的情况下是假的。有时，比较中使用的极限点很简单，比如零。然而，有时必须从检查原型历史中的定量估计来推导出限制点。例如，在漂浮的原型历史中，密度的值将始终低于下沉原型的密度值。因此，密度的极限点将位于对于沉降原型的密度最小和漂浮原型历史密度的最大值所定义的间隔。如上所述，密度不是明确的编码。在 Langley（1981）的 BACON 模型之后，通过结合现有数量，比如说利用现有量的和、差、乘和除，来提出新的并且与之相关可行的规则。只有当寻找数量条件和极限点的策略失败时，才需寻求这种派生数量。组合数量的性质也用于导出定性比例，从而为新参数提供因果模型。为解释这些仿真之间的差异而引入如下新数量：

```
Q = (/ (mass body) (volume body))
Q < [0.001, 0.00102] kg/cc
(qprop Q (mass body))
(qprop- Q (volume body))
```

这个模型并没有解决人们在如何构建此类概念模型的完整描述中所需的许多

问题。例如，它不提供基于未能找到具有当前正在收集的信息的良好模型的何时放弃或何时更改编码策略的标准。它也没有描述在尚未确定问题时应该将行为存储在何处。这看似存在用于此目的的默认泛化池中。它也没有规定描述多个行为的复杂经验该如何被进一步细分为片段，以实现最佳聚焦模拟概括。不过，这似乎是一个有希望的开始。

在建模如何学习力和运动的直观概念中，已经研究了划分复杂行为的问题。有相当多的研究对象是学生对力和运动的误解（例如，diSessa，1993；McClosky，1983）。有趣的是，这些误解即使对传统的定量物理问题掌握很好的学生，也可以在物理教学后坚持本文所描述的定性推理的分布式模型，从而为该模型提供了一个自然的解释（Clement，1983；Halloun，Hestenes，1985）。考虑到每天的情况，检索并使用由经验形成的直观的因果模型。在课堂设置中，最初可能检索到这样的模型，但由于这些模型对解决存在的问题没有有效的证明，人们记住了新的经验，其中包括教科书的解释，并包括方程的操作（在学生能够达到的任何水平）。随后解决相似问题的尝试（希望）是从物理类或从它们构造的概括中检索问题的现有示例。从少数例子来看，类比推理的速度使人们能够从少数工作的例子中构建更广泛的可转移描述。但是，这些新的概括不能代替经验形成的概括，这些概括可能很强大（根据成功使用的情况数量来衡量），因此在日常生活中考虑以下问题时很可能会检索基于经验的概括。这就解释了反复发现的事实，即人们尽管接受了指导，却常常会产生误解。然而，对许多人来说，这种误解似乎已被连根拔起并取而代之了。我们稍后讨论为什么会这样。

如何从经验中学习直观的模型？为了模拟运动的体验，Friedman 和 Forbus（2010）使用了伴随认知体系结构，该体系结构集成了定性推理、类比和CogSketch。Friedman 勾勒出表明连续运动的连环画来显示连续的运动框架（见图17.3）。

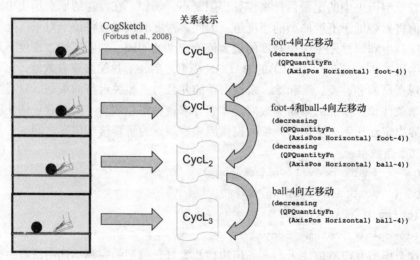

图17.3　使用手绘连环画来模拟模型变化的概念

CogSketch（见第 16 章）被用来勾画这些条带。其视觉处理能力被用于构造每个面板中视觉特性的定性空间表示。CogSketch 的概念标记设施被用于识别每种类型的对象，用作识别的近似值（这里指脚和球，见图 17.3）。通过比较帧之间的对应的视觉量自动地计算面板之间的变化（例如，向左移动的脚，接着是向左移动的球和脚，然后球向左移动）。

在 Friedman（Friedman，Forbus，Sherin，2018）提出的概念变化的统一连贯理论中，所有数量的变化都需要加以解释。在此示例的行为中，需要说明球的运动。由于最初 Companion 没有描述运动的过程，因此引入了一个。由于球是水平移动的，因此会引入一个直接影响球水平速度的过程（见图 17.4）。

Friedman 的理论为构建和修改连续过程描述指定了一组启发式方法。例如，由于球停止了，所以假定新的概念量表示运动物体与不运动物体的不同之处。该数量的初始规格是抽象的，随着更多的推理，附加了更多被执行的约束。因为它是要确定什么时候某物在移动或不移动，所以启发式方法向新创建的过程添加了顺序约束，该约束条件以新数量大于零的条件来激活它（见图 17.5）。新解释的行为及其解释将存储在 Companion 的内存中。

```
(defModelFragment M1
 :participants ((?e :type Entity))
 :conditions nil
 :consequences ((Quantity (rate ?e))
                (> (rate ?e) zero)
                (I+ (AxisPos Horizontal ?e) (rate ?e))))
```

图 17.4　运动初始过程模型

```
(defModelFragment M2
 :participants ((?e :type Entity))
 :conditions ((> (q ?e) zero)
 :consequences ((Quantity (rate ?e))
                (> (rate ?e) zero)
                (qprop+ (rate ?e) (q ?e))
                (I+ (AxisPos Horizontal ?e) (rate ?e))))
```

图 17.5　启发式方法基于跨时间的行为比较来修改
流程描述。在这里，q 是启发式建议的任意概念量

给定新的行为，用 MAC / FAC 检索类似的行为，在这种新情况下它的解释可能会被重复使用。可以通过两种方式执行此操作。首先是尝试通过类比于新情况来应用对先前情况的解释。这是最简单的方法，但确实有局限性。如果新行为中有更多实体，则必须使用多个映射为所有行为提供解释（见第 12 章）。如果新行为中的实体较少，则必须基于来自先前解释的候选推论，或者必须对这些推论进行过滤，并可能进行修改以反映新旧情况之间的差异。在基于案例的推理文献中，这些类型的操作称为"适应"。第二种选择是通过溯因来构造新的解释，但将模型片段的选择限制为与用于解释先前行为的模型片段完全相同。第二种选择是通过

溯因构建新的解释，但将模型片段的选择限制为恰好用于解释先前行为的模型片段。第二种选择是用 Friedman 的概念变化理论来避免适应问题并提供更多可转移性的方法知识。

除了解释新行为外，Friedman 的理论还建议人们有时进行情景间的解释，即根据描述之间的差异，更详细地比较检索到的行为，以提出新的因果关系。图 17.6 显示了如何通过比较两个描述来引入新的变量 q 和运动的视觉属性之间的定性比例。

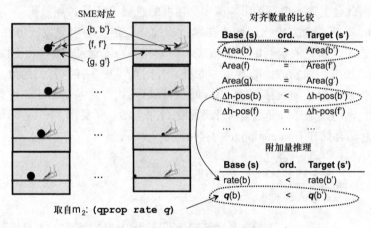

图 17.6　深入的对比预示出进一步的因果关系

最后，Friedman 的理论假设在我们的概念结构中进行规范化的力是回顾性解释。假设我们在对一种情况的推理中发现特定的模型片段或数量表示形式不足，并使用一种概念上的变化启发法来生成改进的版本。在新版本和旧版本之间添加了链接，以便系统可以知道它正在使用概念的过时版本。因此，可以使用升级后的概念告诉它应该为检索到的行为寻求更好的解释。

如果还提供语言输入，则模拟可以做得更多。每个动词都用作将行为的该部分添加到泛化池的信号。箭头指示的动作的时间分析与语言相结合以产生更多信息。因此，图 17.7 中的三个行为面板产生了用于学习的多种行为。

在最初的实验中（Friedman, Forbus, 2009），使用了 17 个连环画产生了 50 个移动、推动和阻止的例子。这 50 个例子对 3 个概念产生了 10 个概括，其中 12 个没有被同化。阻止有一个由 5 个例子构成的概括，并附加了一个额外的非相似的异常值；移动有 3 种概括，由 10 个例子构成，有 5 个异常值；推动有 6 个概括，由 21 个例子和 6 个异常值组成[⊖]。这说明 SAGE 运作是保守的，以与人类心理模型中的模仿模型相一致的方式构建分离的概念（Collins，Gentner，1987）。

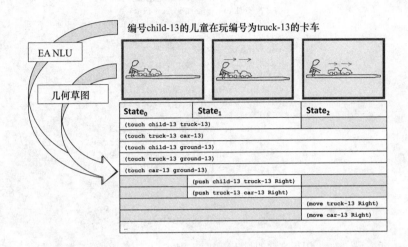

图 17.7　自然语言可以标记行为（例如，推动，触摸，移动），从而在连环画中提供有关行为的更多信息

17.3　通过原型历史统计构建首要因素知识

尽管这些概括可以直接用于类比推理，但同时也可以用于构造逻辑上量化的领域知识。回想一下，SAGE 可通过跟踪与之匹配的事物在同化示例中出现的频率，来构造泛化中每个语句的概率。高熵归纳被过滤掉，因为它们没有信息。在信息概括中，也将概率低于特定阈值的事实过滤掉，因为它们很可能是偶然的。对剩余的事实进行审查，以确定它们与概念 c 成立的时间关系。如果事实 f 从 c 或在 c 之前开始，它可能会导致 c。相反，如果 f 从 c 开始或在 c 之后开始，c 可能导致 f。如果 f 在时间上包含 c，则 f 可能是 c 的条件。该信息用于假设封装历史的内容（见第 7 章）。例如，图 17.8 显示了通过该模拟导出的推送的封装历史。

因为在归纳中，运动事件在推动之后继续，所以假设推动导致运动事件。被认定为 normal-Usual 陈述的连词通常是在这种情况下必须是真实的。

通过使用心理模型文献中的任务来测试由该模拟产生的力的直观模型。例如，在 Brown（1994）使用的一个问题中，学生被问及放在桌子上的一本书是否受到向上的推力。在 73 名高中学生中，不到一半的学生正确回答了"是"；其他解释如图 17.9 所示。

⊖　因为 SAGE 与顺序有关，因此在随后的实验中（Friedman，Taylor，Forbus，2009），我们使用交叉验证来检验在给定不同体验等级的情况下形成了什么样的模型，产生了相似的结果。

```
(defEncapsulatedHistory Push05
 :participants ((?p1 :type Entity)
                (?p2 :type Entity)
                (?p3 :type PushingAnObject)
                (?dir1 :type Direction)
                (?dir2 :type Direction))
 :conditions ((providerOfMotiveForce ?p3 ?p1)
              (objectActedOn ?p3 ?p2)
              (dir-Pointing ?p3 ?dir1)
              (touches ?p1 ?p2)
              (dirBetween ?p1 ?p2 ?dir1)
              (dirBetween ?p2 ?p1 ?dir2))
 :consequences ((normal-Usual
                  (and (PushingAnObject ?p3)
                       (providerOfMotiveForce ?p3 ?p1)
                       (objectActedOn ?p3 ?p2)))
                (causes-SitProp Push05
                 (exists ?m1
                  (and (MovementEvent ?m1)
                       (objectMoving ?m1 ?p2)
                       (motionPathway ?m1 ?dir1)))))))
```

图 17.8 用于推动的封装历史。这比 Cyc 本体中的现有概念
增加了一层因果关系解释（例如，MovementEvent，PushingAnObject）

学生	答案	解释
33	是	它必须抵消书本向下的作用力
19	否	重力给书本施加向下的力，书本给桌子表面施加一个力。桌子支撑着这本书
7	否	桌子需要一个推力
5	否	桌子没有施加推力或拉力
4	否	桌子只是被书挡住了
4	否	如果桌子产生一个力，那书就会移动

图 17.9 高中生面临的一个挑战性问题，
这个桌子是否会给这本书一个向上的推力

系统对这种情况的解释是正确的，包括书会给桌子一个推力，桌子会给地面一个推力，两者都被阻止移动。然而，该系统也同意四个学生的观点，他们认为如果桌子施加一个力，书就会移动，因为在这种情况下有效的封装历史（见图17.8）预测推动会引起运动。

类似地，力概念清单（Hestenes et al.，1992）中的一个问题是关于圆盘在无摩擦表面上匀速运动的问题。学生们必须选择哪张图片最能描述冰球被瞬间踢中时的路径。图 17.10 显示了情况和替代方案。系统通过检查每张图片（通过

CogSketch 草图提供）来回答这个问题，看它是否可以实例化解释行为的封装历史。唯一能做到这一点的选择是最普遍的误解：运动的物体在踢后会直线向上运动，与踢的方向完全一致。

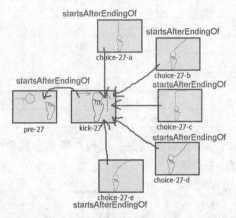

图 17.10　力概念清单中的一个问题，用草图之间的强制选择来表示

　　这些结果提供了证据，证明人们确实可能以这种方式学习这些概念，因为他们提供的答案与人们表现出的误解相对应。但是概念变化研究也表明，随着时间的推移，人们会经历一系列的模型。这个描述能捕捉人们经历的模型序列（即概念变化的轨迹）吗？对学习力的心理模型的模拟表明答案是肯定的。在模拟关于力的直觉概念学习中的概念变化时，其他研究人员（diSessa，Gillespie，Esterly，2004；Ioannides，Vosniadou，2002）开发并使用了 10 个问题调查表，该调查定期进行。调查问卷使用了绘图，因此我们使用 CogSketch 创建了一个机器可理解的测试版本，如图 17.11 所示。

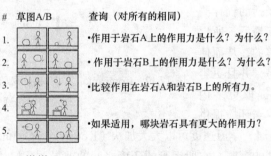

图 17.11　心理模型研究人员使用的 CogSketch 测试版本

　　表 17.1 说明了 Ioannides 和 Vosniadou（2002）在各年龄学生中发现的模型的分布。虽然这个表没有直接指出轨迹，但它确实指出了这一群体持有的模型种类的变化。图 17.12 根据这些力的概念说明了模拟过程中模型的轨迹。因为 SAGE 是顺序依赖的，所以我们进行了 10 次试验，每次试验的刺激顺序都不同。请注意，模拟所经历的模型序列与人类数据是兼容的。

表 17.1　力的心理等级模型

力的概念	幼儿园	四岁	六岁	九岁	总计
内部	7	4			11
内部 / 运动	2	2			4
内部 / 获得	4	10	9	1	24
获得		5	11	2	18
获得 / 推拉			5	10	15
推拉				1	1
重力 / 其他		3	1	16	20
混合	2	6	4		12

　　模拟与学生之间的一个显著区别是，模拟在模型空间中的移动速度远远快于学生。我们认为这有三个原因。首先，模型对异常的唯一反应是修改模型本身。人类学生经常忽略相互矛盾的信息（Feltovich，Coulson，Spiro，2001），因此可能需要更多的例子来说服他们改变模型。其次，模型的输入虽然是自动构建的，但仍然经过了高度精炼且无噪声。这样，与在现实水平的噪声和注意力不足的情况下所需的例子相比，使用更少的示例就可以使概括的统计测试变得令人满意。最后，所提供的仿真是可调整的，从而使得比较变得更容易，并且更容易从每次比较中提取更多内容。有证据表明，当环境提供高度可调整的刺激时，学习速度可以大大加快（Kotovsky，Gentner，1996）。因此，考虑到可用于仿真的策略与它所运行的环境之间的差异，我们认为这种快速性并不是不合理的。

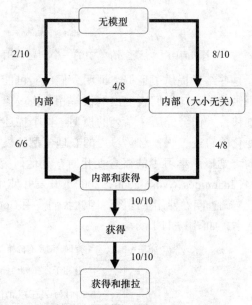

图 17.12　Companion 在 10 次交叉验证中所展示的力的心理模型的轨迹

17.4　分布式知识、解释结构和概念变化

　　将因果定律和其他领域理论信息与特定的经验一起存储，或者对它们进行归纳，提供了一种完全不同的方式来查看概念结构的组织。它解释了许多谜团。为

什么心理模型看起来如此支离破碎（例如,Collins，Gentner,1987 中的模仿模型）？因为它们是分布式的。不同的情况会导致不同的检索，每一个检索都有一些不兼容的领域知识，因为它们是在行为的底层分布的不同部分中形成的。重复的经验，尤其是导致不同的原型历史组合被一起检索的经验，导致了我们领域知识的规范化。这可以通过语言来实现，在新手看来完全不同的情况下，对一个过程使用相同的术语。

关于概念变化研究中的一个长期争议涉及概念结构本身的性质。理论社区（例如，Ioannides，Vosniadou，2002）认为，日常概念结构本质上与科学理论相同（即系统的、一般的、有组织的和高度结构化的）。知识碎片社区（例如，diSessa，1988，2008）认为，日常概念结构是零散的，由孤立的小碎片组成，这些小碎片是在特定的基础上组装的。Friedman（2012）提出的观点综合了这些看似不相称的观点。我们已经看到，用一些简单的统计推理进行类比处理，可以提供一个计算模型，把经验积累到原型历史中，并用因果假设来注释它们。这捕捉了许多知识直觉，尽管是通过不同于以前的计算机制（类比）和表现形式（QP 理论）来实现的。现在让我们来看看理论论社区的直觉是如何在这个解释的结构中发挥作用的。

Friedman（2012）认为，当人们构建解释时，他们记录下每个信念的正当性，即解释中的其他步骤或对世界的信念。这些信念包括模型片段以及关于世界的事实$^\ominus$。解释本身被具体化，因此可以对它们进行陈述（例如，一种解释优于另一种解释）。如图 17.13 所示，图形化解释是有帮助的。上层由表示解释的标记组成。底层由表示概念知识的标记组成（例如，关于世界的偶然事实和模型片段）。中间层由论证结构组成，在解释中引入中间步骤，并将每个步骤与其前提联系起来。

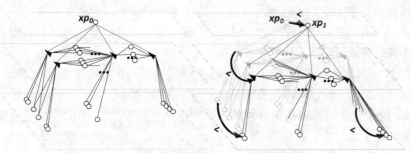

图 17.13　Friedman 的分层解释结构。底层由领域概念和有关世界
的信息组成。中间层根据其他元素来证明底层的某些元素。顶层由
表示正当化（中间）级别的完整解释的节点组成。此处的顺序关系表示
偏好（即特定的概念、模型片段和解释可以彼此优先）

解释是通过试图证明要解释的一个或多个事实来构建的。这是在反向链接过

程中完成的（即从要解释的事实开始，找到模型片段和/或使其能够被导出的规则，然后依次查找其前因）。如果一个前因是未知的，则在某些情况下，可以假定该前提成立。必须严格限制此功能，否则任何事情都可以通过简单的假设来解释。如上所述，唯一被考虑的模型片段是那些从先前解释中检索到的。（如果没有检索到先前的解释，则进行更广泛的搜索。）这通常会极大地限制搜索过程的范围，并且应该提供可伸缩性，即使知识增长到人类水平。

解释通过偏好评分系统进行评估。使用的每个事实、理由和模型片段都会产生一些小成本。假设会产生更大的成本，从而迫使人们倾向于回避这种假设。例如，在思考一个现象的中间阶段，可能需要一个未被考虑的量的变化作为支撑，但是扩展人们的理论以对其进行解释，从而解除这个假设应该成为一个高度优先的事项。矛盾非常突出，因此很难容忍。

为了了解其工作原理，让我们考虑 Sherin 等人（2012）的模拟研究，这个研究是关于中学生如何解释什么是季节。Sherin 和他的同事采访了 21 名中学生，了解他们对季节变化的解释。采取了许多详细的协议来检查他们的心理模型。正如其他人发现的那样，一个常见的误解是夏天发生在地球靠近太阳的时候，而冬天发生在地球远离太阳的时候。如果一个学生的模型如此，没有考虑南北半球的不同季节，然后采访者指出了这一点（即当芝加哥是夏天时，澳大利亚是冬天）。为此，一些学生改变了他们的解释。详细的访谈信息用于为五名受访学生构建信念和解释结构的形式表示。一旦最初的解释到位，模拟就呈现出不同半球不同季节的矛盾事实。如果发现这种矛盾，当前解释的高成本会导致系统寻找替代方案。该模型能够通过假设不同的背景知识来模拟五名接受深度访问的学生的行为。模拟也被推得足够远，以产生科学上正确的模型（即阳光入射角的差异导致了季节的变化，尽管调查员没有将学生推得那么远，因为不清楚他们当时是否对平方反比定律有足够的了解来构建那个解释）。

背景知识的差异是个体差异的来源之一。另一个可能是不同的解释偏好。Friedman（2012）的解释评分系统包含了偏好的四个维度：

1）特异性。优先选择更具体的知识而不是更抽象的知识（例如，"心脏有四个腔室"而不是"心脏有腔室"）。

2）教学。比起先前已有的信念，更喜欢通过教学所学到的信息。

3）先验知识。优先考虑先验知识而不是新信息。

4）完整性。首选使用更完整的绑定和涉及首选实体的首选模型片段实例。（不完整的绑定通过溯因来解决，需要新的假设，因此成本会更高。）

这些因素通过解释策略进行组合，包括这些因素之间的排序。例如，一个学生可能更喜欢教学知识，而另一个学生可能更喜欢他或她自己的先验知识（例如，Feltovich 等人 [2001] 的心理防护概念）。

为了了解解释策略如何很好地解释概念变化中的个体差异，并在第三个领域检验这一理论，Friedman（2012）建立了一个由 Chi、de Leeuw、Chiu 和 La-Vancher（1994）进行的自我解释实验的模拟。在那个实验中，21 名八年级学生阅读了一篇关于循环系统的文章，并在前后进行了测试。对照组将每个句子读两遍。自我解释小组被要求在阅读后解释每个句子。自我解释组中有 66% 的人在测试中是正确的，而对照组中只有 33% 的人是正确的，这表明自我解释能带来更大的学习收益。此外，该测试旨在设计学生拥有的人类循环系统的心理模型。两组之间的转换如图 17.14 所示。每个箭头表示模型之间的转换，数字表示进行该特定转换的学生人数。

Friedman（2012）通过对文章内容以及在预测试中发现的一组初始模型进行编码来模拟该实验，以提供与实验中每个学生都一致的起点。对于每个实验，有两个因素发生变化：①初始领域理论和②用于计算对解释的偏好的解释策略。通过改变这两个因素，模拟能够对原始实验中发现的模型之间超过 90% 的转换进行建模。对照组中的大多数学生是通过偏好先验知识的策略进行最佳建模的。自我解释小组中的大多数学生都是通过以下策略进行最佳建模的：偏爱更具体的知识，然后偏爱教学中的知识。因此，Friedman 的理论为自我解释效应提供了一种解释，并且可以模拟由教学驱动的概念变化。

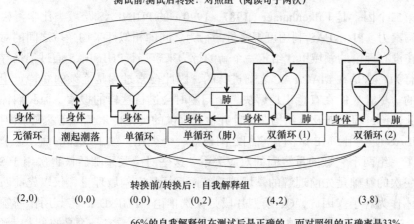

图 17.14　人类受试者的结果，来自 Chi 等（1994）。参与者要么将一篇
关于心脏的文章阅读两遍，要么带着自我解释阅读一遍。箭头表示两种
情况下通过预测试 / 后测试来衡量的心理模型之间的转换

17.5　通过跨领域类比学习

随着知识的积累，重用在一个领域学到的丰富概念结构的潜力在另一个领域

增长。从历史上看，类比一直是科学发现的丰富源泉。例如，热和电最初都是通过类比液体流动来理解的，这使得重要的性质能够被预测。例如，两者都有一个可识别的强度参数（分别是温度和电压），其差异驱动流动。通过认真测试类比的预测而发现的领域之间的差异也可能导致令人惊讶且重要的见解。例如，热曾一度被模拟为热量，一种像水渗透海绵一样渗透物体的流体，因此某物的热量越多，它就越热。这个模型表明，一个物体可以被清空热量，因为里面只能有有限的热量。Count Rumford 在仔细试验后发现，事实并非如此——在炮管上钻孔会产生任意量的热量。因此，跨领域类比虽然很少见，但却很有见地。

伟大的跨领域类比之所以罕见，有两个原因。首先，并不是所有的事物都是一样的：选择两个随机的解释性理论，它们很可能没有共同点。第二，人类记忆针对文字相似性匹配进行了优化（见第 4 章），其中表面信息和结构信息重叠。就记忆的功能而言，这是有意义的，因为正如 Friedman（2012）提出的概念变化模型所建议的那样，大多数时候，我们希望检索对类似行为的解释。两个因素促进了跨领域类比：一是从一个人的文化中了解他们，一是检测两个领域之间的某些抽象共性，作为它们之间的桥梁。例如，如果两种现象的定性行为模式相似，那么寻找涉及因果关系理论的相似性可能是有意义的，这些因果关系理论可以解释这些行为。

第二个因素是 Falkenhainer（1987，1990）的 PHINEAS 跨域类比学习模型背后的洞察力。PHINEAS 利用可观察量的行为之间的相似性来构建域之间的对应关系。在没有理论的领域里，给定一个新的行为来解释，PHINEAS 通过记忆寻找类似的行为。这是在 MAC/FAC 之前进行的，因此搜索过程是连续的和特定于具体任务的。尽管人们在有意识地解决一个问题时会进行这样的搜索，但我们怀疑即便如此，该过程仍涉及重新构造探针并检查提供的类比检索。一旦发现一种行为，PHINEAS 便利用 SME 试图在它们之间建立一个类比。如果成功的话，这个类比提供了一组两个领域的量之间的对应关系。这些对应关系随后被再次用于 SME，但这一次的基础是先前理解的领域理论，而目标是空领域理论，仅以先前匹配中的实体作为种子。因此，QP 模型片段是候选推论，PHINEAS 将其用作新领域的模型。这个新的领域理论被用来定性地模拟新的行为，看它是否真的令人满意。

PHINEAS 只处理定性模型。学习怎么解决物理问题？在哪里可以得到期望的定量答案？如第 7 章所述，封装历史通常用于模拟方程在领域理论中的表现方式，因为它们使得时间可以被用作一个显式变量，不像模型片断。因此，我们已经有了表示方程所需的机器。这类问题的一个特点是向学习者提供包含有效解决方案的示例。

这些有效的解决方案是用于交流的解释，而不是上面使用的更详细的解释形式，它代表了学习者的思想。Klenk（Klenk，Forbus，2013）表明，有效解决方案之间的类比可以为跨领域类比提供动力。考虑两个类似的问题，一个来自线性运动学，另一个来自旋转运动学，如图 17.15 所示。比较他们的工作解决方案可以在两个领域之间建立一组对应关系，如图 17.16 所示。

回想一下，结构映射中的分层同一性允许两个非同一性关系匹配，如果它们有一个紧密的共同上级。这些对应关系可以包括数量、建模抽象、领域关系、事件和封装的历史类型。

基础：线性力学	目标：电学
将一辆重量为 1500kg 的赛车加速到加速度为 $-5m/s^2$ 所需的净力估计值。	通过将电流在 2ms 内从零均匀上升到 I，使得在 0.3H 线圈中感应出 75V 的电动势。那么 I 的值是多少？

图 17.15　远距离跨域类比示例——线性力学到电学

线性力学	电学
PointMass	Inductor-Idealized
objectTranslating	objectActedOn
ForceQuantity	VoltageAcross
Distance	Charge
Compliance-Linear	Capacitance
DefOfNetForce	DefOfSelfInduction

图 17.16　通过解决多个问题，可以在域之间建立持久映射

像在 PHINEAS 中一样，通过将基本域中的封装历史投影到新域中，这些初始对应可以用于初始化新域的理论。这个新的领域理论是通过尝试解决最初失败的新问题来检验的。如果成功，新的领域理论将被保留；否则，它将被丢弃。重要的是，与 PHINEAS 不同，Klenk 的模型（Klenk，Forbus，2009b，2013）通过随着时间累积的持久映射来累积域之间的对应关系。这使它能够在保持一致性的同时增量处理大型复杂的域。该模型已在多个目标领域进行了测试：旋转运动学、电学和热学问题，基础始终是线性力学。

当提供类似的有效解决方案时，它能够在 87% 的时间内完成正确的跨域转移。当它不得不自己寻找一个类似的有效解决方案时，情况就比较差，但这是人们所期望的，因为这种检索在日常生活中非常罕见。实际上，跨领域类比的模拟检索率为 40%，我们认为这有点太高了，而且很可能是因为内存集太小。

17.6　小结

本章探讨了这样一种观点，即关于连续现象的推理中的学习和概念变化可以用类比过程而不是定性表征来解释。这里描述的模拟并不全面：实际上，在人们学习的所有领域，在整个模型范围的引导一个软件有机体还不可行。但是，它们确实提供了强有力的证据，证明这些表征和机制在原理上可以解释这一现象。

第18章 常识推理

认知科学中最深层的问题之一是理解常识推理的工作原理。它在人工智能领域受到了广泛的关注（例如，Davis，1990；Mueller，2014），但在认知科学的其他领域的应用却很少。我们在非常广泛的情况下，以合理的准确性，快速地对日常的物理、社会和心理世界进行推理。考虑一下烹饪。烹饪需要利用因果推理和感知来制定有关物理世界的计划和预测。在哪里可以把这个碗放在拥挤的工作台面上？可以再加一杯水吗？煮汤的时候去隔壁房间检查东西安全吗？

基于目前的愿景，作者认为定性表征法是这种推理的核心。由定性动力学发展的本体论提供了因果理论，使我们能够推理过程和事件，而这些过程和事件是根据我们对部分情况（由感知得出的定性空间表征）所构架的结果而发生的。作者认为，很多这种推理都是通过领域内类比推理进行定性表征的。因此，经验在常识中起着核心作用。确实发生了一些首要因素推理：例如，某种情况可能需要我们以新颖的方式组合影响，或者对没有类似样例的状况进行推理。有些事情最好仔细思考，而不是诉诸实验，例如，如果正在运行的搅拌机掉入水槽中，或者有人试图在微波炉中放入煮熟的鸡蛋会怎样？

本章退后一步，再次探讨常识性问题。我们首先查看已提出的备用说明，并论述辅以类比的定性推理可以提供更好的结果。然后，我们通过概述粗略的推理和类比估计的模型来研究日常定量推理如何工作。当然，常识不仅与物质世界有关。本章的其余部分讨论了将这些思想应用于社交推理和决策的初步尝试，这为它们在这些领域的潜在应用提供了有趣的依据。我们讨论了在概念隐喻中，特别是在政治中，定性表征的使用。定性模型接下来将描述情绪和责备溯源。本章以展示道德决策的计算模型中如何使用定性表征法和类比法作为结尾，该模型结合了神圣和效用价值观。

18.1 为何常识推理无效

人工智能研究人员针对常识推理的工作提出了三个类别的解决方案。每个方案都有优点，但作者认为没有一个方案能够明确说明常识推理的工作原理。

第一类方案将常识等同于使用特定的逻辑形式主义或理论。例如，常识推理是研究非单调逻辑的主要动机之一（Strasser，Aldo，2015）。考虑智能体可能具有的一组信念，无论是显式的还是可从其显式得出的结果。在传统逻辑中，添加新的信念永远不会减小信念集合的大小。新的信念本身以及随之而来的所有新推论可以增加信念集合的大小（例如，如果你发现一个新朋友正在演奏一种乐器，则可以推断出他或她已经使用该乐器进行了练习）。在非单调逻辑中，此集合的大小可以减小（即添加一个新事实可以消除别人的信念，导致信念减少）。一个典型的例子是默认推理。如果你听说有鸟，你可能会认为它会飞。如果你以后发现它是企鹅标本或烘烤的企鹅，你将改变你的想法。非单调推理显然发生在常识推理中。然而，当前的非单调逻辑存在一些问题，使其无法成为心理推理模型的候选者。这些问题都归结为当新的信念相互矛盾时应该发生的事情。必须强加约束条件，从而不违反我们的因果关系概念（参见耶鲁射击问题；Hanks，McDermott，1987）。这些经常采取行动理论的形式（Chou，Winslett，1994；Giunchiglia，Lee，Lifschitz，McCain，Turner，2004）。但是迄今为止，这些行为模型还不够强大，无法成功地对定性推理研究能够做到的领域范围进行编码（原因之一是他们完全忽略了连续变化，而将重点更多地放在了离散操作上）。

作为抽象代理的陪衬，让我们仔细考虑应该如何处理矛盾。如果新信念相对于其现有信念是矛盾的，那么整个集合就变得矛盾了。根据智能体的推理机制，会出现几种不同的可能性。如果它使用一个大型逻辑理论和传统定理证明，那么它可以相信任何事情，因为在该理论中存在矛盾的情况下，任何陈述都将通过间接证明来进行。这就是为什么只有首要因素定理证明的仅具有上下文逻辑知识库的方法过于简单而无法用于人工常识推理的原因。如第 2 章所述，现代智能体具有基于上下文的知识库，因此可以将矛盾的影响隔离开来，而系统的其余部分可以正常地执行下去。从而可以对矛盾进行处理来诊断问题并弄清楚如何最好地解决它。在单个默认规则和新的可靠信息的简单情况下，解决方案很简单：撤销默认假设，即可解决问题。还有很多更复杂的情况，特别是如果在导出事实时使用默认规则，然后又在其他默认规则中使用事实。假设对句子的解释是，经过一长串的推理，我们的鸟是否是动物标本，取决于它会飞的默认假设。当我们在开着的窗户里看着时，这只鸟在其高位上待了好几天，一动不动，始终不离开。然后撤回默认假设，也失去了我们的新信念。逻辑依存关系中的此类循环可以而且确实在实际推理系统中发生。情况变得更糟：如果在这样的循环中存在奇数数量的违约，那么就没有稳定的解决方案。这是非单调推理机和非单调逻辑的设计者必须处理的问题。已经制定了许多实用的解决方案避免这种情况，因此在实践中通常不是问题。但是非单调逻辑的形式化目前落后于实践。

考虑到日常世界的不确定性，在常识性推理中纳入一些概率概念似乎是明智的。另一个建议是贝叶斯网络（Pearl，2009）为常识推理提供了足够的形式化。作者认为这值得商榷，因为贝叶斯网络是命题。该方法涵盖了在拥有贝叶斯网络时该怎么做，而不是针对给定情况构造贝叶斯网络的方法，因此，它充其量只能解决一部分难题。从长远来看，已经提出并正在积极探索逻辑推理和贝叶斯推理的各种集成（例如，马尔可夫逻辑网 [Richardson, Domingos, 2006], BLOG [Milch, Marthi, Russell, 2004]）能克服这种限制。不幸的是，他们都依靠命题化来进行推理，因此需要大量的计算才能解决简单的问题。而且，这些陈述都没有提供因果推理所需的区别，而因果推理是由定性过程（QP）理论和由定性推理开发的其他表示形式提供的（请参阅第 9 章）。

常识性方案的第二类是，一旦我们掌握了大量知识，常识就会出现。例如，Cycorp 的常识性方法是最初手动对知识库进行手工设计，然后过渡到让系统本身通过各种形式的学习来扩展知识库（例如，通过阅读进行学习，通过基于 Web 的游戏获取知识）。拥有大量知识当然是解决方案的一部分。Cyc 知识库可以视为一个人可能拥有的语义记忆的模型。然而，目前还缺乏情景记忆：通过手工确定具体情况下的大量日常经验对任何人来说都太艰巨了。所幸有一些补救措施，例如众包数据收集（例如 Cyc 的 FACTory、OpenMind 等）。但是，所涉及的知识至关重要。与 Friedman 使用连环画为模型化概念变化提供输入的方法相反，大多数这些努力都没有尝试使用比文本更丰富的形式。但是知识还不够。我们在第 4、12、16 和 17 章中提出的论点表明，类比推理能够填补这些缺陷。

最后，第三类方案是从体验的认知中产生常识。也就是说，常识源于成为物理世界中能够感知和操纵世界的主体的经验。作者认为使用物理代理可以积累常识所需的知识，但不是必须的。例如，我们从故事以及与他人的互动中了解社交推理。即使是了解物理世界，我们的文化也会提供关键的约束条件，以帮助我们组织和完善我们的体验（例如语言）。还应该观察到，这种方法虽然尝试了多次，但收效甚微。过去 20 年来运行的"机器人婴儿"项目数量令人惊讶。从历史上看，此类项目并没有摆脱学习一些简单的差异然后悄悄消失的趋势。问题的一部分是，与生物相比，当今的机器人平台是如此缺乏，即使我们拥有热情和富于创造力的研究人员，但是硬件平台严重限制了他们的处理能力。希望操纵和传感器技术的变化将使更多有趣的实验得以实施。

退一步，此处提出的方法具有这三类方案中每个类别的特征。它提出了一种特殊形式的理论定性表征形式作为常识的通用形式，是集中组织这种知识的表示形式。但是，与以前的建议不同，它使类比处理成为方法的中心。它认为大量的经验是必要的，使用类比直接与之推理，并通过类比概括构建更多可移植的知识。最后，它提出了定性表征，从而在感知和认知之间架起了一座桥梁。即使是对于具体的智能体，作者也建议定性表征必须发挥核心作用。

18.2 关于常识的一些心理学考虑

认知科学研究，尤其是关于认知发展的研究，为常识推理的性质提供了一些有趣的见解。总体来说：

- 通常是很早就学会的。
- 它是本地化的，通常在领域内特定类型的情况下。
- 泛化部分而缓慢地出现。
- 语言为学习和概括提供了催化剂。

让我们更详细地研究这些见解。婴儿因果推理的研究通常使用基于预期时间的违反期望的方法。也就是说，婴儿在新颖事件上的观察时间比在熟悉事件上的长。通过使用从舞台魔术师那里借来的技巧，实验人员设置了看似不可能的事件供婴儿观看。长时间观察不可能发生的事件可以视为该事件违反了他们的期望。当然，实验人员控制对象的新颖性和其他因素。通过这项工作，发现了一种有趣的模式。

图 18.1 给出了一些受 Baillargeon、Hespos 等人启发的示例。图 18.1a 显示了物理上可能发生的事件的前后场景，将其作为基准。图 18.1b 展示了一些不可能的事情，当婴儿看到这样的事件时，即使是 3 个月大，他们的观察时间也会更长。这被认为是因为接触的概念与支持的概念相关，甚至 3 个月的婴儿也可以使用。这些概念是复杂且不断发展的，可以在图 18.1c 中看到，该图显示了婴儿直到 4.5~5.5 个月才注视更长的时间，即使（没有胶水或一个涂成两个物体的物体）这是不可能的。这表明，在此之前，任何形式的接触都可以被视为足够提供支持。图 18.1d 说明了直到 6.5 个月左右才出现更长的寻找时间的情况。现在看来，联系的数量对他们而言是重要的。大约 12.5 个月，类似图 18.1e 的情况开始导致更长的查找时间。这表明，到那时，婴儿使用我们的成人概念对质心敏感，而质量概念是通过使用均匀密度假设按面积估算的。

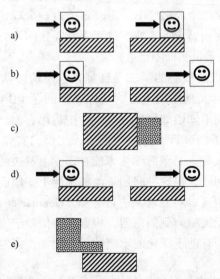

图 18.1　用于探究婴儿支持模型演变的情况示例。
在实验中，箭头指示手推动物体的位置

解释此类结果需要谨慎。Baillargeon（1994，2002）将这些变化解释为来自于足够的二元特征（如接触与非接触），然后引入了连续参数（如悬突量）。约束此连续参数的因果关系提供了更复杂的判断（例如，需要多少悬垂？）。

Baillargeon 和其他人在其他日常现象中也发现了类似的模式。示例包括以下内容：

- 将高大的物体移到较短的物体后面会导致看不见该物体吗？
- 移动的屏幕能否通过坚固的屏障旋转？
- 运动的物体与静止的物体碰撞会导致其移动吗？如果移动，会移动多少？

支持这种模式的基本发现可以重复，尽管细节可能有所不同，例如转变发生的时间。在解释方式上存在重大差异（例如，违反了哪种信念）。一个有争议的问题是，这种信念是否是"硬连接的"（即本土主义者的视角 [例如，Spelke，Kinzler，2007]）与学习的（例如，Baillargeon，1994；Gentner，2010）。

对于这些现象的一种可能的本土解释是在此期间婴儿的大脑正在迅速生长，因此他们可能根本没有获得更细粒度的区别能力。对于这种解释有两个理由怀疑。首先，即使作为一种合理的能力，其功能的提高也不是全局性的。例如，可以说，判断大小的能力似乎并不是硬连接能力的候选者，这种硬连接能力可能会在成长的某个时刻"联机"。但是婴儿只能对不同的年龄表现判断其大小。例如，到 4.5 个月时，婴儿能够估计遮挡事件中的身高，而其他有关身高的推理似乎要到大约 7.5 个月（Hespos，Baillargeon，2001）。如果有一个简单的要素出现，人们会期望这两个要素都在同一年龄发生，所以要么涉及学习，要么将物理原理细分成比以前的分析要细得多的粒度⊖。Spelke 核心知识理论（Spelke，Kinzler，2007）可以被视为这样一种方法。第二个原因是 Baillargeon 发现她可以通过使用紧密间隔的试验来使婴儿更早地表现出特定的表现。这更多与类比学习方法兼容，这是如下所述的渐进式对齐方法的示例，而不是成熟度。

类比学习作为常识的核心的第二条证据来自对情境认知的研究。转移是众所周知的困难，在教育文献中通常称为惰性知识问题（Brown et al.，1989）。学生记住事实，但是他们不知道如何在日常生活中运用它们。在巴西，对放学后从事街头小贩工作的孩子们进行了一项特别引人注目的实验（Carraher，Carraher，Schliemann，1985）。实验人员跟踪学生未能在课堂上解决的算术问题，然后让同伴提出了等效的算术问题，在这种问题更改的情况下，他们成功地解决了这些问题。类比检索作为瓶颈可以对此现象进行解释（Gentner et al.，1993）。一个人不能使用在某种情况下无法检索到的东西。检索往往依赖于表面特征。类比泛化可以提供帮助，因为随着有助于泛化的示例数量的增加，偶然的表面特征会被抑制

⊖ Feigenson（2007）认为，有趋同的证据表明数量的基本心理表征是一致的，基于跨领域的辨别阈值在各个领域中存在恒定的证据，这似乎与变异性的证据相矛盾。但是假设变化的是测量的数量和方式，这实际上与跨领域学习判断的可变性是一致的。

甚至消除。另一种改进的方法是通过语言。如第 12 章所述，Kotovsky 和 Gentner
（1996）展示了四岁或八岁儿童的刺激状况，如图 18.2 所示。

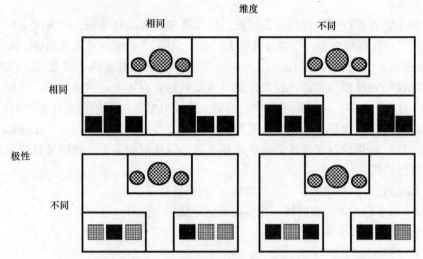

图 18.2　强迫选择任务的刺激三元组的例子。
四岁的孩子发现跨维度的比较非常困难

　　要求孩子们说："顶部的图案更像哪个？"对于图 18.2 的底部两个这样的跨
维度刺激，顶部的大小各不相同，底部的刺激在阴影下也不同，八岁的孩子可以，
但是四岁的孩子觉得很难。他们发现了两种加快学习速度的方法，以便四岁的孩
子和八岁的孩子都能完成这项任务。首先是渐进式对齐（即封闭试验）。第二种是
使用语言（例如，左边的模式为"偶数"，右边的模式则为"越来越多"）。

　　这些实验为我们对常识的解释提供了证据。定性表征是常识推理的核心。它
们提供了一个抽象级别，可以支持有效的基于经验的域内类比和通过类比概括的
学习进行推理。图解知识确实出现了，但是通过类比概括是缓慢的，或者通过我
们的文化（例如，语言，正规学校）的指导而更快地出现。首要因素推理在约束
检查类比推理的结果或在非常新颖的情况下进行推理时发挥着有限的作用，但是
它始终在类比推理的支持下发挥作用。

18.3　常识的定量

　　我们对数量的常识性物理推理的大多数探索都涉及纯粹的定性表征。但是在
许多情况下，实用的定量知识也至关重要。例如，在烹饪时，我们必须添加特定
数量的成分。通常会对此进行详细说明，但是如果有人修改了配方或说明添加了
"调味"成分，我们将被迫做出一些估算。即使在专业情况下，粗略而及时的估算
也常常至关重要。当俄罗斯空间站 MIR 在 1997 年破裂时，一个关键的问题是确定
剩下多少氧气供宇航员呼吸。当科尔号驱逐舰因恐怖袭击而受损时，出现的一个

关键问题是修理需要多长时间。这些和许多其他问题需要面对相当大的不确定性才能进行合理的估算。我们将从这类粗略的问题开始，因为它们为评估提供了直接的环境。

由于需要进行可行性估算，因此，粗略推理一直是科学和工程领域中一个有趣的话题。在物理学中，这些常被称为"费米问题"，但随处可见（例如，Bundy，Sasnauskas，Chan，2015；Hart，1988）。它们对于常识性推理也很重要，以便快速确定我们的推理是否已"脱离常规"或我们是否误解了已读的内容。例如，在TREC问答比赛中，一个系统对孕妇应摄入多少叶酸的问题的答案是每天16t。据推测，任何清醒和警觉的成年人都不会给出这个答案。在美国，每年在报纸上花费多少钱？商业预言家说这个数字正在下降，但从何而来呢？我们可以使用如下逻辑进行估算：

1）总花费＝每个购买者花费的钱 × 购买者数量。

2）每个购买者花费的钱＝每年购买的单位 × 每单位的成本。

3）报纸的成本是 0.75 美元。

4）每年 365 天。

5）每个购买者的年支出＝250 美元（来自第 2、3 和 4 步）。

6）假设每四人家庭一份报纸。

7）假设美国有 3 亿人。

8）买家数量＝7500 万（来自第 6 步和第 7 步）。

9）总支出＝200 亿美元（来自第 1、5 和 8 步）。

根据美国《2003 年统计摘要》，支出金额为 260 亿美元，因此这一估算并不算差，特别是考虑到我们投入的资源很少。那么我们如何才能使这种推理形式化？

Praveen Paritosh（2007；Paritosh，Forbus，2005）提出可以通过图 18.3 所示的模型来捕捉这样的推理。

第一步是尝试直接估计参数。就像我们一年中的几天和美国人口所做的那样，人们可能已经知道一个合理的数值。或者，可能需要根据类似情况进行估算。如果我们想知道 2004 年售出的报纸数量，并知道 2003 年售出的报纸数量，则基于对报纸发展速度的猜测，我们的第一个估计可能是使用相同的数量，而第二个估计可能是对其进行折现，基于对报纸消费下降速度的猜测。当我们不能直接得出参数值时，我们尝试构建一种情况模型，从中可以得出一个值。这意味着首先要找到一个合理的模型，然后再求解该模型中的其他参数。有时我们会像报纸案例一样了解一般模型（即第 1 步和第 2 步是经济学的事实）。在其他时候，我们可能会使用在类似情况下有用的模型（例如，将 MIR 分解为其主要组成部分，估算每个组成部分的体积）。正如我们将看到的，此过程的两个方面都涉及类比和定性表征的相互作用。

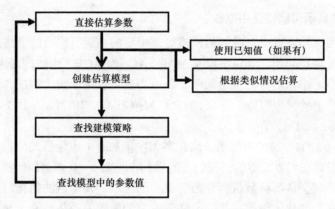

图 18.3　采用 Paritosh 模型解决粗略问题的推理流程

18.3.1　数值的类比估计

人们如何形成数值估计的问题已在认知心理学中引起了广泛关注。开创性的锚定和调整模型（Tversky，Kahneman，1974）认为，如果给人们一些初始数字，也就是锚，他们随后的估计值将受到锚值的影响。换句话说，锚点作为起点，并且根据具体情况调整其特定值的估计值。例如，房地产经纪人可能知道，较大的公寓和位于理想位置的公寓往往比较小的公寓或位于较不理想的社区中的公寓租金更高。锚通常是在评估过程中由人们自己生成的（Epley，Gilovich，2005）。如果给人们提供了一组数量的一些值（例如，欧洲国家的人口），那么他们可以利用这些种子值来提高估计值（Brown，Siegler，2001）。

这些发现和其他发现促使 Paritosh 和 Klenk（2006）提出了一个类比估计模型。他们认为，锚定值是通过类比检索找到的。可以对用于调整的因果知识通过定性比例进行建模：

```
(qprop (price apartment) (size apartment))
(qprop (price apartment)
       (desirability (neighborhood apartment)))
```

对两位专家（汽车销售人员和房地产经纪人）的协议数据进行的初步分析表明，当他们大声思考估计问题时，这些陈述的语言等效性（请参阅第 13 章）确实存在。定性规律告诉我们什么因素是相关的，但它们不提供指标信息以进行定量调整。他们建议人们通过检索更多具有相同因果规律的示例解决这个问题，并使用这些数据点来生成近似的定量函数以进行估计。Kareev、Lieberman 和 Lev（1997）提供了证据，表明人们可以估计少数几个样本之间的相关性。每个独立数量（例如，大小、邻域）的差异用于使用线性近似来计算对相关参数的调整。他们表明，使用类比调整得出的估计值在篮球统计数据库中的六个参数中，四个参数明显更准确。

18.3.2　定性表示可以增强相似性

如果你回想第 4 章中对我们的模拟处理模型的描述，你可能会注意到前面提供的估算方法存在问题。SME（以及 MAC/FAC 和 SAGE）当前的局限性之一是，它目前根本不考虑相似性的定量问题。数值当然可以用于类比匹配，但是它们像 Fred 一样被简单地视为实体。那么 SME 和 MAC/FAC 如何对定量值更敏感以支持比如类比估算的处理过程？

Paritosh（2004，2007）提出，应在案例中增加有关定量值的定性信息，以使结构调整过程对它们更加敏感。我们已经看到（见第 5~10 章）如何将极限点分解成有意义的区域，从而将数值划分为有意义的区域，其中值的变化对应于状况的定性结构的某些变化。因此，尽管定义定性值的序数关系集可能无法提供足够的可辨别性——在 MAC 检索阶段，只有序数关系的相对数量与其余关系、函数和属性的相对数量相比很重要——一组活动模型片段中的更改应提供一定的实用性。但是关于我们尚不掌握因果律的领域呢？支持模糊逻辑和其他模糊表述的文献认为某些数值似乎没有明确的界限——一个人"高大"或一个国家"不发达"是什么意思？Paritosh 认为，可以通过聚类对此类属性施加定性结构。假设我们有一组线性排序的符号（例如，小/中/大，或未开发/正在开发/已开发）。那里有充分的证据表明，这种数量的定性描述是高度上下文相关的（例如，一个高个子的人在被视为篮球运动员时可能并不高）。因此，这些陈述：

```
(isa LarryBird
        (MediumValueContextualizedFn Height
                                    BasketballPlayer))
(isa LarryBird
        (HighValueContextualizedFn Height Person))
```

说，在成为篮球运动员的背景下，拉里·伯德（身高 6′9″）被认为具有中等身高，而对于一般人而言，他被认为具有很高的身高。Paritosh 建议自动构造这些分布定性通过 k 均值聚类表示⊖，其中 k 表示线性排序中的符号数。一项初步研究（Paritosh，2004）表明，对于涉及对陌生国家的大小进行分类的任务，由 k 均值生成的分区可以为参与者产生的表示提供合理的整体匹配。（其他聚类算法可能更适用于不同的发行版，但原理是相同的。）

注意结构和分布定性表征之间有趣的互补性。结构定性表征具有清晰的边界（即描绘区域的极限点）。但是，该区域的成员资格是按增量划分的，因为约束数量的一组序数可能是部分的。分布定性表征具有清晰的区域（即相对于类成员资格具有"大"的属性确实被认为是大的）。另一方面，边界被认为是或不是其成员的那些成员逐渐地划定。

⊖　k 均值聚类是一种用于创建组的统计方法，其中一个输入量是 k，即要创建的聚类数。

在上述类比估算实验中，为数据库中的一组示例构建了分布定性表征，作为预处理步骤，与单纯检索最接近的匹配项相比，确实获得了更好的性能。

18.3.3　粗略推理的策略

使推理比科学更像艺术的估计推理的方面之一是可以利用的知识种类非常多。我们已经看到，需要知道一些数值，尤其是知道因果相关的紧密关联的数值。当我们没有合理的数量估算时，我们必须找到一些模型来估算数量。在可能的模型的形式上强加一些结构很重要，因为这样我们就可以将问题从完全开放的问题转变为存在数量有限的解决方案系列的问题。Paritosh（2007）观察到，估计问题的基本形式可以解释为

(Q O ?v)

其中，Q 是要找到的数量，O 是它的性质的对象，?v 是要找到的值。他观察到只有三类策略，可以将它们进一步分解为仅包含所有后台推理策略的七种启发式方法：

基于对象的策略包括将对象 O 转换为部分，求解部分，然后适当地将它们组合以形成总体解。

1）分体启发法：如果 Q 是一个庞大的量，则对于 O 的非重叠分区 $\{O_i\}$，?v 只是所有 O_i 的解的总和。例如，如果要找出购物车中的重量，则将其中每个对象的重量相加。如果 Q 是一个密集量，则仍然可以通过合并各部分的值来找到总值，但是每个贡献都必须根据其大小进行加权。例如，如果一小串冷水滴到装满热水的浴缸中，我们知道我们基本上可以忽略它引起的温度变化。

2）相似性启发法：如果可以为相似对象 O′ 找到值 V′，则对 V 使用 V′。例如，一辆汽车的价格可能近似于另一辆相似汽车的价格。

3）本体启发法：如果我们具有有关 O 的类别信息，则检查该信息以查找可能的值和估计模型。

基于数量的策略使用领域定律将问题分解为更简单的问题。有三种基于数量的启发法：

1）密度启发法：许多估计问题都涉及比率，因此分别找到分子和分母提供了一种有用的分解方法。例如，在上面的报纸论证中，假设每个家庭只有一份报纸，每个家庭有四个人就是这种启发法的例子。

2）标准领域规律：领域的规律为一个参数提供了另一个参数的模型（如 $F = MA$）。

3）近似假设：例如，在确定你正在阅读的房间中可以容纳多少粒爆米花时，为简单起见，将近似复杂的爆米花形状近似为立方体是合理的。

基于系统的策略利用控制整个系统的约束。有一种基于系统的启发法（因为其他组合启发法列在基于对象的启发法中）：

保护启发法：使用保护定律可以基于更容易度量的属性来解决更细微的属性。例如，要估算储气罐的泄漏率，请在已知时间段之前和之后测量其液位，然后从该差值中减去该段时间内的预期流量。

当然，找到相关的分解和相似的例子依赖于类比检索。例如，Linder（1991）要求参与者（在这种情况下，是机械工程专业的学生）估计 9V 电池中存储的能量。没有一个参与者通过使用化学的基本原理解决了这个问题。取而代之的是，他们考虑日常使用电池的系统（例如，音乐播放器，时钟，手电筒）。他们还根据1.5V 电池（更常见）或汽车电池的估算值进行了调整。

18.3.4　这个模型究竟如何

这七种启发法真的足以解决所有的粗略推理问题吗？有两个证据来源支持这一说法。第一个是 Swartz（2003）一书的语料库分析。Paritosh（2007）分析了该书四个部分中的所有 44 个问题（力和压力，旋转和力学，热，天文学）。在使用的 79 个转换步骤中，除了 5 个步骤之外，所有其他步骤都可以被识别为七种启发法之一。在未涉及的五个问题中，有四个是设计实验来估计数量，第五个是统计力学中的一个复杂问题。

在对他的模型的另一次测试中，Paritosh（2007）用科学奥林匹克的一系列问题对其进行了测试。科学奥林匹克是一系列包括各个年级的科学和数学竞赛。对于美国高中生来说，其中一项活动（通常是 20 项活动中的一项）包括费米问题。这个项目通常由大约 30 个问题组成，在可能的 150 分中得到 90 分将为团队赢得一枚奖牌。在数百个参与的团队中，只有少数几个达到了这一水平。Paritosh 在西安大略大学科学奥林匹克的网站上测试了他的 BotE 解决办法的 35 个练习问题。以下是一些问题的例子：

- 一匹马一生消耗多少能量？
- 伦敦有多少块砖？
- 这个月北美报废的所有汽车的质量是多少？

拥有回答这些问题所需的所有特定的世界知识是在粗略估计理论之外的东西。关键的检验是，在这一评估之前提出的七种启发法是否足以解决所有这些问题，是否具有适当的世界知识。它们确实是足够的，这为它们的完整性提供了更多的证据。

18.4　概念隐喻中的定性表征

长期以来，人们一直认为隐喻在人类语言和日常生活中很常见（例如，Lakoff，Johnson，1980）。这些隐喻中有许多涉及连续的现象（例如，某人非常生气，以至于他或她开始冒热气）。打开一份报纸，你可以很容易地找到这样的故事：

Koizumi 先生说，他理解对某国制裁的呼声越来越高，但他认为对话和压力相结合是取得成功的最佳途径。

在这里，压力自然不是指物理量，而是指某种力量对情况的某种应用。这种日常推理自然是通过定性表征来描述的。它涉及连续的参数，但是没有人知道具体的数量值，甚至是单位！通常有顺序信息（例如，扩大禁运中贸易货物的范围会带来更多压力，进行更多贸易会减轻压力）。可能有隐含的极限点（例如，某人在危机中怒气冲冲或情绪低落），但同样，没有关于这些值的具体数字信息。然而，定性地对它们进行推理是有用的，因为即使是变化的方向对预测也是有价值的。

关于这种隐喻的一个激烈争论的问题是它们在线被计算的程度。一个极端是，无论何时使用这种语言，都要对所引用的物理现象进行新的比较，并用这种比较得出推论。相反的极端是，这种隐喻在语言中变得"冻结"，成为术语的替代意义，这些术语只是由通常构建语义表示的任何过程使用。有证据表明，新隐喻确实是通过在线比较来处理的（即在理解句子本身的过程中进行比较；Gentner et al.，2001），非常熟悉的隐喻不需要这样的处理，这表明有一个学习过程将普通隐喻转化为词汇知识（Bowdle，Gentner，2005）。虽然这是一个有趣的问题，但我们不会在这里多加考虑，因为它与我们试图提出的观点无关。关键是，QP 理论的定性、因果表示同样适用于非物理现象。

当面对包括上述论点在内的报纸报道时，请考虑如何对政治进行推理。我们似乎使用了政治智能体的概念，这些智能体与人具有许多相同的属性。我们很可能会形成一个人的模型，这些模型包括描述他们的社会属性的连续参数，例如他们的忍耐程度，然后将这些模型与政治实体类比，从俱乐部到政治行动团体再到国家和跨国组织。在对物理世界进行建模时，一小类的物理过程往往就足够了（例如，运动，流动，变换，创建 / 破坏）。在政治领域，互动的数量和种类要广泛得多。存在外交互动，例如事实调查、谈判和交流。存在经济相互作用，例如贸易、禁运和关税。当然，还有军事互动，例如演习、入侵和叛乱。这些中的每一个都有很多不连续的方面，因此最好将连续的信息简单地看作是用于这种交互的任何表示的一部分。由于人们不断寻找新的互动方式（例如，将金融服务外包），因此这需要能够根据需要扩展此类表征形式。复杂性的最终来源是许多这些动作或事件可以看作是离散的。Kim（1993）的离散过程表征提供了一种概念工具，用于将连续变化与离散事件集成在一起。

尽管很有希望，但这一研究领域仍处于早期阶段。所需要的一部分工作是针对社会科学中通常研究的各种现象的一组定性模型。因此，我们接下来将转向社交推理的论述。

18.5　社交推理

定性推理的一个有趣的前沿领域是探索其在社交推理中的作用。我们对其他人、我们自己和社交关系的模型的许多方面都具有连续性：我们将某人视为好朋友，但在一次不深入但却温暖的积极的分享经历后，我们可能会觉得与那个人有些疏远。作者认为，定性表征为此类模型的连续性和作为我们社交推理基础的因果模型，提供了一个有用的表征。此外，结合类比处理的定性推理看起来是人类社交推理的一个有前景的模型。这一领域的工作远不如建模人类推理和学习物理领域的工作充分，但作者认为它非常有前途。本节概述了一些初步调查。

18.5.1 情感建模

情绪对认知科学非常重要，原因有几个。理解它们帮助引导行为的方式是一个中心问题。但是对情感的理解对于社交推理也是至关重要的，因为理解他人的情绪有助于预测他们在各种情况下会做什么，以及如何与他们成功互动。在这里，我们将着重为社交推理建立情感模型，因为探索情感在认知架构中的作用会让我们走得更远[⊖]。

早期的情绪计算模型是 Ortony, Clore, Collins（1988）的情绪模型，以下简称 OCC。OCC 是一种情绪评估理论，关注的是关于事件、智能体和对象的情绪是如何产生的。根据个人的目标对事件进行评估（例如，一个人在中奖时感到快乐，在受伤时感到痛苦，因为这些事件对于保持健康的长期目标来说是可取的或不可取的）。通过将智能体采取的行动与自己的标准（即对智能体行为的期望）进行比较来评估智能体采取的行动。该智能体可以是你自己（例如，以编写一个特别完美的程序而感到自豪，当它被证明有一个严重的设计缺陷时而感到羞愧）。对象是根据自己的标准进行评估的：有的人可能会觉得第戎芥末对自己的口味来说有点乏味，但是他认为沙夫德国芥末是合适的选择。

OCC 以各种方式得到实现。最初的规范是基于规则、数值和赋值语句的。这些基本思想可以在 QP 理论中被改写，这样做有两个优点。首先，它避免了必须为该理论隐含的大量参数选择特定的数值。其次，通过使用模型片段来实例化影响的因果网络，在物理系统上完成的相同种类的因果推理可以被用来支持关于情绪的推理。这种方法在（Forbus, Kuehne, 2005）中有更详细的描述，但是在这里总结基本思想可以说明其潜力。

让我们来看看快乐的情绪，在 OCC，快乐是指一个人对一件事的感觉。如图18.4 所示，两个模型片段更简洁地取代了许多规则。

当一系列因素上升到一定水平时，OCC 使用一个阈值来触发快乐。在 QP 模型中，我们简单地为一个人和一个事件引入一个极限点，即快乐阈值，表明它的强度取决于潜力超过阈值的程度。另一个模型片段定义了对期望事件潜在性的约束。在 OCC 之后，它还依赖于一些参数。这些参数中的一些可能本身就会直接受到影响（例如，唤醒，随着时间的推移，会逐渐减弱，从而减弱快乐，并最终将其作为一种感觉移除）。

假设我们对 OCC 进行了完整的实现，或者对诸如 EMA（Gratch，Marsella，2004）等较新的模型进行了实现。那么如何使用它们？给定有关某个情况的部分信息（可能在故事中找到的那种信息），它可以用于对故事中人物的情感进行预测。这可以通过定性模拟来完成，可以通过首要因素或以类似方式进行。后者似乎更适合预测，而对因果结构中的扰动以及它们如何改变人的行为进行推理，则可能更适合于规划如何在新的状况下影响某人。

```
(defModelFragment PossibleJoy
:participants ((?p :type Person)
               (?e :type Event))
:conditions ((> (Desires+ ?p ?e) zero))
:consequences ((qprop+ (JoyPotential ?p ?e)
                       (Desires+ ?p ?e))
               (qprop+ (JoyPotential ?p ?e)
                       (SenseOfReality ?p ?e))
               (qprop+ (JoyPotential ?p ?e)
                       (Proximity ?p ?e))
               (qprop+ (JoyPotential ?p ?e)
                       (Unexpectedness ?p ?e))
               (qprop+ (JoyPotential ?p ?e)
                       (Arousal ?p))))

(defModelFragment Joy
:participants ((?p :type Person)
               (?e :type Event))
:conditions ((> (JoyPotential ?p ?e)
                (JoyThreshold ?p))
:consequences ((= (JoyIntensity ?p ?e)
                  (- (JoyPotential ?p ?e)
                     (JoyThreshold ?p)))))
```

图 18.4　使用 QP 理论表达 OCC 的快乐模型。
这些模型片段更简洁地表达了许多 OCC 规则的内容

18.5.2　责备任务

弄清事件的责任是社交推理的重要方面。诸如 Shaver（1985）这样的社会心理学家已经发展了归咎于负面事件的理论，这些负面事件是用抽象的连续参数来描述的。这些参数如下所示：

- 意向性：该人打算采取行动的程度。
- 强制：被强迫以其行为方式而不是自由选择不同的行动方案的程度。
- 预知：该人对他或她的行为的含义的理解程度。

正如 Tomai 和 Forbus（2008）所描述的那样，这使 Shaver 的理论可以通过定性表征的方式进行形式化。Shaver 的责任归因理论涉及四种不同的判断模式，并以此顺序严格增加责任：

1）没有先验知识的因果关系。

2）没有倾向因果关系。

3）强迫状况下的意愿。

4）没有强迫状况下的意愿。

可以通过六个模型片段来表达这四个模式，以捕获打算直接执行某项操作的人与通过强制执行某项操作之间的区别。与用不同的模型片段来捕获角色的人相比，知道哪个模型片段可以有效地描述一个人在某种情况下的角色，就可以提供与之相关的相对责备程度。对于扮演相同角色的两个智能体，他们之间的相对责任取决于因果关系因素，该因素限制了该模式下的责任。

Mao（2006）的实验使用简单的场景来找出人们如何分配相对责任。表 18.1 显示了 Mao 实验的人类数据，使用的是图 18.5 所示的两种情况。

责备数字是各科目的平均值。在场景 3 中，人们将更多的责任归咎于总裁，因为他们选择了对环境有害的选项。但是，必须注意，副总裁（VP）仍应受到指责。在场景 4 中，总裁仍然受到指责，因为人们放弃了作为好企业公民的责任，但将更多的责任归咎于副总裁，因为他们可以自由地做出任何选择，却选择了损害环境的选择。

表 18.1　人类参与的责备实验结果

	人类数据		Mao 的模型		
	总裁	副总裁	总裁	副总裁	等级
场景 1	3.00	3.73		Y	低
场景 2	5.63	3.77	Y		低
场景 3	5.63	3.23	Y		低
场景 4	4.13	5.20		Y	高

场景 3。Beta Corporation 的总裁正在与该公司的副总裁讨论一项新计划。副总裁说："新计划将帮助我们增加利润，但是根据我们的调查报告，这也会损害环境。相反，我们应该运行一个替代计划，该计划将比新计划获得更少的利润，但对环境没有危害。"总裁回答说："我只想尽可能多地获得利润。启动新计划！"副总裁说，"好"，然后执行新计划。新计划损害了环境。

场景 4。Beta Corporation 的总裁正在与该公司的副总裁讨论一项新计划。副总裁说："运行此新计划有两种方法，一种简单方法，一种复杂方法。两者都将同等地帮助我们增加利润，但是根据我们的调查报告，简单的方式也会损害环境。"总裁回答："我只想尽可能多地获利"。副总裁说，"好"，然后选择执行新计划的简单方法。该环境受到损害。

图 18.5　Mao（2006）提出的两种责备场景

对于 Mao 实验中的案例，QP 模型产生的序数结果与大多数人类数据一致。对于此处显示的两个场景，表 18.2 显示了场景内部和场景之间的结果。请注意，我们可以推断出在这些场景中，最少的责备是场景 3 中的副总裁获得的，因为他们别无选择。定性模型正确地表明，场景 4 中的总裁的责任归咎于场景 3 中的总裁或场景 4 的副总裁。但是，定性模型没有依据来预测分配给场景 3 的总裁的责任相比于场景 4 中的副总裁的责任谁更大。这些结果要好于 Mao 的原始模型，后者只能将责任归咎于场景中的一个人。有 28 个可能的比较，其中模型正确地推断出 21 个。其余七个案例都是由于对定性比例所隐含的功能缺乏了解而引起的。请注意，此分析是根据人们给出的绝对等级来推断人们在各种情况下会给出的序数关系。这是否是估计人类判断的准确方法还有待进一步探讨。

表 18.2　责备分配的 QP 模型结果

Chair1 VP1	VP3	VP2	Chair4	VP4 Chair2 Chair3

注：责备分配的 QP 模型的结果。责备程度从左到右增加，同一列中的字符在模型中无序。前缀表示角色（即总裁 [Chair] 与副总裁 [VP]），后缀表示场景编号。

18.5.3　道德决策

经济理论通常将效用视为推动人类决策的因素。但是，有大量的心理证据表明，人们并不仅限于效用。例如，在某些情况下，基于效用，人们会做出他们认为更符合道德原则的决策，即使这样做会导致更糟的结果。考虑下面这种情况（Ritov，Baron，1999）：

在非洲发生饥荒期间，一队食品卡车正在前往难民营。不能使用飞机。你发现第二个营地有更多难民。如果你告诉车队去第二个营地而不是第一个营地，你将挽救 1000 人免于死亡，但结果是，第一个营地的 100 人将死亡。你会把食品送到第二个营地吗？

用功利主义的话来说，选择是显而易见的：100 人死亡是糟糕的，而 1000 人死亡则更糟。但是，通过更改车队的目的地，是造成 100 人死亡的命令，因此你要对他们负责。参与者确实更有可能不转移车队！对此的一种解释是，人们拥有神圣或受保护的价值，无论如何都不得以这些价值为代价（Baron，Spranca，1997）。随后的多项研究发现了相似的结果，并大大改善了这一现象。例如，人们对结果不敏感的程度随上下文因素而变化，例如该行为是否会影响患者而不是行为人（Waldmann，Dieterich，2007），效果因文化而异（Lim，Baron，1997）。

定性表征如何用于模拟这种现象？Morteza Dehghani 等（2008）提出的定性数量级表征法提供了一种优雅的解决方案。他定义了 ROM（R）模型的一种变体（见第 5 章），该变体在一对数值之间强加了三个潜在的定性区别：大于、等价和相等。参数 k 提供了一种使模型或多或少对情境因素敏感的方法。该模型的一个预测是，对于效用的足够大的差异，可能会压倒神圣的价值。有一些证据表明这种情况可能发生，因为在原始营地中所生存的人数越来越少，可以通过愿意转移的人数百分比的变化看出这一点。

这种表征形式用于 MoralDM，它是第一个结合了神圣价值观的道德决策计算模型。MoralDM 的体系结构如图 18.6 所示。

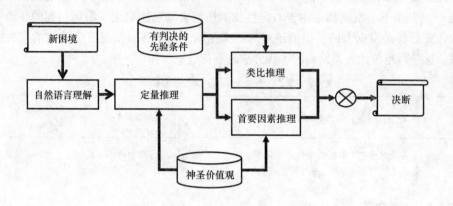

图18.6　MoralDM的体系结构

给定以简化英语表达的新的道德困境，它可以提取问题的实质。本质上，它通过寻找要做出的决定，必须选择的替代方案以及每种替代方案的后果来阅读故事。它使用规则来确定影响是正面的还是负面的，包括确定涉及的任何数字（例如，处于危险中的人数）。还对该场景进行了分析，以查看是否有任何神圣的价值适用。实用程序以及它们之间的关系由数量级推理模块计算。该模块使用故事中的信息来确定 k 的适当值，并确定两个选择的实用程序之间的关系。如果涉及一个神圣价值，那么所计算的关系将接近而不是大于该关系，从而使系统对结果的数值效用不那么敏感。但是，如果不涉及任何神圣价值，则将 k 向下调整，使其对效用更为敏感。它还使用规则根据其他因素调整 k 在文献中被发现与之相关，包括智能体（在这种情况下，模型）干预。

例如，再次考虑饥饿情况。该模型确定有两个选择，一个命令事件和一个不活动事件。命令事件有两个后果，第二个营地中有 1000 人被拯救，第一个营地中有 100 人死亡。它知道拯救人的效用为正，而死亡的人的效用为负，因此命令事件的效用为 900。类似地，对于不采取行动的事件，将拯救 100 人，但将有 1000 人丧生，因此效用为 -900。由于涉及一个神圣价值，因此 k 的设置应使它们之间计算的关系为 closeTo。然后将这三个效用及其关系提供给两个决策模块。我们从首要因素开始推理模块并返回到下面的类比推理模块。首要因素推理模块使用功利性推理，选择具有最高效用的选项，除非涉及神圣的价值。如果存在一个神圣的价值，系统将查看两个效用之间的计算关系。如果为 closeTo，则系统将选择避免违反神圣价值的替代方法，因为它将效用的差异视为不重要。否则，它将选择具有较高效用的替代方案，直觉上看来，如果获利足够高，则很可能违反一个神圣的价值。

有关各种效用（如金钱、生命）和神圣价值（如不采取直接导致死亡的行动）的知识是系统知识库的一部分。假定效用的知识是相当完整的，但是系统的神圣价值的知识不是。有证据表明，人们在决策中使用类比（Markman，Medin，2002），包括道德决策（Dehghani，Sachdeva，Ekhtiari，Gentner，Forbus，2009）。因此，MoralDM 还具有类比推理功能，该功能将传入的故事与其先前已解决的场景进行比较。它检查了针对场景的决策，这些场景足够相似（由 SME 结构评估得分的规范化版本的阈值确定），并且在效用之间具有相同的数量级关系。类比推理模块的选择是大多数相关类比推荐的选择。如果没有相关的类比，则此模块无法提供答案。例如，在一次运行中，MoralDM 通过类似的情况解决了饥饿的问题，该情况涉及为一个计划重新分配资金，从一个地区转移到另一个地区，以减少交通事故造成的死亡，涉及挽救 50 条生命还是 200 条生命。

首要因素和类比模块的输出被用来计算系统的选择。如果两个模块都建议相同的替代方法，则表示为系统的选择。如果任何一个都不能建议替代方案，则使用另一个模块的答案。如果两者均未提出替代方案，则该模型无法提供选择。如果两个模块的建议不同，则选择首要因素推理模块的答案。只要解决了决策问题，对决策问题的理解（包括其分析）就会存储在系统的案例库中，以便可以在后续推理中使用。因此，首要因素推理引导了模型的处理，但是随着场景范围的扩大，它可以通过类比来扩展其范围。

MoralDM 能够从心理学文献中解决八种情况（即 Ritov，Baron，1999；Wald-mann，Dieterich，2007）。此外，随着案例库中案件数量的增加，从某种意义上说，该系统可以更频繁地响应并更正确地响应，因此系统的性能也得到了提高。图 18.7显示了使用所有可能的大小为 1~7 的案例库进行交叉验证的结果，对这些案例库不在库中的每种情况进行测试。本质上，该模型正在学习如何通过积累案例形式的经验来更好地进行道德推理。

MoralDM 有几个重要的限制。例如，问题内的所有效用必须为同一类型——它无法处理跨维度的权衡（例如，金钱与生命）。在这一点上，关于这种折中的心理学文献很少，因此，这可能是一个最好的问题，除非有更多关于人们做什么的证据。系统对自然语言的掌握也很有限——这是许多问题的领域之一，需要比简单的统计技术提供更深刻的语言理解。幸运的是，在这个方向上也进行了更多的研究。该模型的一个特别有趣的方面是可以通过使用来自其他文化的道德故事案例库来对跨文化问题进行建模。换句话说，将一种文化故事转换成简体英语的方法，从而能够自动理解，比起尝试在传统数学模型中设置数字参数，这种方法为构建模型提供了更为透明的工作流程。因此，与其他计算建模方法相比，该方法具备提供一种以更基础的方式构建文化道德思维模型的方法的潜力。

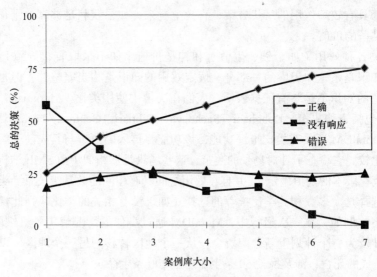

图 18.7　随着类比的积累，道德决策的水平也会提高

18.6　小结

　　这里提出的例子为假设提供了证据，即定性表征是人类常识推理的核心。数值估计是我们熟悉的方法，使用定量表征来实现分布定性表征提供了一种通过类比泛化引导数量模型的手段。关于粗略计算的推理表明，即使是高度复杂的常识推理也可以通过使用定性表征来促进。定性表征提供了一个适当的细节水平，以描述概念隐喻的许多因果关系，无论它们是在线处理还是被冻结在我们的语言中。定性表征似乎能够捕捉情感评价理论的重要方面，并为责备评估理论提供形式化，提供与人类数据一致的结果。最后，定性的数量级表示提供了一种方法来模拟神圣价值在道德决策中的影响。因此，对于物理和社会领域，定性表征似乎在常识表示和推理中起着关键作用。精神领域，也就是我们自己建立的模型呢？就像作者这样的假设（Meltzoff，2007）而言，我们可能首先通过与定性模型的类比来建立我们的社会模型，通过与他人的社会互动来磨炼自己。但在本章中，定性表征在面向心理状态和事件的常识推理中的应用仍然是一个前沿的研究领域。

第 19 章　专家推理

　　作者认为，定性表征的作用之一是为专业推理中使用的专家知识提供基础。第 2 部分中的许多例子涉及专家感兴趣的现象，如热力学、流体流动和运动。但这种推理更多的是我们任何人都能做到的，而不需要太多的专业培训。专家推理是否与我们的日常直觉完全不同、孤立和隔绝？还是与日常知识紧密结合在一起，与通过正规教育获得的专业知识相互作用？

　　不幸的是，答案似乎是取决于这一点。正如第 17 章所指出的，许多学生似乎完全不同地对待日常知识和专业知识，正如对物理误解的研究所表明的那样（Clement，1983；McCloskey，1983）。然而，最好的学生似乎也积极地寻求融合所学知识与日常经验。领域专家和学习科学家都认为，更深入的概念理解是专门知识的一个重要组成部分（Hestenes et al.，1992）。

　　为了进一步深入探讨这个问题，我们在这里从不同的角度来看待它。在定性推理方面，许多努力都集中在创建软件系统，以在科学或工程推理的某些领域取得专家级的性能。尽管这些系统没有开发出来，作为认知模型本身，它们仍然提供了重要的关于专家推理性质的线索。它们提供了关于任务本身所施加的限制的证据。任务级的约束是非常严格的要求。任何人试图做一项任务首先必须判断他们是否能做到这一点。他们做得如何，在何种情况下，以及使用何种资源（在投入和加工 / 材料方面），都是重要的问题。例如，一种方法是否需要关于情况的详细数字数据？外部图表或三维模型的构建和 / 或使用是否必要？做某事往往有不止一种方法，但替代方法可以根据几个标准来判断。即使在应用程序中，收集信息是有成本的，因此需要较少信息才能得到同样好的答案的方法是首选的。同样，需要较少计算的方法往往比需要较多计算的方法更受青睐，因此，在评估时所期望的简约约束也是如此，认知模型也常用于评价面向应用的研究。

　　正如第 12 章所指出的，尽管有证据表明定性推理研究中发展起来的定性表征往往接近于人类表示，有理由怀疑人工推理完全基于首要因素定性推理研究中常用的推理。这些差异将显示为推理复杂性的差异（例如，所需时间的不同，这在任何情况下都是正确的，因为给定了不同的信息处理体系结构）和错误模式（例如，设想者可以捕捉到一个不太完整的方法可能错过的可能性）。但是，作为输入所需的信息种类和任务所需的表示形式都是任何尝试这些任务的信息处理系统所具有的特性。

有几个原因，使得从业者，以及与他们一起工作的定性推理研究人员，认为定性模型在科学和工程中的重要性。一是它们被从业者认为作为提供的概念描述更符合他们的直觉。正如下面所讨论的，通常从可视化和数据挖掘中获得的洞察力通常是定性的描述。换句话说，定性表征是表达洞察力的水平。第二个原因是，出于许多目的，它们操作的更抽象的细节水平对于推理和构建更多的定量问题是有价值的。最后，在复杂工件中发生的事情往往必须以更直观的方式传达给那些不是它们的设计师的人。这些人包括那些修理汽车、复印机和飞机的人，以及那些经营和维护工厂、化工厂和发电站的人。

我们从工程推理开始。对于工程师所做的各种分析，教科书上的问题都是用来实践的，所以我们研究定性表征是如何被用来模拟人类表现。接下来将检查监测和诊断。还考虑了定性表征在设计中的作用，表明定性表征提供了一种自然的探索替代方案的方法。系统识别被用来对设备或系统的建模过程进行逆向工程，由于系统识别给下一个话题——科学推理提供了桥梁，因此它同样需要进行测试。这一部分探讨了生物学、生态学和地球科学中的从业者如何使用定性表征——有明确的证据表明，实践中的科学家发现定性表征与他们如何看待自己的领域是一致的。

19.1 工程因素

工程涵盖了广泛的人类活动。它是利用自然规律和现象服务于人类的需求和目标[⊖]。工程有多种类型，有着截然不同的文化和关注点（当有人谈论"真正的工程师"时，需要注意——在描述一种文化实践时这与"真实的人"一样准确）。尽管如此，还是有一些广泛的共性。大多数领域工程实践的一个标志是使用数学模型，一个核心实践正在从日常术语转变为提供定量预测的正式模型。系统中断，因此重要的是监视它们，寻找问题，然后诊断和修复它们。设计是工程的核心：如何将一些层次结构的，使用组件以及包含多个物理域的子系统所组成的模块组合在一起，从而能够完成需要的服务？最后，系统识别是一种通常被称为逆向工程的方法（即使用完成的工件并通过对其进行实验来确定其工作方式）。本节依次考察每个任务的定性表征的作用。

19.1.1 分析

教科书问题设计为工程分析模型。我们以机械工程师热力学第一门典型课程的内容为例。图 19.1 说明了典型的问题类型序列。学生首先学习流体的特性，如

⊖ 这是人类历史上最成功的想法之一，决定了我们目前的生活水平。但令人遗憾的是，它还牵涉到人类对我们自己生物圈的负面影响。但是，随着这些担忧被融入工程实践中，它很可能成为我们解决自己遇到的问题的一个关键组成部分。

空气和蒸汽（这些被称为工程热力学中的工作流体）。他们学到了近似原理，如气
体定律，它适用于空气以及各种其他物质。但他们也知道很多物质，如蒸汽（水
在它的蒸汽状态）不能这样建模，而且数值表是需要的。通过研究压力、温度，
以及力之间的相互作用来帮助他们巩固对工作流体的理解。问题在于课程的这一
部分中给出了典型的涉及一个单一的定性状态，缺少一些其他信息。例如，假设
空气处于特定温度下，可能会询问他们空气的压力（见图 19.1a）。

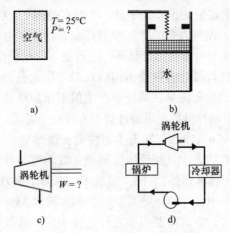

图 19.1　机械工程师的工程热力学课程中的四种问题

　　接下来，他们继续研究存在两个定性状态的问题，其中必须推导属性随时间
的变化。考虑图 19.1b。将热量施加到气缸中的工作流体上，直到达到特定的给定
温度。那时气缸中的活塞有多高？即使解决这种简单类型的问题，也需要大量定
性分析。首先，因为没有孔或管道，所以我们知道没有质量流入或流出系统。在
某个时候，圆柱体可能会上升到足以接触弹簧的程度，这将施加力阻止其进一步
膨胀。圆柱体中的两个挡块将确定圆柱体的高度。除非流体处于饱和状态，否则
对流体施加热量通常会导致其温度升高（请考虑沸腾，这是一种特殊的高度湍流
情况）。当流体饱和时，增加热量会将其更多部分从液体变为气体。因此，液体的
定性状态决定了适用的数学模型。所有这些结论都必须通过推理系统得出，甚至
可以建立数学模型。从本质上讲，它们都是定性的。

　　根据教师的观察，学生讨厌此类特定问题。它具有定性的模糊性：活塞是否
会到达停止位置？解决问题的唯一方法是对结果进行假设并制定模型，解决问题
并寻找矛盾。这与大多数学生采用的"即插即用"方法完全不同（过多的课程鼓
励），即识别正确的方程式并代入数值以产生所需的数值答案。

　　我们再说回图 19.1，最后两种问题涉及所谓的稳态分析（即工作流体流经系
统，在系统的不同部分进行各种变化以进行有用的工作）。尽管工作流体的特性在
通过系统时会发生变化，但在系统中的每个物理位置，其特性都可以视为随时间
变化的常数（我们在第 11 章中已经看到了这个想法，在这里也使用了这里讨论的

表示形式和技术）。它们从涉及特定组件和稳定流动的简单问题开始（即考虑到流入和流出涡轮机的工作流体的特性，会产生多少功，如图 19.1c 所示）。最后，他们分析了整个热力循环，这是发电厂、发动机、电冰箱和其他有用系统的抽象描述（见图 19.1d）。如我们所见，即使教科书中的大多数答案都涉及数字，但要获得这些数字可能需要定性推理。

我们已经看到了一个示例，该示例说明了如何需要定性知识来识别相关现象和建模假设，以产生定量知识。这不是一个孤立的例子。CyclePad（Forbus et al.，1999）是一种用于工程热力学的智能学习环境，结合了定量和定性表征以及推理的知识，以帮助学生学习如何设计循环。它包括与定量模型链接的简单定性模型，以帮助发现学生在进行设计时可能做出的难以置信的假设。例如，一些学生想出了一些参数，这些参数会使泵在系统中产生而不是消耗功，而这是不可能的。因此，定性模型提供了一种对数学模型进行现实检查的形式。

Yusuf Pisan（1996，1998）发现了定性表征法的另一个作用，它们提供了一种对方程式进行分类的方法，使系统能够建立数学模型并以更像人类的方式求解它们。他的热力学问题求解器（TPS）解决了 150 多个热力学问题，占机械工程师热力学教科书前四章中发现的问题类型的 75%。其他 25% 主要是纯粹的概念性问题，涉及作答的论文，少数涉及事实之外的反事实，涉及超出系统能力的世界知识（例如，假设的外来真菌）。众所周知，新手往往会对这类问题进行反复研究，需要进行非常多的搜索。很明显专家知道更多，但是这种知识以何种形式描述？让我们看一下有关一个较简单问题的先前工作，该问题为 Pisan 采用这种方法提供了部分动机。

考虑解决一个具有单个未知数的代数方程的简单问题，例如，$3X=5X-2$。

通过应用代数定律重写方程，可以解此类方程，直到方程的左侧为未知形式，而方程的右侧为不涉及未知的表达式 —— 这个例子中 $X=1$。

有很多代数定律。知道何时应用哪个是控制问题，通常称为元知识。Bundy（1983）认为，新手和专家之间的区别是一种特殊的元知识：专家将代数定律分类为功能角色。特别有：

• 结合律使未知数的出现在表达式中更接近。结合律的一个示例是 $WU + WV \rightarrow W(U+V)$，其中 U、V 包含未知数，而 W 不包含未知数。

• 收集律减少了方程式中未知数的出现次数。收集律的一个示例是 $(U+V)(U-V) \rightarrow U^2 - V^2$。

• 隔离律减小了方程中未知数出现的深度。隔离律的一个示例是 $U - W = Y \rightarrow U = Y + W$，其中，$U$ 包含未知数，而 W 和 Y 不包含未知数。

如果你考虑过解一个方程式意味着什么，那么这些功能角色就很有意义。将未知事件结合在一起可以使收集律更容易减少出现次数，并且因为目标是只有一次未知的发生，这些使得更接近目标。在方程式的一侧仅具有未知数是对解的另一个限制，因此将其提升到顶部（即减小其深度直到其上方没有任何东西）很有用。Bundy（1983）展示了一组用于分析代数定律以自动确定其功能角色的规则，并且与尝试更盲目地应用它们的系统相比，使用这些功能角色可使系统容易地求解方程。

Pisan（1996，1998）在解决热力学问题时发现了类似现象，他确定的三类方程式如下：

• 内部方程式由仅涉及一个对象的变量组成。对于热力学而言，对象可能非常复杂，工作流体的建模具有多达 20 个参数，从而产生了 30 多个与它们相关的内部方程式。内部方程式提供了一种基于已知属性计算未指定属性值的方法。哪组内部方程式合适取决于对象的质量特性（例如，流体是否为理想气体，如果不是理想气体，则为饱和气体或非理想气体）。

• 桥式方程式涉及两个或更多对象的参数。桥式方程式表达了对象之间的相互作用，并提供了一种在给定一个相关对象的信息的情况下，推断另一个相关对象的信息的方法。例如，热力学循环中的桥式方程式与描述过程中工作流体从一个位置到另一个位置的转换的物理过程有关。

• 框架方程式是该领域的中心定律，可作为分析的起点。热力学第一定律是框架方程式的一个例子。

建立每种类型的方程式都需要定性分析。热力学第一定律的一般形式非常复杂，涉及质量、速度、重力、高度、焓、热和功。但是对于任何特定问题，这些参数中的某些参数均无关紧要，从而可以大大简化该参数。例如，在大多数工程周期分析中，高度（以及重力）被排除在外。与不使用此分解的问题解决系统相比（即 CyclePad 使用详尽的约束传播分析模型设计），TPS 使用此功能分解来控制其方程式的使用方式，从而获得更多类似于专家的解决方案。

定性表征法在解决教科书问题中的另一个作用是促进使用类比来解决问题。证据表明，专业知识的一个方面是正在学习更好的编码过程（例如，Chi et al.，1981）。我们假设，教科书问题的编码过程的一部分是对该问题的定性分析，以确定哪些过程和概念上的区别（即模型片段）适用于该问题。为了检验这一假设，Ouyang 和 Forbus（2006）使用了 Pisan TPS 的修改版本，该版本结合了 MAC / FAC 进行类比检索，并结合了 SME 将先前问题中使用的解决方法应用于新问题。通过使用 82 个问题的语料库，我们发现对问题进行定性分析导致整体性能的显著提高（9%）（以搜索空间中节点数量的减少为衡量标准）。在更棘手的问题上影响更大。

因此，我们看到定性表征法在教科书问题解决中扮演了三个关键角色，这本身就是工程分析的替代：

• 它们确定哪些现象是相关的，哪些建模假设适用于该领域。

• 它们提供了一种功能上对方程式进行分类的方法，提供了控制知识，有助于解决更多类似于专家的问题。

- 它们有助于类比检索，从而带来更好的解决方案。

19.1.2 监控、控制和诊断

考虑一个复杂的工程工件，例如飞机。此类工件有许多系统，这些系统必须继续合理运行才能使工件按预期运行。必须监视这些系统以确保它们正常运行。现代客机是如此复杂，以至于需要人员和软件的组合才能使它们飞行。它们的某些子系统（如发动机）是如此的复杂，以至于它们有自己的子系统来控制其运行，这些子系统根据来自飞机其余部分的命令和它们自己的监视系统来通知飞机其余部分故障（如果发动机正在启动）。当有问题时，需要对其进行诊断并确定适当的措施。发动机稍微偏离其正常设置可能不会在飞行过程中采取任何异常步骤，但可能会导致着陆时进行更详细的维护检查。

监视、控制和诊断问题深深纠缠在一起。基于构建 AI 系统来执行这些任务的研究人员的工作，现在有大量证据表明，定性表征通常在其中扮演着重要的角色，有时甚至是至关重要的角色。监视包括总结系统上对采取操作有用的行为。这些摘要通常是定性的。例如，发动机熄火意味着通常没有发生在发动机运行的过程中。飞行员关心产生的推力是否低以及它是否低于某个临界阈值 —— 推力值每偏差 2%，就没有不同的策略。类似的问题也发生在其他类型的人工工件中，包括工厂、化工厂和发电厂。这些问题也会出现在预期会自动运行的工件中：如果工作无法正常工作，我们希望这些设备在可能情况下向我们解释错误的地方。（不幸的是，在撰写本书时，大多数都不是。）

反馈控制器严重依赖于定量知识：传感器测量数值信息，控制策略计算定量响应，执行器将这些响应应用于工件的物理特性以纠正其行为。但是，控制策略由何设定？

对于一些简单的系统，例如厕所的冲水装置，将采用固定控制策略。但是对于其他人，系统经历不同的定性状态时，对于不同的定性状态可能需要不同的控制策略。这就是所谓的监督控制。定性表征已被证明对于监督过程控制的自动推理非常有用。定性推理的第一个工业应用是固化环氧浇铸零件（Le Clair, Abrams, Matejka, 1989）。一些复杂的零件是通过将环氧树脂放在模具上，然后在烤箱中烘烤以固化树脂来制造的。如果热量过高，则环氧树脂中捕获的气体会形成气泡，从而损坏零件。如果热量太低，则该过程效率不高，因为固化每个零件需要更长的时间，并且需要更多的能量。Le Clair 和他的同事（1989）发现，通过使用简单的过程定性模型，他们可以创建一个控制器来检测何时可以安全地加热。该技术非常成功，已经实现商业化。

监督控制的另一个示例是机器操作员使用的策略，例如，使用起重机从船上卸下货物。移动太快，货物开始摇摆，可能会损坏起重机和周围环境。移动得太慢，整个卸载过程的效率就会降低（因此利润也会降低）。Suc 和 Bratko（2002）

表明，通过记录起重机操作员的策略，他们可以结合使用定性表征法和机器学习技术对有效的卸货策略进行逆向工程。

现代机电系统成本和复杂性的主要驱动因素之一是运行它们的控制软件的成本。仅在机器设计完成后才能编写软件，该过程通常需要大量的人工和测试，从而导致开发费用和上市时间增加。定性模型最戏剧性的用途是使复杂的工件能够自动进行自己的计划和调度，从而无需手动构建控制软件（Crawford et al.，2013）。这项工作是在高端印刷机的背景下完成的，高端印刷机可以在不到一分钟的时间内生产出一本完整的精装书（包括装订本）。这样的机器是巨大的，具有多个打印引擎、纸张来源和路径以及处理单元。通过创建可用于组装此类机器的各种组件的定性模型，当每一页在机器中移动时，人工智能计划和调度技术可用于实时动态地重新配置通过组件的纸张流。这些模型包含定量信息和定性信息，以提供调度所需的时序信息。此外，可以在关闭机器电源的情况下将新零件添加到机器中，并且在重新启动机器时，它将检测到新零件，更新其自模型，并继续生成可以最佳地结合新功能的新计划。Crawford 及其同事（2013）指出，模型的另一个目的是促进工程师团队之间的交流——更多证据表明，定性模型提供的语言在概念上对他们而言很自然。

自动化诊断一直是研究的热点领域，因为每年由于系统故障以及维护和维修它们的成本而损失数十亿美元。定性表征法在诊断中被大量使用，因为组件参数中的大多数细微差异都无关紧要。每个组件的参数在其规格中都有一定范围的公差，而精心设计的系统则可以针对超出公差范围的组件提供一些额外的弹性。但是，检测何时系统偏离容差太大很重要。此外，还存在着严重的突发性故障（例如，电容器烧毁，电阻器短路，泵故障），这又会导致其他一系列故障。这使诊断变得复杂，因为对于表示故障的症状可能有多种解释。令人惊讶的是，极其简单的模型足以满足诊断问题的要求。例如，对于复印机诊断，简单的"好/不好"区分通常就足够了（Fromherz et al.，2003）。NASA 的 Remote Agent 项目（Muscettola，Nayak，Pell，Williams，1998）也得出了类似的教训，在该项目中，"深空一号"航天器的机载控制器是使用定性模型制造的，该模型描述了偏离规范的情况。他们发现，定性模型在面对设计变更时具有鲁棒性——如果硬件设计人员更改了推力阀以产生更大的推力，则定性模型将保持不变。此外，与数值模型或模拟相比，定性模型使系统能够使用命题推理进行快速推理，以确保任务期间的实时响应。

了解故障的后果通常也需要定性模型，因为定量故障模型通常不存在。物理系统发生故障的方法太多。例如，来自客机发动机的风扇叶片可以击穿飞机的各个部分，有时甚至可以进入飞机另一侧的另一个发动机。这使得构建故障模型非常昂贵，因为必须考虑不同系统之间的多个交互级别。这也可能是危险的：为飞行中的航空发动机故障创建定量故障模型将需要测试飞行员、飞机，并具有将故障"注入"到不同高度的重型仪器系统中的能力。因此，对于许多行业中的大多数工件而言，根本不存在这样的定量故障模型。

在汽车工业中，用于监视汽车产生的污染的车载诊断现在已成为法律要求。如今，汽车内部有大量计算可用（在撰写本书时，其中一些最多具有 100 台不同的计算机），但是由于许多原因，自动生成诊断程序非常复杂。原因之一是汽车可以订购许多不同的选项，这些选项会影响诊断（例如，是否安装了特定的用电配件）。另一个原因是车内的电气环境非常嘈杂：定性表征提供了一种有用的方式来抽象化传感器噪声（Sachenbacher, Struss, Weber, 2000）。

当今大多数诊断系统与人们的诊断方法之间存在一种有趣的方式。大多数现场系统使用一种称为基于一致性的诊断的技术。假设你有一个系统模型，通过组成其组件的模型来描述。给定该系统的一组观察结果，基于一致性的诊断包括使用观察值与模型预测之间的差异来假设组件模型的哪些组合不能正常运行。该技术在许多情况下都可以很好地工作。它之所以受欢迎是因为它具有一个主要优点：不需要系统如何发生故障的显式模型。故障模型可能很难开发，部分原因是有很多方法可能导致某些故障。然而，就捕获全部人类诊断推理而言，这种方法存在两个问题。首先，有时故障模式的细节确实很重要：如果核反应堆中的冷却水水位意外下降，那么知道水的流向就非常重要！第二个原因是，基于一致性的诊断可以在某些模型中产生违反直觉的结果。考虑一个简单的电路，该电路由一个开关、一个电池和一个灯泡组成，就像在手电筒中可能会发现的那样（见图 19.2）。

最初，闭合开关，然后灯泡发光。现在我们断开开关，出乎意料的是，灯泡没有熄灭。如果我们忽略连接有问题的可能性而只关注指定的部件，我们大多数人会认为开关短路（即它仍然像开关闭合一样工作）。基于一致性的推理者会发现另一种假设：灯泡在发光状态下发生故障！很容易在模型中建立这种特殊可能性不会发生的可能性，但这似乎是临时的。Collins（1993）提出一个优化的解决方案，他观察到系统的组成部分总是必须遵循自然规律，因此，在某些情况下，诱变地构造一个组成部分正在做什么的模型可能是进行诊断的有用方法（例如，你需要更清楚地了解问题的可能间接影响）。

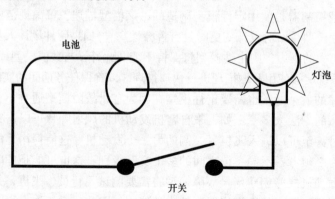

图 19.2　一个简单的手电筒模型的错误展示——灯泡亮着，但是开关是断开的

19.1.3　设计

设计是工程学的创新中心。设计通常分为两个阶段。概念设计涉及设计的基本思想，仅指定足够的细节以允许其进行工作，以查看其是否合理。详细的设计是在选择所有参数之后，确定确切的形状，并提供足够的信息，以便进行数值模拟⊖。大多数用于设计的软件工具都专注于详细设计。定性表征法也使工具的构建有助于概念设计（Klenk et al.，2012；Shimomura, Tanigawa, Umeda, Tomiyama，1995）。例如，市场上第一款在设计中使用定性表征的产品就是三田公司（Mita Corporation）的 DC-6090 型复印机。它是第一台现场自我维护机器，能够在检测到某些类型的故障时动态地重新配置。它通过跟踪其处于哪个定性状态来做到这一点，从而在给定当前健康状况的情况下，它可以产生最佳质量的副本。这是通过概念设计系统使之成为可能的，该系统在设计时使用定性仿真来构造设想，包括故障模型。该构想用于构建复印机的控制软件，以在设计时进行监视和重新配置。上述的 PARC 全自动实时构成的复印机 / 打印机控制软件代表了该领域的最新发展。

在大多数领域中，设计策略和方法都是以自然语言描述的。定性表征，似乎用在自然语言的语义中（见第 13 章），可以提供形式化的形式，使此类策略可以自动化。例如，在化学工程中，设计蒸馏厂的几种方法已经正式确定下来，自动方法产生的二元蒸馏厂设计可与研究文献中发现的方法相提并论（Sgouros，1998）。

设计复杂系统的一个重要问题是故障模式和影响分析（Failure Modes and Effects Analysis，FMEA）。也就是说，系统可能会发生什么类型的错误，对于可能会出错的每件事，可能会有什么结果，特别是最坏的情况？例如，福岛核电站的设计人员没有预料到会发生海啸，导致洪水泛滥，从而损坏了关键系统。FMEA 基本需要一种设想的形式。也就是说，它需要查看系统的所有可能的行为，包括正常运行时以及系统组件中的各种故障（或极端运行条件，例如，河流如此温暖以至于发电厂无法迅速转移额外热量）的发生。由于定性模型能够对一个系统可能进入的有限区域通过无限的数值状态刻画出来，因此定性模型为 FMEA 提供了自然的表示形式。实际上，它们已成功应用于此任务。最著名的例子涉及设计汽车的电气系统。自 20 世纪末以来，福特汽车公司的设计师以及现在的其他汽车制造商就一直在使用 AutoSteve（Price，2000）来执行 FMEA 以设计其电气系统。

19.1.4　系统识别

有时工程师必须弄清楚新组件或系统是如何工作的。这是系统识别的问题。本质上，它是工程文化的科学建模版本，因此它是通向下一个主题的完美桥梁。

⊖　至少在这样的模拟有意义的领域和问题上，工业设计是一个毫无意义的领域，在这个领域，人们关心的问题包括人体工程学、美学以及功能。一个极端的例子是创造一个让自闭症患者感到舒缓的环境，这完全是为了理解其目标用户的心理。

通常，目标是使用实验收集有关系统如何响应扰动的数值数据，从而构建系统动力学的微分方程模型。即使目标是一个定量的数字模型，定性表征也可以在系统识别中发挥有用的作用。可以从多个层次上理解系统，并且了解系统的定性行为需要较少的数据，并且可以作为构建更详细定量模型的指南。例如，PRET 系统（Bradley，Easley，Stolle，2001）以一个物理系统作为输入，以理解该物理系统，并使用传感器和执行器对其进行实验，从而构建了描述其行为的微分方程模型。它运行的系统类型包括电气组件、机械系统和更复杂的设备（如无线电遥控汽车）的网络。这样的系统通常需要非线性微分方程来理解，这使其非常复杂。PRET 首先提取系统行为的定性属性。例如，如果系统发生振荡，则立即排除了低于二阶的基本方程式。因此，定性表征可用于指导定量模型的搜索。

同样，Pade（Bratko，Suc，2003）可用于从示例中学习定性模型，包括主动学习（Zabkar，Janetz，Mozina，Bratko，2010），其中的统计数据可用于指导下一个要研究的示例。

19.2　科学建模

进行定性推理研究的假设之一是定性表征为科学家在其专业推理中使用的直观模型提供自然的描述。定性推理研究的几条线为这一假设提供了支持。首先是对空间数值数据进行定性总结的工作。科学家珍视的见解通常是定性的。例如，Yip 的 KAM 系统对流体动力学模型的表现进行了定性描述，从而产生了高水平的研究成果（Yip，1991）。空间聚合语言的形式化（Bailey-Kellogg，Zhao，2003；Zhao et al.，2007）导致了结构发现技术，这些技术对空间数据集更有用。例如，Ironi 和 Tentoni（2011）使用这些技术来了解心脏现象。

其次，科学中的模型构建通常具有类似于工程学中系统识别的特征。在某些领域，人们可以对研究主题进行实验（例如，细胞生物学），但在其他领域，必须满足于通过进行测量来收集数据（例如，宇宙学）。然而，相同的过程本体适用于广泛的领域。例如，生物学家和生态学家都非正式地讨论过程，而这种过程的讨论将指导他们建立定量模型。例如，根据 Langley 及其合作者在归纳过程建模（IPM）方面的工作，

> 与经验模型相反，机械模型包含未观察到的关系，解释了系统动力学，并强调了产生系统行为的物理、化学和生物过程。生态学家使用机制模型来了解系统行为如何响应不断变化的环境条件而发生变化。建立具有更实际结构的模型的中心问题是确定要包括的实体和过程以及最合适的数学表示形式。（Borrett，Bridewell，Langley，Arrigo，2007，1）

换句话说，过程被用来描述情况中发生的事情。这些过程与数学公式不同，因为可以将多个数学公式用于同一过程。即使 IPM 系统使用的模型片段集中在定量模型上，这也符合 QP 理论的连续过程的概念。这些系统以领域理论开始，表

示为此类过程的库，并提供一组要解释的数据。然后，系统负责提出流程模型或改进现有模型以适应数据。有时它会自主运行；在其他情况下，它与科学家协同工作。构建的模型由一组实例化过程组成从领域理论出发，评估标准是使用模型对数据集产生的模拟偏差的均方根。当系统着手建立（或改进）模型时，它会在过程的可能实例化空间中搜索当前情况下的实体描述。它还使用成分建模的思想来表达流程之间的约束，以帮助指导搜索。例如，它使用等效的假设类（见第 11 章）来确保在推广相关的情况下，正在构建的模型中确切包括了一种对放牧进行建模的方法。该系统已被证明能够为包括罗斯海生态系统在内的多个数据集建立模型。形式主义也已经扩展到可以处理空间扩展模型，通常使用偏微分方程来建模（Park，Bridewell，Langley，2010）。

有时，定性模型可以为科学推理提供正确的表示形式。如果你的模型表明充满汞蒸气的气球会升起，则无需进行曲线拟合就可以看出它是否掉落了，因为你的模型是错误的。定性模型早已在经济学中使用（例如，Simon，1953），尽管起初并未被认可。通过假设直接用于推理的定性模型的另一组示例来自生物学（例如，Karp，1993；King，Garrett，Coghill，2005；Langley，Shiran，Shrager，Todorovski，Pohorille，2006；Trelease，Park，1996）。例如，在了解细菌调控网络时，实验通常提供的数据很少，而且很多数据都很嘈杂，使得定量建模变得困难（Batt et al.，2012）。另一方面，已经建立了一种专用的定性模拟器，使科学家能够自动查看其假设对网络的含义，并使用 AI 模型检查技术，针对实验室数据自动测试这些假设（de Jong，2008）。

定性表征也已被用作从人们那里收集直观模型并对其进行完善以表示对群体的理解的一种手段。例如，居住在某个地区的农民通常对影响其所在地区植物生长的因素有深刻的了解。这种知识通常是局部的，因为不同的动植物具有不同的范围，因此局部生态系统之间存在细微的差异。农业科学家进行实地研究，采访人员，并利用这些信息为特定区域建立模型，以更好地了解生态系统并帮助改善农业。这些模型本质上是定性的，描述了影响植物的各种因素之间的影响。农业生态知识工具包（Sinclair，Walker，1998）提供了一套基于语言的方式来描述访谈编码的定性模型。它与第 13 章中讨论的思想大致兼容，但独立发展，为定性表征的吸引力提供了独立的证据。该工具包已成功用于各种研究中，以捕获和完善多个群体的当地生态知识。类似地，Dehghani、Unsworth、Lovett 和 Forbus（2007）分析了两个群体的协议数据，以规范化个人关于生态系统方面的定性模型，并使用类比概括从该数据构建群体级模型。

作为人类，科学家并不总是同意的。这些分歧的讨论水平通常与机制有关，而不是数量上的细节。定量近似的确切形式很少与常识产生冲突，而无论是否正在发生一种过程都可以并且确实发生（例如，板块构造）。CALVIN 系统（Rassbach，Bradley，Anderson，2011）使用证据的定性表征来帮助地球学家构建有关解释岩石中的宇宙成因同位素数据的论据。这是一个很难解释的问题，因为它涉及从非常间接的数据中重建过程的过去发生，再加上可用样品的稀疏性，将实验室分析（受其自身误差的影响）与定性现场观察相结合，并针对大多数情况进行多种解释。这些任务的专家为反对的假设建立论据。CALVIN 包含超过 108 条规则，这些规则结合了定性、定量和确定性信息。在使用文献中公开发表的论据进行的实验中，该系统能够在 62% 的时间内紧密再现专家的论据，并在 26% 的时间内再次产生相似的论据，并且偶尔会产生专家判断的新颖合理的论据。

最后，在科学建模中正在探索定性表征形式，以帮助非科学家理解复杂系统。例如，GARP3 环境（Bredeweg, Linnebank, Bouwer, Liem, 2009）已用于各种生态建模项目。其中一个项目涉及罗马尼亚的多瑙河三角洲生物圈保护区，这是世界上最大的湿地之一。如何实现具有经济效益但不会破坏环境的可持续发展？建立 GARP 模型是为了改善沟通，也就是说，关于多瑙河内的流程工作以及如何管理这些流程的方面，向环境机构的代表、决策者和利益相关者进行解释和教育（Bredeweg et al., 2008, 5）。这些模型侧重于生物多样性保护和动植物保护措施，例如栖息地保护。避免藻类繁殖是这类问题的一个例子（Cioaca, Linnebank, Bredeweg, Salles, 2009）。这些模型还可支持学生学习的可持续性。

19.3　小结

本章提供了有关如何在工程和科学推理的多个方面使用定性表征法来产生人类水平性能的示例。这提供了证据，定性表征可以为人们如何进行这种推理提供解释。迄今为止，由于大多数研究都是由人工智能科学家完成的，因此用于评估的方法具有一定的能力，尽管这包括能够提供人类专家认为合理的解释的能力，因此即使在这里，与人类操作方式的兼容性也是一个重要标准。科学家和工程师心理学的未来研究有望帮助我们进一步了解他们如何使用定性表征法。例如，相对于第一性原理，有多少专家推理是类比的？这是一个有趣的开放性问题。

第 5 部分　总结与展望

　　定性表征提供连续现象的符号结构表示。本书认为，这种表征在人类认知中起着重要的作用。第 20 章总结了这些角色以及它们的论点。关于定性表征的认知含义的研究才刚刚起步，因此在第 21 章中讨论了几个新的研究方向。

第20章 总　　结

　　本书提出了定性表征是人类认知的核心。对于这种情况，我们已经看到了多种论据，采用了多种证据并涵盖了广泛的现象。在这里，我们为简洁起见总结了这些论点。

20.1　感知与认知之间的桥梁

　　感知对世界进行编码，提供我们赖以生存和发展所需的信息。为了理解大量的视觉信息流，我们似乎将这些信息总结为符号集，这些符号集扎根于由早期处理阶段计算出的定量描述中，这些描述更适合于概念推理。如第3部分所述，这些形状和空间的定性描述用于进行预测，进行视觉比较和其他视觉问题解决，并支持学习空间语言。支持这种定性表征存在并用于推理和学习的假说的证据包括行为研究、语言分析、神经科学研究和计算模型。

20.2　常识推理基础

　　常识推理的广度和灵活性非同寻常。作者认为定性表征在实现这些特性方面起着关键作用。数量的定性表征使得无需详细的数字信息即可执行某些直观的推理（见第5章和第6章）。定性过程理论（见第7~10章）提供了一个连续因果关系模型，该模型支持关于数量和过程的因果推理，包括反馈系统，过去20年来在认知心理学中提出的大多数因果模型根本无法处理（见第9章）。定性表征使关于建模本身的知识得以表达和推理（见第11章）。定性模拟为有关连续世界的心理模拟提供了模型。定性表征提供了支持类比推理和类比概括的描述级别。鉴于我们目前所知道的，将类比推理和首要因素推理相结合可能是人类定性仿真的最佳解释（见第12章）。

　　定性表征为自然语言的语义提供了自然的描述，而定性关系的可组合性为自然语言理解中发生的信息的积累提供了必要的支持（见第13章）。空间语言的语义可以部分通过定性的空间表征来捕捉（Mani和Pustejovsky，2012）。

　　常识是从经验中学到的。定性过程（QP）理论提供的机制概念有助于学习，因为它通过限制答案的形式来限制对理论的搜索。QP理论已用于在多个领域中对概念变化进行建模（见第 17 章），并已用于对数值估计、概念隐喻和几种社交推理类型进行建模（见第 18 章）。定性空间表征已被用来帮助建模概念变化的早期，基于感知的方面（见第 17 章），以及建模人类学习空间语言的方面（见第 16 章）。

20.3　专家推理基础

专业推理基于我们的常识知识。数量、过程、组件和字段的本体都可以很好地扩展到定量信息。定性分析提供问题的框架，为简单问题提供直接答案，并揭示需要更多信息来解决的问题，从而指导定量知识的使用。组合建模为特定目的提供了构建模型的技术形式（见第 11 章）。定性表征的构成能力也可以扩展到定量表征。因此，成分建模已用于创建能够为工程任务创建模型的系统，从数值数据中学习模型以支持科学发现并提供用于设计、诊断和监控的新工具的系统（见第 19 章）。

第21章 展　望

定性建模的进展提出了许多令人兴奋的新方向。接下来介绍一些作者认为最令人兴奋的内容。

21.1 离散过程的形式化及其与连续过程的相互作用

如第11章所述，在不同的分析层次上，有时可以将同一现象视为离散的和连续的。例如包括 Weld（1986）的聚合概念，它从分子遗传学推理中的离散作用中产生连续过程表示，以及 Hinrichs 等人（2011）在军事模拟中使用连续过程将离散作用表示作为基础。已经进行了一些尝试来使离散过程形式化，这通常是通过修改动作表示来实现的（例如，Simmons，1983；Yin et al.，2010a），但是还有很多工作要做。对离散过程进行形式化拓展，使其能提供与定性过程（QP）理论相同的解释范围，并形式化应该进行离散/连续水平移位的条件，这将加深我们对人类推理的理解，并提供用于模型检查软件的新工具，广泛用于验证设计和代码。

21.2 定性视觉

Badler（1976）首次认识到，可以用质量上的区别来分割视频数据。认知视觉的后续工作已导致使用定性表征进行有趣任务的系统。例如，通过使用定性空间演算作为解释视觉序列的中间表示，可以方便地跟踪交互的运动对象（Bennett，Magee，Cohn，Hogg，2004）和通过视觉观察来学习游戏（Needham et al.，2005）。这种抽象水平导致了非常可靠的解释。通过使用定性空间演算将视频数据分解为片段，CogSketch 的定性关系计算可以与类比泛化相结合，从 Kinect 数据中识别人类行为（Chen，Forbus，2018）。对形状和颜色以及空间的定性描述对于场景识别也很有用（Falomir，Olteteanu，2015）。

21.3 其他模态中的定性表征

在视觉和空间思维中使用定性表征建议调查其他感觉方式是否也使用定性表征。听觉场景分析是一个很有潜力的应用领域。人们从事件中所听到的事情可以推断出惊人的数量。例如，考虑一下在硬木地板上放铅笔、叉子和玻璃杯之间的声音差异。定性表征是否在气味、味道和触感中起作用？据作者所知，这些是目前完全开放的问题。

21.4 语义学中的定性表征

第 13 章和第 15 章探讨了定性表征在自然语言语义学中的作用，第 16 章简要介绍了描述的推理。此外，Mani 和 Pustejovsky（2012）提出了令人信服的案例，证明定性空间表征法可用于表达运动的语义。尽管仍有许多工作要做，但迄今为止的证据表明，使用定性表征来提供更精确的语义说明是非常有前途的。这已经导致我们开发出类型级别的定性表征形式，它可以更好地表达泛型语句的语义，还可以为复杂的构造动态域提供更简洁的表示形式（Hinrichs，Forbus，2012）。

手势分析是另一种有效的交流方式，也可能会通过定性表征从建模中受益。例如，在描述连续的因果系统时，使用手势来构建关系描述的空间表征，可以通过类比将其用于解释和学习（Cooperrider，Gentner，Goldin-Meadow，2017）。

21.5 机器人技术中的定性表征

鉴于机器人需要在感知和认知之间架起一座桥梁，因此定性空间推理在机器人技术中已有许多应用和扩展。通过素描将策略传达给 Robocup 软件中的机器人团队（Gspandl，Reip，Steinbauer，Wotawa，2010）是一个示例。姿势约束和配置的定性描述已用于简化机械手的计划（Berenson，Srinivasa，Kuffner，2011）。Troha 和 Bratko（2011）表明，定性表征可用于使机器人迅速学习如何将新物体推到所需位置。通过首先学习定性模型，可以将定性状态内的强化学习应用于学习采取有效行动所需的定量参数（Wiley，Sammut，Hengst，Bratko，2015）。Hawes、Klenk、Lockwood、Horn 和 Kelleher（2012）使用定性表征来定义特定于上下文的区域（例如，"房间的前面"），从而使机器人能够使用类比来识别新房间中的等效区域。Walega、Zawidzki 和 Mozaryn（2017）指出，定性推理可用于评估装箱计划的稳定性（将积木世界的经典 AI 域扩展到仓库的真实世界）。用于学习经验的 RACE 机器人体系结构使用度量图 / 位置词汇模型的一个版本来集成导航和操作所需的度量信息以及定性表征，作为通往概念知识的桥梁（Rockel et al.，2013）。Beetz 在不来梅的小组利用自然语言对食谱的理解，并转化为定性过程理论，为他们的烹饪机器人提供了数据输入（Tenorth，Beetz，2012）。这些例子说明了在机器人心中进行定性表征的美好前景，就像它们似乎是我们心中的关键部分一样。

21.6 对人类心理模型和本体论的范围进行编目

了解人们倾向于知道多少以及他们的理论和模型是什么样的，这是研究人类认知的重要方面。认知心理学家、学习科学家和人工智能研究人员尝试对人的推理和学习进行建模，已经建立了人类知识某些方面的模型，例如，运动、力、循环系统和热力学。除了运动的可能例外之外，在研究学生的误解和缓解错误的方法上付出了巨大的努力，这些领域没有一个被完全理解，甚至运动模型的范围也没有被完全形式化。现在将其乘以科学和工程领域的范围，问题的范围将变得更加清晰。包括日常生活中使用的定性推理，问题就变得更加广泛。一项针对四年级科学考试的研究表明，定性动力学模型足以覆盖至少29%的材料，另外37%涉及视觉推理（包括一些定性空间推理和描述推理），其余35%涉及更一般的世界知识（Crouse，Forbus，2016）。因此，即使对于理解小学科学，建立能够有效收集和利用大量知识的认知系统也很重要。

直到最近，由于以下三个原因，人类知识目录的编制工作仍很缓慢。首先是，尚不清楚应使用哪种表征形式。对于有关世界连续方面（身体，社会，心理）的知识，作者认为定性推理的最新技术已经足以作为此类知识的基础。大规模尝试进行此类汇编可能是找出我们对此类表征的理解中存在差距的最佳方法之一。其次，大多数领域理论都是手工建立的，使其成为劳动密集型企业。自然语言处理和视觉研究的快速进步正在改变这一状况。第三是没有足够的动力。尽管出于某些原因有足够的科学兴趣，但并不总是能吸引投资人的想象力。相比之下，人类基因组计划（现在是蛋白质组学计划）是在最终为社会带来切实利益的基础上出售的。现在，我们有充分的理由证明这样的好处：建立更多类似人的认知系统代表着对社会的巨大好处，可能与发现火一样重要。例如，针对学校所教授学科范围内典型学生模型的简编可以彻底改变可以创建的智能辅导系统和学习环境的范围，从而从根本上提高科学素养，这对于知识渊博的公民至关重要。

21.7　社会科学的定性表征

作者相信定性推理为社会因果关系的推理提供了特别合适的表征水平，如第18章所示。这样的理论通常用连续的参数表示，例如"意图量"和"预知程度"。不幸的是，对于这种参数，从定性思想到定量模型和数值的趋势尚不存在理论性的方法。对于这样的领域，定性建模实际上是一种更严格的方法，因为它进行的临时假设较少。同样，与人类数据的序数拟合比数字曲线拟合的鲁棒性更好，因为曲线拟合需要许多数值参数，而很少或没有经验或理论方法可以预先确定其数值。

21.8　认知架构中的定性表征

认知架构是认知模拟，与大多数仅关注一个或两个心理过程的模拟相比，它试图捕获更广泛的心理能力（Anderson，2009；Forbus et al.，2009；Laird，2012；Newell，1994）。鉴于定性表征的假设中心性，人们可以期望找到它们在认知体系结构中的广泛应用。到目前为止，情况并非如此，主要是因为与之一起探究的主题的选择。正如本书其余部分讨论的许多模拟所表明的那样，我们的伴随认知架构（Forbus et al.，2009；Forbus，Hinrichs，2017）是一个例外。SOAR（Laird，2012）中的视觉处理模块基本上提供了用于空间推理的度量图。随着认知体系结构开始扩展以应对更多常识推理，作者相信它们将开始更多地使用定性表征。

　　但是，作者也认为认知体系结构研究为定性表征提出了新的有趣的问题。例如，战略思维可能被更好地建模为智能体打算启动的一系列连续过程（Hinrichs，Forbus，2015）。自建模是认知结构提出的定性表征的一项新任务。我们不断评估自己的能力，以决定做什么和如何做。在离开屋子之前，是否有足够的时间煮早餐？还是需要在上班路上买点东西？我们可以搬动沙发，还是应该使用推车？需要多长时间回复这封电子邮件？需要多少时间来了解有关这一现象的文献？这些问题以及更多类似的问题似乎都需要定性表征的组合，以将经验组织成有意义的单元，并进行类比概括，从而支持估计。

　　伴随认知体系结构基于以下假设：定性表征和类比处理是人类认知的核心。如第 17 章所示，伴随机制已用于在多个领域中对概念变化进行建模，从而为这一假设提供了依据。

21.9　多模式科学的学习与讲授

　　Collins 和 Stevens（1982）关于创建 Socratic 导师软件所需的计算支持的试验，是智能培训领域早期有远见的论文之一。此类系统所缺少的两个要素现在已经可以付诸使用了：可以采用对人类自然的方式和人工智能系统可以操纵的方式来表达人类心理模型的定性表征形式，以及可以对因果模型和状况进行比较和对比的类比推理。认知架构的兴起以及自然的人机交互能力的增强表明，这种开放式的 Socratic 导师正在成为可能。实现这一目标的一条途径是，首先建立多模式科学学习者，通过认知系统可以积累常识并使用自然模式建立与他人互动的特定模型。这将建立领域知识以及沟通策略和技能的可重用库。随着两者的改进，可以将此类系统用作多模式科学导师，帮助各个年龄段的学生更好地理解科学。（教育领域一直缺乏足够的教师，因此通常不关心由于自动化而产生失业问题。）通过某种方式能够随时随地与你建立联系并进行话题讨论，可能会推动教育的变革。

21.10　小结

　　虽然定性推理界已取得了长足的进步并奠定了坚实的基础，但要完全理解定性表征及其在人类认知中的作用，我们还有很长的路要走。希望阅读本书的人能与我们一起进行这一激动人心的工作。

参考文献

Abbott, K. (1988). Robust operative diagnosis as problem solving in a hypothesis space. In T. M. Mitchell & R. G. Smith (Eds.), *Proceedings of the Seventh National Conference on Artificial Intelligence* (pp. 369–374). Menlo Park, CA: AAAI Press.

Allen, J. F. (1994). *Natural language understanding* (2nd ed.). Redwood City, CA: Benjamin/Cummings.

Amorapanth, P., Kranjec, A., Bromberger, B., Lehet, M., Widick, P., Woods, A., ... Chatterjee, A. (2012). Language, perception, and the schematic representation of spatial relations. *Brain and Language*, *120*, 226–236.

Anderson, J. (2009). *How can the human mind occur in the physical universe?* Oxford, UK: Oxford University Press.

Antonelli, G. (2012). Aldo, "non-monotonic logic." In E. N. Zalta (Ed.), *The Stanford encyclopedia of philosophy*. Retrieved from http://plato.stanford.edu/archives/win2012/entries/logic-nonmonotonic/.

Baader, F., Calvanese, D., McGuinness, D., Nardi, D., & Patel-Schneider, P. (2010). *The description logic handbook* (2nd ed.). Cambridge, UK: Cambridge University Press.

Badler, N. (1976). Conceptual descriptions of physical activities. *American Journal of Computational Linguistics*, *35*, 70–83.

Bailey-Kellogg, C., & Ramakrishnan, N. (2004). Spatial aggregation for qualitative assessment of scientific computations. In G. Ferguson & D. McGuinness (Eds.), *Proceedings of the Nineteenth National Conference on Artificial Intelligence* (pp. 585–591). Menlo Park, CA: AAAI Press.

Bailey-Kellogg, C., & Zhao, F. (2003). Qualitative spatial reasoning: Extracting and reasoning with spatial aggregates. *AI Magazine*, *24*(4), 47–60.

Baillargeon, R. (1994). How do infants learn about the physical world? *Current Directions in Psychological Science, 3*(5),133–140.

Baillargeon, R. (1998). A model of physical reasoning in infancy. *Advances in Infancy Research*, *3*, 305–371.

Baillargeon, R. (2002). The acquisition of physical knowledge in infancy: A summary in eight lessons. In U. Goswami (Ed.), *The Wiley-Blackwell handbook of childhood cognitive development* (pp. 47–83). Malden, MA: Blackwell.

Banach, S., & Tarski, A. (1924). Sur la décomposition des ensembles de points en parties respectivement congruentes [On decomposition of point sets into respectively congruent parts]. *Fundamenta Mathematicae*, *6*, 244–277.

Baron, J., & Spranca, M. (1997). Protected values. *Organizational Behavior and Human Decision Processes*, *70*, 1–16.

Bartlett, F. (1932). *Remembering*: *A study in experimental and social psychology*. Cambridge, UK: Cambridge University Press.

Barton, G., Berwick, R., & Ristad, E. (1987). *Computational complexity and natural language*. Cambridge, MA: MIT Press.

Batt, G., Besson, B., Ciron, P., de Jong, H., Dumas, E., Geiselmann, J., … Ropers, D. (2012). Genetic Network Analyzer: A tool for the qualitative modeling and simulation of bacterial regulatory networks. In J. van Helden, A. Toussaint, & D. Thieffry (Eds.), *Bacterial molecular networks* (pp. 439–462). New York: Humana.

Battaglia, P. W., Hamrick, J. B., & Tenenbaum, J. B. (2013). Simulation as an engine of physical scene understanding. *Proceedings of the National Academy of Sciences*, *110*(45), 18327–18332.

Bechtel, W., & Abrahamsen, A. (2005). Explanation: A mechanistic alternative. *Studies in History and Philosophy of the Biological and Biomedical Sciences*, *36*, 421–441.

Bell, D., Bobrow, D., Falkenhainer, B., Fromherz, M., Saraswat, V., & Shirley, M. (1994). RAPPER: The Copier Modeling Project. In T. Nishida (Ed.), *Proceedings of the Eighth International Workshop on Qualitative Reasoning about Physical Systems* (pp. 1–12). Nara, Japan.

Bennett, B., Magee, D., Cohn, A., & Hogg, D. (2004). Using spatio-temporal continuity constraints to enhance visual tracking of moving objects. In R. Lopez de Mantaras & L. Saitta (Eds.), *Proceedings of the Sixteenth European Conference on Artificial Intelligence* (pp. 922–926). Valencia, Spain: IOS Press.

Berenson, D., Srinivasa, S., & Kuffner, J. (2011). Task space regions: A framework for pose-constrained manipulation planning. *International Journal of Robotics Research*, *30*(12), 1435–1460.

Biswas, G., Schwartz, D., Bransford, J., & The Teachable Agents Group at Vanderbilt. (2001). Technology support for complex problem solving: From SAD environments to AI. In K. Forbus & P. Feltovich (Eds.), *Smart machines in education: The coming revolution in educational technology* (pp. 71–97). Cambridge, MA: MIT Press.

Bizer, C., Lehmann, J., Kobilarov, G., Auer, S., Becker, C., Cyganiak, R., & Hellmann, S. (2009). DBPedia—A crystallization point for the web of data. *Journal of Web Semantics*, 7, 154–165.

Blass, J., & Forbus, K. (2017). Analogical chaining with natural language instruction for commonsense reasoning. In S. Singh & S. Markovitch (Eds.), *Proceedings of the Thirty-First AAAI Conference on Artificial Intelligence* (pp. 4357–4363). Palo Alto, CA: AAAI Press.

Bobrow, D. (Ed.). (1985). *Qualitative reasoning about physical systems*. Cambridge, MA: MIT Press.

Bobrow, D., Falkenhainer, B., Farquhar, A., Fikes, R., Forbus, K, Gruber, T., ... Kuipers, B. (1996). A compositional modeling language. In Y. Iwasaki & A. Farquhar (Eds.), *Proceedings of the Tenth International Workshop for Qualitative Reasoning* (pp. 12–21). Menlo Park, CA: AAAI Press.

Borrett, S., Bridewell, W., Langley, P., & Arrigo, K. (2007). A method for representing and developing process models. *Ecological Complexity*, 4, 1–12.

Bowdle, B., & Gentner, D. (1997). Informativity and asymmetry in comparisons. *Cognitive Psychology*, 34, 244–286.

Bowdle, B., & Gentner, D. (2005). The career of metaphor. *Psychological Review*, 112, 193–216.

Brachman, R., & Levesque, H. (2004). *Knowledge representation and reasoning*. San Francisco, CA: Morgan-Kaufmann.

Bradley, E., Easley, M., & Stolle, R. (2001). Reasoning about nonlinear system identification, *Artificial Intelligence*, 133, 139–188.

Bratko, I., & Suc, D. (2003). Learning qualitative models. *AI Magazine*, 24(4), 107.

Bredeweg, B., Linnebank, F., Bouwer, A., & Liem, J. (2009). Garp3—workbench for qualitative modelling and simulation. *Ecological Informatics*, 4(5–6), 263–281.

Bredeweg, B., Salles, P., Bouwer, A., Liem, J., Nuttle, T., ... Zitek, A. (2008). Towards a structured approach to building qualitative reasoning models and simulations. *Ecological Informatics*, 3, 1–12.

Brown, D. (1994). Facilitating conceptual change using analogies and explanatory models. *International Journal of Science Education*, 16(2), 201–214.

Brown, J. S., Collins, A., & Duguid, P. (1989). Situated cognition and the culture of learning. *Educational Researcher*, 18(1), 32–42.

Brown, N. R., & Siegler, R. S. (2001). Seeds aren't anchors. *Memory and Cognition*, 29(3), 405–412.

Buckley, S. (1979). *Sun up to sun down*. New York: McGraw-Hill.

Bundy, A. (1983). *The computer modeling of mathematical reasoning*. New York: Academic Press.

Bundy, A., Sasnauskas, G., & Chan, M. (2015). Solving guesstimation problems using the semantic web: Four lessons from an application. *Semantic Web, 6*(2), 1–14.

Burstein, M. H. (1983). A model of learning by incremental analogical reasoning and debugging. In M. R. Genesereth (Ed.), *Proceedings of the Third National Conference on Artificial Intelligence* (pp. 45–48). Menlo Park, CA: AAAI Press.

Bylander, T. (1991). A theory of consolidation for reasoning about devices. *International Journal Man-Machine Studies, 35*, 467–489.

Camblin, C., Gordon, P., & Swaab, T. (2007). The interplay of discourse congruence and lexical association during sentence processing: Evidence from EPRs and eye tracking. *Journal of Memory and Language, 56*(1), 103–128.

Carey, S. (2011). *The origin of concepts*. Oxford, UK: Oxford University Press.

Carraher, T. N., Carraher, D. W., & Schliemann, A. D. (1985). Mathematics in the streets and in schools. *British Journal of Developmental Psychology, 3*, 21–29.

Cassimatis, N., Bello, P., & Langley, P. (2008). Ability, breadth, and parsimony in computational models of higher-order cognition. *Cognitive Science, 32*, 1304–1322.

Catino, C., Grantham, S., & Ungar, L. (1991). Automatic generation of qualitative models of chemical process units. *Computers & Chemical Engineering, 15*(8), 583–599.

Catrambone, R., Craig, D., & Nersessian, N. (2006). The role of perceptually represented structure in analogical problem solving. *Memory and Cognition 34*(5), 1126–1132.

Chang, M., & Forbus, K. (2015). *Towards interpretation strategies for multimodal instructional analogies*. Paper presented at the 28th International Workshop on Qualitative Reasoning (QR2015), Minneapolis, MN.

Chen, K., & Forbus, K.D. (2018). Action recognition from skeleton data via analogical generalization over qualitative representations. *Proceedings of AAAI 2018*. New Orleans, LA: AAAI Press

Cheng, P., & Holyoak, K. (1985). Pragmatic reasoning schemas. *Cognitive Psychology, 17*, 391–416.

Chi, M., Bassok, M., Lewis, M., Reimann, P., & Glaser, R. (1989). Self-Explanations: How students study and use examples in learning to solve problems. *Cognitive Science, 13*, 145–182.

Chi, M., de Leeuw, N., Chiu, M., & LaVancher, C. (1994). Eliciting self-explanations improves understanding. *Cognitive Science, 18*, 439–477.

Chi, M. T. H., Feltovich, P. J., & Glaser, R. (1981). Categorization and representation of physics problems by experts and novices. *Cognitive Science, 5*, 121–152.

Chi, M. T. H., Slotta, J. D., & de Leeuw, N. (1994). From things to processes: A theory of conceptual change for learning science concepts. *Learning and Instruction, 4*, 27–43.

Choi, S. (2006). Influence of language-specific input on spatial cognition: Categories of containment. *First Language, 26*, 187–205.

Chou, T., & Winslett, M. (1994). A model-based belief revision system. *Journal of Automated Theorem Proving, 12*(2), 157–208.

Christie, S., & Gentner, D. (2010). Where hypotheses come from: Learning new relations by structural alignment. *Journal of Cognition and Development, 11*(3), 356–373.

Christie, S., & Gentner, D. (2014). Language helps children succeed on a classic analogy task. *Cognitive Science, 38*, 383–397.

Cioaca, E., Linnebank, F., Bredeweg, B., & Salles, P. (2009). A qualitative reasoning model of algal bloom in the Danube Delta Biosphere Reserve (DDBR). *Ecological Informatics, 4*(5–6), 282–298.

Clark, A. (1987). From folk psychology to naïve psychology. *Cognitive Science, 11*, 139–154.

Clement, C. A., & Gentner, D. (1991). Systematicity as a selection constraint in analogical mapping. *Cognitive Science, 15*, 89–132.

Clement, J. (1983). A conceptual model discussed by Galileo and used intuitively by physics students. In D. Gentner & A. Stevens (Eds.), *Mental models* (pp. 325–339). Hillsdale, NJ: Lawrence Erlbaum.

Clementini, E., Di Felice, P., & Hernandez, D. (1997). Qualitative representation of positional information. *Artificial Intelligence, 95*, 317–356.

Cohen, P., Johnston, M., McGee, D., Oviatt, S., Pittman, J., Smith, I., ... Clow, J. (1997). QuickSet: Multimodal interaction for distributed applications. *Proceedings of the Fifth ACM International Conference on Multimedia*, (pp. 31–40). New York: ACM.

Cohn, A., Magee, D., Galata, A., Hogg, D., & Hazirika, S. (2008). Towards an architecture for cognitive vision using qualitative spatio-temporal representations and abduction. In C. Freksa, W. Brauer, C. Habel, & K. F. Wender (Eds.), *Spatial cognition III, LNAI 2685* (pp. 232–248). Berlin, Germany: Springer-Verlag.

Cohn, A., & Renz, J. (2007). Qualitative spatial representation and reasoning. In F. van Harmelen, V. Lifshitz, & B. Porter (Eds.), *Handbook of knowledge representation* (pp. 551–596). San Diego: Elsevier Science.

Cohn, A., & Renz, J. (2008). Qualitative spatial representation and reasoning. In F. van Hermelen, V. Lifschitz, & B. Porter (Eds.), *Handbook of knowledge representation* (pp. 551–596). San Diego: Elsevier Science.

Collins, A., & Gentner, D. (1987). How people construct mental models. In D. Holland & N. Quinn (Eds.), *Cultural models in language and thought* (pp. 243–265). Cambridge, UK: Cambridge University Press.

Collins, A., & Quillian, R. (1969). Retrieval time from semantic memory. *Journal of Verbal Learning and Verbal Behavior, 9*, 432–438.

Collins, A., & Stevens, A. (1982). Goals and strategies for inquiry teachers. In R. Glaser (Ed.), *Advances in instructional psychology* (Vol. 2, pp. 65–119). Hillsdale, NJ: Erlbaum.

Collins, A., Warnock, E., Aiello, N., & Miller, M. (1975). Reasoning from incomplete knowledge. In D. Bobrow & A. Collins (Eds.), *Representation and understanding*. New York: Academic Press.

Collins, J. (1993). *Process-based diagnosis: An approach to understanding novel failures*. Evanston, IL: Institute for the Learning Sciences.

Collins, J., & Forbus, K. (1987). Reasoning about fluids via molecular collections. In K. Forbus & H. Shrobe (Eds.), *Proceedings of the Sixth National Conference on Artificial Intelligence* (pp. 590–594). Menlo Park, CA: AAAI Press.

Collins, J., & Forbus, K. (1989). *Building qualitative models of thermodynamic processes*. Retrieved from http://www.qrg.northwestern.edu/papers/files/fsthermo(searchable).pdf.

Cooperrider, K., Gentner, D., & Goldin-Meadow, S. (2017). Analogical gestures foster understanding of causal systems. In G. Gunzelmann, A. Howes, T. Tenbrink, & E. Davelaar (Eds.), *Proceedings of the Thirty-Ninth Annual Meeting of the Cognitive Science Society* (pp. 240–245). London.

Coventry, K. R., & Garrod, S. C. (2004). *Saying, seeing and acting: The psychological semantics of spatial prepositions*. New York: Psychology Press, Taylor & Francis.

Cox, P., Plimmer, B., & Rodgers, P. (2012). *Diagrammatic representation and inference: Seventh International Conference, Diagrams 2012*. Berlin, Germany: Springer.

Crawford, L. S., Do, M. B., Ruml, W., Hindi, H., Eldershaw, C., Zhou, R., ... Larner, D. L. (2013). Online reconfigurable machines. *AI Magazine, 34*(3), 73–88.

Crouse, M., & Forbus, K. (2016). *Elementary school science as a cognitive system domain: How much qualitative reasoning is required?* Paper presented at the Fourth Annual Conference on Advances in Cognitive Systems, Evanston, IL.

Crowley, K., & Siegler, R. S. (1999). Explanation and generalization in young children's strategy learning. *Child Development, 70*, 304–316.

Crupi, V. (2013). Confirmation. In E. N. Zalta (Ed.), *The Stanford encyclopedia of philosophy*. Retrieved from http://plato.stanford.edu/archives/win2013/entries/confirmation/.

Cui, Z., Cohn, A. G., & Randell, D. A. (1992). Qualitative simulation based on a logical formalism of space and time. *Proceedings AAAI-92* (pp. 679–684). Menlo Park, CA: AAAI Press.

Culicover, P. W., & Jackendoff, R. (1999). The view from the periphery: The English comparative correlative. *Linguistic Inquiry, 30*, 543–571.

Curtis, J., Baxter, D., Wagner, P., Cabral, J., Schneider, D., & Witbrock, M. (2009). Methods of rule acquisition in the TextLearner system. In S. Nirenburg & T. Oates (Eds.), *2009 AAAI Spring Symposium on Learning by Reading and Learning to Read* (pp. 22–28). Menlo Park, CA: AAAI Press.

Dauge, P. (1993). Symbolic reasoning with relative orders of magnitude. *Proceedings of the Thirteenth IJCAI* (pp. 1509–1515). Chambery, France.

Davis, E. (1987). *Order of magnitude reasoning in qualitative differential equations* (Technical Report 312). New York: NYU Computer Science Department.

Davis, E. (1990). *Representations of commonsense knowledge*. San Mateo, CA: Morgan-Kaufmann.

Davis, E., & Marcus, G. (2016). The scope and limits of simulation in automated reasoning. *Artificial Intelligence, 233*, 60–72.

Day, S., & Gentner, D. (2007). Nonintentional analogical inference in text comprehension. *Memory and Cognition, 35*, 39–49.

deCoste, D. (1991). Dynamic across-time measurement interpretation. *Artificial Intelligence, 51*(1), 273–341.

deCoste, D., & Collins, J. W. (1991). IQE: An incremental qualitative envisioner. *Proceedings of the Fifth International Workshop on Qualitative Reasoning about Physical Systems* (pp. 58–70). Austin, TX: QR-91.

Dehaene, S., Izard, V., Pica, P., & Spelke, E. (2006). Core knowledge of geometry in an Amazonian indigene group. *Science, 311*, 381–384.

Dehghani, M., Sachdeva, S., Ekhtiari, H., Gentner, D., & Forbus, K. (2009). The role of cultural narratives in moral decision-making. In N. Taatgen & H. van Rijn (Eds.), *Proceedings of the Annual Meeting of the Cognitive Science Society* (pp. 1912–1917). Amsterdam.

Dehghani, M., Tomai, E., Forbus, K., & Klenk, M. (2008). *An integrated reasoning approach to moral decision-making*. Paper presented at the Twenty-Third AAAI Conference on Artificial Intelligence (AAAI), Chicago, IL.

Dehghani, M., Unsworth, S., Lovett, A., & Forbus, K. (2007). Capturing and categorizing mental models of food webs using QCM. *Proceedings of the Twenty-First International Workshop on Qualitative Reasoning*. Aberystwyth, UK.

de Jong, H. (2008). Qualitative modeling and simulation of bacterial regulatory networks. In A. Uhrmacher & M. Heiner (Eds.), *Computational methods in systems biology (CMSB-08)*. Berlin, Germany: Springer-Verlag.

de Kleer, J. (1984). How circuits work. *Artificial Intelligence, 24*, 205–280.

de Kleer, J., & Brown, J. (1984). A qualitative physics based on confluences. *Artificial Intelligence, 24*, 7–83.

de Koning, K., Bredeweg, B., Breuker, J., & Wielinga, B. (2000). Model-based reasoning about learner behavior. *Artificial Intelligence, 117*, 173–229.

Derbinsky, N., Laird, J. E., & Smith, B. (2010, August). Towards efficiently supporting large symbolic declarative memories. In D. Salvucci & G. Gunzelmann (Eds.), *Proceedings of the Tenth International Conference on Cognitive Modeling* (pp. 49–54). Philadelphia, PA.

diSessa, A. (1983). Phenomenology and the evolution of intuition. In D. Gentner & A. Stevens (Eds.), *Mental models* (pp. 15–33). Hillsdale, NJ: Lawrence Erlbaum.

diSessa, A. (1988). Knowledge in pieces. In G. Forman & P. Pufall (Eds.), *Constructivism in the computer age* (pp. 49–70). Hillsdale, NJ: Lawrence Erlbaum.

diSessa, A. (1993). Toward an epistemology of physics. *Cognition and Instruction, 10*(2–3), 105–225.

diSessa, A. (2008). A bird's eye view of "pieces" versus "coherence" controversy. In S. Vosniadou (Ed.), *Handbook of conceptual change research* (pp. 35–60). Mahwah, NJ: Lawrence Erlbaum.diSessa, A., Gillespie, N., & Esterly, J. (2004). Coherence versus fragmentation in the development of the concept of force. *Cognitive Science, 28*, 843–900.

Donlon, J., & Forbus, K. (1999). Using a Geographic Information System for qualitative spatial reasoning about trafficability. *Proceedings of QR99* (pp. 62–72). Loch Awe, Scotland.

Doyle, R. J., Chien, S. A., Fayyad, U. M., & Wyatt, E. J. (1993). Focused real-time systems monitoring based on multiple anomaly models. In Daniel Weld (Ed.), *Proceedings of QR93* (pp. 75–82). Orcas Island, WA.

Drabble, B. (1993). EXCALIBUR: A program for planning and reasoning with processes. *Artificial Intelligence, 6291*, 1–40.

Dylla, F., Lee, J., Mossakowski, T., Schneider, T., Van Delden, A., Van De Ven, J., & Wolter, D. (2017). A survey of qualitative spatial and temporal calculi: Algebraic and computational properties. *ACM Computing Surveys, 50*(1), Article 7.

Egenhofer, M. J., & Franzosa, R. D. (1991). Point-set topological spatial relations. *International Journal of Geographical Information Systems, 5*(2), 161–174.

Egenhofer, M. J., & Mark, D. M. (1995). Naive geography. In A. U. Frank & W. Kuhn (Eds.), *Spatial information theory: A theoretical basis for GIS. International Conference, COSIT 95* (pp. 1–15). Berlin, Germany: Springer.

Elio, R., & Anderson, J. R. (1981). The effect of category generalizations and instance similarity on schema abstraction. *Journal of Experimental Psychology: Human Learning and Memory, 7*, 397–417.

Elkan, C. (1994, August). The paradoxical success of fuzzy logic. *IEEE Expert*, pp. 3–8.

Epley, N., & Gilovich, T. (2005). When effortful thinking influences judgmental anchoring: Differential effects of forewarning and incentives on self-generated and externally-provided anchors. *Journal of Behavioral Decision Making, 18*, 199–212.

Evans, T. (1968). A program for the solution of geometric-analogy intelligence test questions. In M. Minsky (Ed.), *Semantic information processing*. Cambridge, MA: MIT Press.

Falkenhainer, B. (1987). An examination of the third stage in the analogy process: Verification-based analogical learning. In John P. McDermott (Ed.), *Proceeding of IJCAI* (pp. 260–264). Milan, Italy.

Falkenhainer, B. (1990). A unified approach to explanation and theory formation. In J. Shrager & P. Langley (Eds.), *Computational models of scientific discovery and theory formation* (pp. 157–196). Los Altos, CA: Morgan Kaufmann.

Falkenhainer, B. (1992). Modeling without amnesia: Making experience-sanctioned approximations. In R. Leitch (Ed.), *Proceedings of the Sixth International Workshop on Qualitative Reasoning about Physical Systems* (pp. 44–55). Edinburgh, UK: Heriot-Watt University.

Falkenhainer, B., & Forbus, K. (1991). Compositional modeling: Finding the right model for the job. *Artificial Intelligence, 51*(1–3), 95–143.

Falkenhainer, B., Forbus, K. D., & Gentner, D. (1989). The structure-mapping engine: Algorithm and examples. *Artificial Intelligence, 41*(1), 1–63.

Falomir, Z., & Olteteanu, A. (2015). Logics based on qualitative descriptors for scene understanding. *Neurocomputing, 161*, 3–16.

Faltings, B. (1992). A symbolic approach to qualitative kinematics. *Artificial Intelligence, 56*(2–3), 139–170.

Fan, J., Ferrucci, D., Gondek, D., & Kalyanpur, A. (2010). *PRISMATIC: Inducing knowledge from a large scale lexicalized relation resource*. Paper presented at the NAACL Workshop on Formalisms and Methodology for Learning by Reading, Los Angeles, CA.

Fan, J., Kalyanpur, A., Gondek, D., & Ferruci, D. (2012). Automatic knowledge extraction from documents. *IBM Journal of Research & Development, 56*(3/4), 5:1–5:10.

Faries, J. M., & Reiser, B. J. (1988). Access and use of previous solutions in a problem solving situation. In V. Patel & G. Groen (Eds.) *Proceedings of the Tenth Annual Meeting of the Cognitive Science Society* (pp. 433–439). Hillsdale, NJ: Erlbaum.

Feigenson, L. (2007). The quality of quantity. *Trends in Cognitive Science, 11*(5), 185–187.

Feltovich, P., Coulson, R., & Spiro, R. (2001). Learners' (mis)understanding of important and difficult concepts. In K. Forbus & P. Feltovich (Eds.), *Smart machines in education* (pp. 349–375). Cambridge, MA: /MIT Press.

Fikes, R., & Nilsson, N. (1981). STRIPS: A new approach to the application of theorem proving to problem solving. *Artificial Intelligence, 2*, 189–208.

Fillmore, C. (1976). Frame semantics and the nature of language. *Annals of the New York Academy of Sciences, 280*, 20–32.

Fillmore, C., & Atkins, S. (1994). Starting where dictionaries stop: The challenge for computational lexicography. In S. Atkins & A Zampolli (Eds.), *Computational approaches to the lexicon* (pp. 349–393). Oxford, UK: Oxford University Press.

Forbus, K. (1980). Spatial and qualitative aspects of reasoning about motion. In R. M. Balzer (Ed.), *Proceedings of the First National Conference on Artificial Intelligence* (pp. 170–173). Menlo Park, CA: AAAI Press.

Forbus, K. (1983). Qualitative reasoning about space and motion. In D. Gentner & A. Stevens (Eds.), *Mental models*. Hillsdale, NJ: Lawrence Erlbaum.

Forbus, K. (1984). Qualitative process theory. *Artificial Intelligence, 24*, 85–168.

Forbus, K. (1989). Introducing actions into qualitative simulation. *Proceedings of the Eleventh International Joint Conference on Artificial Intelligence* (pp. 1273–1278). Detroit, MI.

Forbus, K. (2001). Exploring analogy in the large. In D. Gentner, K. Holyoak, & B. Kokinov (Eds.), *The analogical mind: Perspectives from cognitive science*. Cambridge, MA: MIT Press.

Forbus, K., Carney, K., Sherin, B., & Ureel, L. (2004, July). *VModel: A visual qualitative modeling environment for middle-school students*. Paper presented at the 16th Innovative Applications of Artificial Intelligence Conference, San Jose, CA.

Forbus, K., Chang, M., McLure, M., & Usher, M. (2017). The cognitive science of sketch worksheets. *Topics in Cognitive Science, 9*(4), 921–942.

Forbus, K., & de Kleer, J. (1994). *Building problem solvers*. Cambridge, MA: MIT Press.

Forbus, K., Ferguson, R., & Gentner, D. (1994, August). Incremental structure-mapping. In A. Ram & K. Eiselt (Eds.), *Proceedings of the Cognitive Science Society*. Hillsdale, NJ: Lawrence Erlbaum Associates.

Forbus, K., Ferguson, R., Lovett, A., & Gentner, D. (2017). Extending SME to handle large-scale cognitive modeling. *Cognitive Science, 41*, 1152–1201.

Forbus, K., Garnier, B., Tikoff, B., Marko, W., Usher, M. & Mclure, M. (2018). Sketch worksheets in STEM classrooms: Two deployments. Deployed Application Prize paper. *Proceedings of IAAI 2018*. New Orleans, LA: AAAI Press.

Forbus, K., & Gentner, D. (1986a, August). *Causal reasoning about quantities*. Paper presented at the *Eighth Annual Conference of the Cognitive Science Society*, Amherst, MA.

Forbus, K., & Gentner, D. (1986b). Learning physical domains: Towards a theoretical framework. In R. Michalski, J. Carbonell, & T. Mitchell (Eds.), *Machine learning: An artificial intelligence approach* (Vol. 2). Palo Alto, CA: Tioga Press.

Forbus, K., & Gentner, D. (1989). Structural evaluation of analogies: What counts? *Proceedings of the Eleventh Annual Conference of the Cognitive Science Society*. Ann Arbor, MI.

Forbus, K., & Gentner, D. (1997, June). *Qualitative mental models: Simulations or memories?* Paper presented at the Eleventh International Workshop on Qualitative Reasoning, Cortona, Italy.

Forbus, K., Gentner, D., & Law, K. (1995). MAC/FAC: A model of similarity-based retrieval. *Cognitive Science, 19*(2), 141–205.

Forbus, K., & Hinrichs, T. (2017). Analogy and relational representations in the companion cognitive architecture. *AI Magazine, 38*(4), 34–42.

Forbus, K., Klenk, M., & Hinrichs, T. (2009). Companion cognitive systems: Design goals and lessons learned so far. *IEEE Intelligent Systems, 24*(4), 36–46.

Forbus, K., & Kuehne, S. (2005, May). *Towards a qualitative model of everyday political reasoning*. Paper presented at the 19th International Qualitative Reasoning Workshop, Graz, Austria.

Forbus, K., Nielsen, P., & Faltings, B. (1991). Qualitative spatial reasoning: The CLOCK Project. *Artificial Intelligence, 51*(1–3), 417–471.

Forbus, K., Riesbeck, C., Birnbaum, L., Livingston, K., Sharma, A., & Ureel, L. (2007). Integrating natural language, knowledge representation and reasoning, and analogical processing to learn by reading. In R. C. Holte & A. Howe (Eds.), *Proceedings of the Twenty-Second AAAI Conference on Artificial Intelligence* (pp. 1542–1547). Menlo Park, CA: AAAI Press.

Forbus, K., Usher, J., & Chapman, V. (2003). *Qualitative spatial reasoning about sketch maps*. Paper presented at the Fifteenth Annual Conference on Innovative Applications of Artificial Intelligence, Acapulco, Mexico.

Forbus, K., Usher, J., Lovett, A., Lockwood, K., & Wetzel, J. (2011). CogSketch: Sketch understanding for cognitive science research and for education. *Topics in Cognitive Science, 3*, 648–666.

Forbus, K., Usher, J., & Tomai, E. (2005). Analogical learning of visual/conceptual relationships in sketches. In M. Veloso & S. Kambhampati (Eds.), *Proceedings of the Twentieth National Conference on Artificial Intelligence* (pp. 202–208). Menlo Park, CA: AAAI Press.

Forbus, K., Whalley, P., Everett, J., Ureel, L., Brokowski, M., Baher, J., & Kuehne, S. (1999). CyclePad: An articulate virtual laboratory for engineering thermodynamics. *Artificial Intelligence, 114*, 297–347.

Forrester, J. W. (1961). *Industrial dynamics*. Waltham, MA: Pegasus Communications.

Freksa, C. (1991). Conceptual neighborhood and its role in temporal and spatial reasoning. In M. Singh & L. Trave-Massuyes (Eds.), *Proceedings of the IMACS Workshop on Decision Support Systems and Qualitative Reasoning* (pp. 181–187). Amsterdam, Holland.

Freksa, C. (1992). Using orientation information for qualitative spatial reasoning. In A. U. Frank, I. Campari, & U. Formentini (Eds.), *Theories and methods of spatio-temporal reasoning in geographic space* (pp. 162–178). Berlin: Springer.

Friedman, S. E. (2012). *Computational conceptual change: An explanation-based approach*. PhD dissertation, Northwestern University, Department of Electrical Engineering and Computer Science, Evanston, IL.

Friedman, S. E., & Forbus, K. (2008). Learning causal models via progressive alignment and qualitative modeling: A simulation. In B. C. Love, K. McRae, & V. M. Sloutsky (Eds.), *Proceedings of the Thirtieth Annual Conference of the Cognitive Science Society* (pp. 1123–1128). Austin, TX: Cognitive Science Society.

Friedman, S. E., & Forbus, K. (2010). *An integrated systems approach to explanation-based conceptual change*. Paper presented at the Twenty-Fourth AAAI Conference on Artificial Intelligence, Atlanta, GA.

Friedman, S. E., & Forbus, K. (2011). *Repairing incorrect knowledge with model formulation and metareasoning*. Paper presented at the 22nd International Joint Conference on Artificial Intelligence, Barcelona, Spain.

Friedman, S. E., Forbus, K. D., & Sherin, B. (2011a). Constructing and revising commonsense science explanations: A metareasoning approach. *Proceedings of the AAAI Fall Symposium on Advances in Cognitive Systems*. Arlington, VA: AAAI Press.

Friedman, S. E., Forbus, K. D., & Sherin, B. (2011b). *How do the seasons change? Creating & revising explanations via model formulation & metareasoning*. Paper presented at the 25th International Workshop on Qualitative Reasoning, Barcelona, Spain.

Friedman, S. E., Forbus, K., & Sherin, B. (2018). Representing, running, and revising mental models: A computational model. *Cognitive Science, 42*(4), 1110–1145.

Friedman, S. E., Taylor, J., & Forbus, K. (2009). Learning naïve physics models by analogical generalization. *Proceedings of the Second International Analogy Conference* (pp. 168–177). Sofia, Bulgaria.

Fromherz, M. P. J., Bobrow, D. G., & de Kleer, J. (2003). Model-based computing for design and control of reconfigurable systems. *AI Magazine, 24*(4), 120–130.

Funt, B. (1980). Problem-solving with diagrammatic representations. *Artificial Intelligence, 13*(3), 201–230.

Gagnier, K., Atit, K., Ormand, C., & Shipley, T. (2016). Comprehending 3D diagrams: Sketching to support spatial reasoning. *Topics in Cognitive Science, 9*(4), 883–901.

Galton, A. (2001). *Qualitative spatial change*. Oxford, UK: Oxford University Press.

Gardin, F., & Meltzer, B. (1989). Analogical representations of naïve physics. *Artificial Intelligence, 38*(2), 139–159.

Genesereth, M., & Nilsson, N. (1987). *Logical foundations of artificial intelligence*. San Mateo, CA: Morgan-Kaufmann.

Gentner, D. (1983). Structure-mapping: A theoretical framework for analogy. *Cognitive Science, 7*, 155–170.

Gentner, D. (1988). Metaphor as structure mapping: The relational shift. *Child Development, 59*, 47–59.

Gentner, D. (1989). The mechanisms of analogical learning. In S. Vosniadou & A. Ortony (Eds.), *Similarity and analogical reasoning* (pp. 199–241). London, UK: Cambridge University Press. (Reprinted in *Knowledge Acquisition and Learning*, 1993, 673–694.)

Gentner, D. (2003). Why we're so smart. In D. Gentner & S. Goldin-Meadow (Eds.), *Language in mind: Advances in the study of language and thought* (pp. 195–235). Cambridge, MA: MIT Press.

Gentner, D. (2010). Bootstrapping the mind: Analogical processes and symbol systems. *Cognitive Science, 34*(5), 752–775.

Gentner, D., Bowdle, B., Wolff, P., & Boronat, C. (2001). Metaphor is like analogy. In D. Gentner, K. J. Holyoak, & B. N. Kokinov (Eds.), *The analogical mind: Perspectives from cognitive science* (pp. 199–253). Cambridge, MA: MIT Press.

Gentner, D., & Bowerman, M. (2009). Why some spatial semantic categories are harder to learn than others: The typological prevalence hypothesis. In J. Guo, E. Lieven, N. Budwig, S. Ervin-Tripp, K. Nakamura, & S. Ozcaliskan (Eds.), *Crosslinguistic approaches to the psychology of language: Research in the tradition of Dan Isaac Slobin* (pp. 465–480). New York: Psychology Press.

Gentner, D., Brem, S., Ferguson, R. W., Markman, A. B., Levidow, B. B., Wolff, P., & Forbus, K. D. (1997). Analogical reasoning and conceptual change: A case study of Johannes Kepler. *The Journal of the Learning Sciences, 6*(1), 3–40.

Gentner, D., & Kurtz, K. (2005). Relational categories. In W. K. Ahn, R. L. Goldstone, B. C. Love, A. B. Markman, & P. W. Wolff (Eds.), *Categorization inside and outside the lab* (pp. 151–175). Washington, DC: APA.

Gentner, D., Loewenstein, J., & Hung, B. (2007). Comparison facilitates children's learning of names for parts. *Journal of Cognition and Development, 8*, 285–307.

Gentner, D., & Markman, A. B. (1997). Structure mapping in analogy and similarity. *American Psychologist, 52*, 45–56.

Gentner, D., & Namy, L. L. (2006). Analogical processes in language learning. *Current Directions in Psychological Science, 15*(6), 297–301.

Gentner, D., & Rattermann, M. J. (1991). Language and the career of similarity. In S. A. Gelman & J. P. Byrnes (Eds.), *Perspectives on language and thought: Interrelations in development* (pp. 225–275). London, UK: Cambridge University Press.

Gentner, D., Rattermann, M. J., & Forbus, K. D. (1993). The roles of similarity in transfer: Separating retrievability from inferential soundness. *Cognitive Psychology, 25*, 524–575.

Gentner, D., Rattermann, M. J., Markman, A. B., & Kotovsky, L. (1995). Two forces in the development of relational similarity. In T. J. Simon & G. S. Halford (Eds.), *Developing cognitive competence: New approaches to process modeling* (pp. 263–313). Hillsdale, NJ: Lawrence Erlbaum.

Gentner, D., & Stevens, A. (1983). *Mental models*. Hillsdale, NJ: Lawrence Erlbaum.

Gentner, D., & Toupin, C. (1986). Systematicity and surface similarity in the development of analogy. *Cognitive Science, 10*, 277–300.

Gigerenzer, G., Todd, P., & the ABC Research Group. (2000). *Simple heuristics that make us smart*. Oxford, UK: Oxford University Press.

Giunchiglia, E., Lee, J., Lifschitz, V., McCain, N., & Turner, H. (2004). Nonmonotonic causal theories. *Artificial Intelligence, 153*(1–2), 49–104.

Goel, A. (2013). A 30-year case study and 15 principles: Implications of an artificial intelligence methodology for functional modeling. *Artificial Intelligence for Engineering Design, Analysis and Manufacturing, 27*, 203–215.

Gopnik, A., & Schulz, L. (2007). *Causal learning: Psychology, philosophy and computation*. Oxford, UK: Oxford University Press.

Goswami, U., & Brown, A. L. (1989). Melting chocolate and melting snowmen: Analogical reasoning and causal relations. *Cognition, 35*, 69–95.

Gratch, J., & Marsella, S. (2004). A domain-independent framework for modeling emotion. *Journal of Cognitive Systems Research, 5*(4), 269–306.

Griffiths, T. L., Chater, N., Kemp, C., Perfors, A., & Tenenbaum, J. B. (2010). Probabilistic models of cognition: Exploring the laws of thought. *Trends in Cognitive Sciences, 14*, 357–364.

Gspandl, S., Reip, M., Steinbauer, G., & Wotawa, F. (2010). From sketch to plan. In J. de Kleer & K. Forbus (Eds.), *Proceedings of QR-2010*. Portland, OR.

Guerrin, F. (1995). *Dualistic algebra for qualitative analysis*. Paper presented at the 9th International Workshop on Qualitative Reasoning, Amsterdam, Holland.

Halloun, I., & Hestenes, D. (1985). Common-sense concepts about motion. *American Journal of Phsyics, 53*, 1056.

Halpern, J. (2016). *Actual causality*. Cambridge: MIT Press.

Hammond, T., & Davis, R. (2005). LADDER: A sketching language for user interface developers. *Computers and Graphics*, *29*, 518–532.

Hanks, S., & McDermott, D. (1987). Nonmonotonic and temporal projection. *Artificial Intelligence*, *33*(3), 379–412.

Harte, J. (1988). *Consider a spherical cow: A course in environmental problem solving*. Sausalito, CA: University Science Books.

Hawes, N., Klenk, K., Lockwood, K., Horn, G., & Kelleher, J. (2012). Towards a cognitive system that can recognize spatial regions based on context. In J. Hoffman & B. Selman (Eds.), *Proceedings of the Twenty-Sixth AAAI Conference on Artificial Intelligence* (pp. 200–206). Palo Alto, CA: AAAI Press.

Hayes, P. (1979). The naive physics manifesto. In D. Michie (Ed.), *Expert systems in the micro-electronic age*. Edinburgh, UK: Edinburgh University Press.

Hayes, P. (1985a). The logic of frames. In R. Brachman & H. Levesque (Eds.), *Readings in knowledge representation*. San Francisco, CA: Morgan-Kaufmann.

Hayes, P. (1985b). Naive Physics 1: Ontology for liquids. In R. Hobbs & R. Moore (Eds.), *Formal theories of the commonsense world*. Norwood, NJ: Ablex.

Hayes-Roth, R., Waterman, D., & Lenat, D. (1983). *Building expert systems*. Boston, MA: Addison-Wesley.

Hespos, S., & Baillargeon, R. (2001). Infants' knowledge about occlusion and containment events: A surprising discrepancy. *Psychological Science*, *12*(2), 141–147.

Hespos, S., Ferry, A., Anderson, E., Hollenbeck, E., & Rips, J. (2016). Five-month-old infants have general knowledge of how nonsolid substances behave and interact. *Psychological Science*, *27*(2), 244–256.

Hestenes, D., Wells, M., & Swackhamer, G. (1992). Force Concept Inventory. *The Physics Teacher*, *30*, 141–158.

Hinrichs, T., & Forbus, K. (2012, July). Toward higher-order qualitative representations. *Proceedings of the Twenty-Sixth International Workshop on Qualitative Reasoning*. Los Angeles, CA.

Hinrichs, T., & Forbus, K. (2015). *Qualitative models for strategic planning*. Paper presented at the 3rd Annual Conference on Advances in Cognitive Systems, Atlanta, GA.

Hinrichs, T., Forbus, K., de Kleer, J., Yoon, S., Jones, E., Hyland, R., & Wilson, J. (2011). *Hybrid qualitative simulation of military operations*. Paper presented at the 23rd Innovative Applications for Artificial Intelligence Conference, San Francisco, CA.

Hobbs, J. R. (2004). Abduction in natural language understanding. In L. Horn & G. Ward (Eds.), *Handbook of pragmatics* (pp. 724–741). Malden, MA: Blackwell.

Hogge, J. (1987). Compiling plan operators from domains expressed in qualitative process theory. In K. Forbus & H. Shrobe (Eds.), *Proceedings of the Sixth National Conference on Artificial Intelligence* (pp. 229–233). Menlo Park, CA: AAAI Press.

Holden, M. P., Curby, K. M., Newcombe, N. S., & Shipley, T. F. (2010). A category adjustment approach to memory to memory for spatial location in natural scenes. *Journal of Experimental Psychology: Learning, Memory, & Cognition, 36*, 590–604.

Horvitz, E. (2001). Principles and applications of continual computation. *Artificial Intelligence, 126*(1–2), 159–196.

Huttenlocher, J., Hedges, L., & Duncan, S. (1991). Categories and particulars: Prototype effects in estimating spatial location. *Psychological Review, 98*, 352–376.

Ioannides, C., & Vosniadou, S. (2002). The changing meanings of force. *Cognitive Science Quarterly, 2*, 5–61.

Ironi, L., & Tentoni, S. (2007). Automated detection of qualitative spatio-temporal features in electrocardiac activation maps. *Artificial Intelligence in Medicine, 39*, 99–111.

Ironi, L., & Tentoni, S. (2011). Interplay of spatial aggregation and computational geometry in extracting diagnostic features from cardiac activation data. *Computer Methods and Programs in Biomedicine, 107*(3), 456–467.

Irvine, A., & Deutsch, H. (2013). Russell's paradox. In E. Zalta (Ed.), *The Stanford encyclopedia of philosophy*. Retrieved from http://plato.stanford.edu/archives/win2013/entries/russell-paradox/.

Iwasaki, Y., & Simon, H. (1994). Causality and model abstraction. *Artificial Intelligence, 67*, 143–194.

Johnson-Laird, P. (1983). *Mental models*. Cambridge, MA: Harvard University Press.

Jones, M., & Love, B. (2011). Bayesian fundamentalism or enlightenment? On the explanatory status and theoretical contributions of Bayesian models of cognition. *Behavioral and Brain Sciences, 34*(4), 169–188.

Kahneman, D., Slovic, P., & Tversky, A. (Eds.). (1982). *Judgment under Uncertainty: Heuristics and Biases*. Cambridge, UK: Cambridge University Press.

Kamp, H., & Reyle, U. (1993). *From discourse to logic*. Dordrecht, the Netherlands: Kluwer.

Kandaswamy, S., Forbus, K., & Gentner, D. (2014). Modeling learning via progressive alignment using interim generalizations. In P. Bellow, M. Guarini, M. McShane, & B. Scassellati (Eds.) *Proceedings of the Cognitive Science Society* (pp. 2471–2476). Québec City, Canada.

Kareev, Y., Lieberman, I., & Lev, M. (1997). Through a narrow window: Sample size and perception of correlation. *Journal of Experimental Psychology: General, 126*(3), 278–287.

Karp, P. (1993). A qualitative biochemistry and its application to the regulation of the tryptophan operon. In L. Hunter (Ed.), *Artificial intelligence and molecular biology* (pp. 289–324). Menlo Park, CA: AAAI Press.

Keane, M. T. (1995). On order effects in analogical mapping: Predicting human error using IAM. In J. D. Moore & J. F. Lehmann (Eds.), *Proceedings of the Seventeenth Annual Conference of the Cognitive Science Society*. Hillsdale, NJ: Lawrence Erlbaum.

Keisler, H. J. (1976). *Elementary calculus: An approach using infinitesimals*. Boston, MA: Prindle Weber & Schmidt.

Kempton, W. (1986). Two theories of home heat control. *Cognitive Science, 10*, 75–90.

Keppens, J., & Shen, Q. (2002). Compositional modeling repositories via dynamic constraint satisfaction with order-of-magnitude preferences. *Journal of AI Research, 21*, 499–550.

Kim, H. (1993). *Qualitative reasoning about fluids and mechanics*. PhD dissertation and ILS Technical Report, Northwestern University, Evanston, IL.

King, R., Garrett, S., & Coghill, G. (2005). On the use of qualitative reasoning to simulate and identify metabolic pathways. *Bioinformatics, 21*(9), 2017–2026.

Klenk, M., de Kleer, J., Bobrow, D., Yoon, S., Handley, J., & Janssen, B. (2012). DRAFT: Guiding and verifying early design using qualitative simulation. *ASME 2012 International Design Engineering Technical Conferences and Computers and Information in Engineering Conference* (pp. 1097–1103). Houston: American Society of Mechanical Engineers.

Klenk, M., & Forbus, K. (2007). Cognitive modeling of analogy events in physics problem solving from examples. In D. S. McNamara & J. G. Trafton (Eds.), *Proceedings of the Twenty-Ninth Annual Cognitive Science Society* (pp. 1163–1168). Austin, TX: Cognitive Science Society.

Klenk, M., & Forbus, K. (2009a). Analogical model formulation for AP physics problems. *Artificial Intelligence, 173*(18), 1615–1638.

Klenk, M., & Forbus, K. (2009b). Domain transfer via cross-domain analogy. *Cognitive Systems Research, 10*(3), 240–250.

Klenk, M., & Forbus, K. (2013). Exploiting persistent mappings in cross-domain analogical learning of physical domains *Artificial Intelligence, 195*, 398–417.

Klenk, M., Friedman, S., & Forbus, K. (2008). *Learning modeling abstractions via generalization*. Paper presented at the 22nd International Workshop on Qualitative Reasoning, Boulder, CO.

Klippel, A., Li, R., Yang, J., Hardisty, F., & Xu, S. (2013). The Egenhofer-Cohn hypothesis, or topological relativity? In M. Raubal & A. Frank (Eds.), *Cognitive and linguistic aspects of geographic space*. Berlin, Germany: Springer-Verlag.

Knauff, M., Rauh, R., & Renz, J. (1997). A cognitive assessment of topological spatial relations: Results from an empirical investigation. *Proceedings of the Third International Conference on Spatial Information Theory (COSIT'97)* (pp. 193–206). Berlin, Heidelberg: Springer.

Kolodner, J. (1993). *Case-based reasoning*. San Mateo, CA: Morgan-Kaufmann.

Kosslyn, S. (1994). *Images and brain: The resolution of the imagery debate*. Cambridge, MA: MIT Press.

Kosslyn, S., Koenig, O., Barrett, A., Cave, C., Tang, J., & Gabrieli, J. (1989). Evidence for two types of spatial representations: Hemispheric specialization for categorical and coordinate relations. *Journal of Experimental Psychology: Human Perception and Performance, 15*(4), 723–735.

Kosslyn, S., & Schwartz, S. (1977). A simulation of visual imagery. *Cognitive Science, 1*, 265–295.

Kotovsky, L., & Gentner, D. (1996). Comparison and categorization in the development of relational similarity. *Child Development, 67*, 2797–2822.

Kuehne, S. (2004). *Understanding natural language descriptions of physical phenomena*. PhD dissertation, Northwestern University, Evanston, IL.

Kuehne, S., & Forbus, K. (2002). *Qualitative physics as a component in natural language semantics: A progress report*. Paper presented at the Twenty-Fourth Annual Meeting of the Cognitive Science Society, George Mason University, Fairfax, VA.

Kuehne, S., & Forbus, K. (2004, August). *Capturing QP-relevant information from natural language text*. Paper presented at the 18th International Qualitative Reasoning Workshop, Evanston, IL.

Kuehne, S., Gentner, D., & Forbus, K. (2000, August). Modeling infant learning via symbolic structural alignment. *Proceedings of the Twenty-Second Annual Conference of the Cognitive Science Society*. Philadelphia, PA.

Kuipers, B. (1994). *Qualitative simulation: Modeling and simulation with incomplete knowledge*. Cambridge, MA: MIT Press.

Kuipers, B., & Kassirer, J. (1984). Causal reasoning in medicine: Analysis of a protocol. *Cognitive Science, 8*, 363–385.

Kunda, M., McGreggor, K., & Goel, A. K. (2013). A computational model for solving problems from the Raven's Progressive Matrices intelligence test using iconic visual representations. *Cognitive Systems Research, 22–23*, 47–66.

Laird, J. (2012). *The SOAR cognitive architecture*. Cambridge, MA: MIT Press.

Lakoff, G., & Johnson, M. (1980). *Metaphors we live by*. Chicago, IL: University of Chicago Press.

Lakoff, G., & Nunez, R. (2000). *Where mathematics comes from: How the embodied mind brings mathematics into being*. New York: Basic Books.

Lange-Kuttner, C., & Vinter, A. (Eds.). (2008). *Drawing and the non-verbal mind: A life-span perspective*. Cambridge, UK: Cambridge University Press.

Langley, P. (1981). Data-driven discovery of physical laws. *Cognitive Science, 5*, 31–54.

Langley, P., Shiran, O., Shrager, J., Todorovski, L., & Pohorille, A. (2006). Constructing explanatory process models from biological data and knowledge. *Artificial Intelligence in Medicine, 37*, 191–201.

Larkin, J., & Simon, H. (1987). Why a diagram is (sometimes) worth ten thousand words. *Cognitive Science, 11*(1), 65–100.

Lassaline, M. (1996). Structural alignment in induction and similarity. *Journal of Experimental Psychology: Learning, Memory, and Cognition, 22*, 754–770.

Leake, D. (Ed.). (2000). *Case-based reasoning: Experiences, lessons, and future directions*. Cambridge, MA: MIT Press.

Le Clair, S., Abrams, F., & Matejka, R. (1989). Qualitative process automation: Self directed manufacture of composite materials. *Artificial Intelligence in Engineering Design & Manufacturing, 3*(2), 125–136.

Lim, C. S., & Baron, J. (1997). *Protected values in Malaysia, Singapore, and the United States*. Unpublished manuscript, Department of Psychology, University of Pennsylvania.

Linder, B. (1991). *Understanding estimation and its relation to engineering education*. PhD dissertation, MIT, Department of Mechanical Engineering, Cambridge, MA.

Lockwood, K., & Forbus, K. (2009). Multimodal knowledge capture from text and diagrams. *Proceedings of KCAP-2009*, Redondo Beach, CA.

Lockwood, K., Lovett, A., & Forbus, K. (2008). Automatic classification of containment and support spatial relations in English and Dutch. *Proceedings of Spatial Cognition 2008*. Berlin: Springer.

Lockwood, K., Lovett, A., Forbus, K., Dehghani, M., & Usher, J. (2008). A theory of depiction for sketches of physical systems. *Proceedings of the Twenty-Second International Workshop on Qualitative Reasoning*. Boulder, CO.

Lovett, A. (2012). *Spatial routines for sketches: A framework for modeling spatial problem-solving*. PhD dissertation, Northwestern University, Department of Electrical Engineering and Computer Science, Evanston, IL.

Lovett, A., Dehghani, M., & Forbus, K. (2008). Building and comparing qualitative descriptions of three-dimensional design sketches. *Proceedings of the Twenty-Second International Qualitative Reasoning Workshop*. Boulder, CO.

Lovett, A., & Forbus, K. (2011). Cultural commonalities and differences in spatial problem-solving: A computational analysis. *Cognition, 121*(2), 281–287.

Lovett, A., & Forbus, K. (2012). *Modeling multiple strategies for solving geometric analogy problems*. Paper presented at the 34th Annual Conference of the Cognitive Science Society, Sapporo, Japan.

Lovett, A., & Forbus, K. (2013). Modeling spatial ability in mental rotation and paper-folding. *Proceedings of the Thirty-Fifth Annual Conference of the Cognitive Science Society*. Berlin, Germany.

Lovett, A., & Forbus, K. (2017). Modeling visual problem solving as analogical reasoning. *Psychological Review, 124*(1), 60–90.

Lovett, A., Forbus, K., & Usher, J. (2010). A structure-mapping model of Raven's Progressive Matrices. *Proceedings of the Thirty-Second Annual Meeting of the Cognitive Science Society*. Portland, OR.

Lovett, A., Gentner, D., Forbus, K., & Sagi, E. (2009). Using analogical mapping to simulate time-course phenomena in perceptual similarity. *Cognitive Systems Research, 10*, 216–228.

Lovett, A., Tomai, E., Forbus, K., & Usher, J. (2009). Solving geometric analogy problems through two-stage analogical mapping. *Cognitive Science, 33*(7), 1192–1231.

Lucke, D., Mossakowski, T., & Moratz, R. (2011). *Streets to the OPRA—finding your destination with imprecise knowledge*. Paper presented at the Workshop on Benchmarks and Applications of Spatial Reasoning, IJCAI-2011, Barcelona, Spain.

Mackie, J. (1980). *The cement of the universe: A study of causation*. Oxford, UK: Oxford University Press.

Mackworth, A. (1977). Consistency in networks of relations. *Artificial Intelligence, 8*(1), 99–118.

Mackworth, A., & Freuder, E. (1985). The complexity of some polynomial network consistency algorithms for constraint satisfaction problems. *Artificial Intelligence, 25*(1), 65–74.

Macleod, C., Grishman, R., & Meyers, A. (1998). *COMLEX Syntax Reference Manual, Version 3.0*. Philadelphia: Linguistic Data Consortium, University of Pennsylvania.

Mani, I., & Pustejovsky, J. (2012). *Interpreting motion: Grounded representations for spatial language*. Oxford, UK: Oxford University Press.

Mao, W. (2006). *Modeling social causality and social judgment in multi-agent interactions*. PhD dissertation, University of Southern California, Los Angeles.

Marcus, G., & Davis, E. (2013). How robust are probabilistic models of higher-level cognition? *Psychological Science, 24*(12), 2351–2360.

Marcus, G. F., Vijayan, S., Rao, B., & Vishton, P. (1999) Rule-learning in seven-month-old infants. *Science, 283*, 77–80.

Marinier, R., Laird, J., & Lewis, R. (2009). A computational unification of cognitive behavior and emotion. *Cognitive Systems Research, 10*, 48–69.

Mark, D. M., & Egenhofer, M. J. (1994a). Calibrating the meanings of spatial predicates from natural language: Line-region relations. In T. C. Waugh & R. G. Healey (Eds.), *Advances in GIS Research, 6th International Symposium on Spatial Data Handling* (pp. 538–553). Edinburgh, UK: International Geographical Union Commission on GIS, Association for Geographic Information.

Mark, D. M., & Egenhofer, M. J. (1994b). Modeling spatial relations between lines and regions: Combining formal mathematical models and human subject testing. *Cartography and Geographic Information Systems, 21*(3), 195–212.

Markman, A. (1997). Constraints on analogical inference. *Cognitive Science, 21*(4), 373–418.

Markman, A. (1998). *Knowledge representation.* Hove, UK: Psychology Press.

Markman, A., & Dietrich, E. (2000). In defense of representation. *Cognitive Psychology, 40*(2), 138–171.

Markman, A., & Gentner, D. (1993). Splitting the differences: A structural alignment view of similarity. *Journal of Memory and Language, 32*, 517–535.

Markman, A., & Medin, D. L. (2002). Decision making. In *Stevens handbook of experimental psychology: Vol. 2. Memory and cognitive processes* (3rd ed.). New York: Wiley.

Marr, D. (1982). *Vision.* New York: W. H. Freeman & Co.

McCloskey, M. (1983). Naïve theories of motion. In D. Gentner & A. Stevens (Eds.), *Mental models* (pp. 299–324). Hillsdale, NJ: Lawrence Erlbaum.

McDermott, D. (1976). Artificial intelligence meets natural stupidity. *ACM SIGART Bulletin, 57*, 4–9.

McFate, C. J., & Forbus, K. (2015). *Frame semantics of continuous processes.* Paper presented at the 28th International Workshop on Qualitative Reasoning, Minneapolis, MN.

McFate, C., & Forbus, K. (2016, August). *An analysis of frame semantics of continuous processes.* Paper presented at the 38th Annual Meeting of the Cognitive Science Society, Philadelphia, PA.

McFate, C. J., Forbus, K., & Hinrichs, T. (2014). *Using narrative function to extract qualitative information from natural language texts.* Paper presented at the Twenty-Eighth AAAI Conference on Artificial Intelligence, Québec City, Québec, Canada.

McLure, M., Friedman, S., & Forbus, K. (2010). *Combining progressive alignment and near-misses to learn concepts from sketches*. Paper presented at the 24th International Workshop on Qualitative Reasoning, Portland, OR.

McLure, M. D., Friedman S. E., & Forbus, K. D. (2015). Extending analogical generalization with near-misses. In B. Bonet & S. Koenig (Eds.), *Proceedings of the Twenty-Ninth AAAI Conference on Artificial Intelligence* (pp. 565–571). Palo Alto,CA: AAAI Press.

McLure, M. D., Friedman, S. E., Lovett, A., & Forbus, K. D. (2011). *Edge-cycles: A qualitative sketch representation to support recognition*. Paper presented at the 25th International Workshop on Qualitative Reasoning, Barcelona, Spain.

Medin, D. L., Goldstone, R. L., & Gentner, D. (1993). Respects for similarity. *Psychological Review*, *100*(2), 254–278.

Meltzoff, A. N. (2007). 'Like me': A foundation for social cognition. *Developmental Science*, *10*(1), 126–134.

Milch, B., Marthi, B. & Russell, S. G. (2004). BLOG: Relational modeling with unknown objects. *Proceedings of the ICML-2004 Workshop on Statistical Relational Learning and Its Connections to Other Fields*. Banff, Alberta, Canada.

Minsky, M. (1974, June). A framework for representing knowledge. MIT AI Lab Memo #306. (Reprinted in Winston, P. (Ed.). (1975). *The psychology of computer vision*. New York: McGraw-Hill).

Minsky, M. (2007). *The emotion machine: Commonsense thinking, artificial intelligence, and the future of the human mind*. New York: Simon & Schuster.

Moratz, R., Dylla, F., & Frommberger, L. (2005). *A relative orientation algebra with adjustable granularity*. Paper presented at the Workshop on Agents in Real-Time and Dynamic Environments (IJCAI), Edinburgh, Scotland.

Mueller, E. (2014). *Commonsense reasoning: An event calculus based approach* (2nd ed.). San Mateo, CA: Morgan-Kaufmann.

Muggleton, S. (1992). *Inductive logic programming* (Vol. 38). San Mateo, CA: Morgan Kaufmann.

Mulholland, T. M., Pellegrino, J. W., & Glaser, R. (1980). Components of geometric analogy solution. *Cognitive Psychology*, *12*, 252–284.

Murdock, J. W. (2011). Structure mapping for *Jeopardy!* clues. *Proceedings of ICCBR 2011*, London, UK: Springer-Verlag.

Muscettola, N., Nayak, P., Pell, B., & Williams, B. (1998). Remote agent: To boldly go where no AI system has gone before. *Artificial Intelligence*, *103*, 5–47.

Mustapha, S., Jen-Sen, P., & Zain, S. (2002). Application of qualitative process theory to qualitative simulation and analysis of inorganic chemical reaction. *Proceedings of the Sixteenth International Workshop on Qualitative Reasoning*. Barcelona, Catalonia, Spain.

Nagel, E., Newman, J., & Hofstadter, D. (2001). *Gödel's proof*. New York: NYU Press.

Nayak, P. (1994). Causal approximations. *Artificial Intelligence, 70*, 277–334.

Needham, C., Santos, P., Magee, D., Devin, V., Hogg, D., & Cohn, A. (2005). Protocols from perceptual observations. *Artificial Intelligence, 167*, 103–136.

Newcombe, N. C., & Uttal, D. H. (2006). Whorf versus Socrates, Round 10. *Trends in Cognitive Science, 10*(9), 394–396.

Newell, A. (1994). *Unified theories of cognition*. Cambridge, MA: Harvard University Press.

Norman, D., Rumelhart, D., & the LNR Research Group. (Eds.). (1975). *Explorations in cognition*. San Francisco, CA: Freeman.

Novak, J. (1990). Concept mapping: A useful tool for science education. *Journal of Research in Science Teaching, 27*(10), 937–949.

Novick, L. R. (1988). Analogical transfer, problem similarity, and expertise. *Journal of Experimental Psychology: Learning, Memory, and Cognition, 14*, 510–520.

Noy, N., & Hafner, C. (1998). Representing scientific experiments: Implications for ontology design and knowledge sharing. In J. Mostow & C. Rich (Eds.), *Proceedings of the Fifteenth National Conference on Artificial Intelligence* (pp. 615–622). Menlo Park, CA: AAAI Press.

Ord-Hume, A. W. J. G. (2006). *Perpetual motion: The history of an obsession*. Kempton, IL: Adventures Unlimited Press, Kempton, IL.

Ortony, A., Clore, G. L., & Collins, A. (1988). *The cognitive structure of emotions*. New York: Cambridge University Press.

Osmani, A. (2004). Introduction to reasoning about cyclic intervals. *Proceedings of the Twelfth International Conference on Industrial and Engineering Applications of Artificial Intelligent and Expert Systems: Multiple Approaches to Intelligent Systems* (pp. 698–706). Berlin: Springer.

Ouyang, T., & Forbus, K. (2006). Strategy variations in analogical problem solving. In Y. Gil & R. J. Mooney (Eds.), *Proceedings of the Twenty-First AAAI Conference on Artificial Intelligence* (pp. 446–451). Menlo Park, CA: AAAI Press.

Palmer, S. E. (1978). Fundamental aspects of cognitive representation. In E. Rosch & B. L. Lloyd (Eds.), *Cognition and categorization* (pp. 259–302). Hillsdale, N.J.: Erlbaum.

Palmer, S. E. (1999). *Vision science: Photons to phenomenology*. Cambridge, MA: MIT Press.

Paritosh, P. K. (2004). *Symbolizing quantity*. Paper presented at the 26th Cognitive Science Conference, Chicago, IL.

Paritosh, P. K. (2007). *Back of the envelope reasoning for robust quantitative problem solving* (Tech. Rep. No. NWU-EECS-07-11). PhD dissertation, Northwestern University, Department of Electrical Engineering and Computer Science, Evanston, IL.

Paritosh, P. K., & Forbus, K. (2005). *Analysis of strategic knowledge in back of the envelope reasoning.* Paper presented at the 20th National Conference on Artificial Intelligence (AAAI-05), Pittsburgh, PA.

Paritosh, P. K., & Klenk, M. E. (2006). *Cognitive processes in quantitative estimation: Analogical anchors and causal adjustment.* Paper presented at the 28th Annual Conference of the Cognitive Science Society, Vancouver, Canada.

Park, C., Bridewell, W., & Langley, P. (2010). Integrated systems for inducing spatio-temporal process models. In M. Fox & D. Poole (Eds.), *Proceedings of the Twenty-Fourth AAAI Conference on Artificial Intelligence* (pp. 1555–1560). Menlo Park, CA: AAAI Press.

Parsons, T. (1990). *Events in the semantics of English.* Cambridge, MA: MIT Press.

Pearl, J. (2009). *Causality* (2nd ed.). Cambridge, UK: Cambridge University Press.

Pearl, J. & Mackenzie, D. (2018). *The book of why: The new science of cause and effect.* New York: Basic Books.

Petrinovich, L., O'Neill, P., & Jorgensen, M. (1993). An empirical study of moral intuitions: toward and evolutionary ethics. *Journal of Personality and Social Psychology, 64*(3), 467–478.

Piaget, J. (1952). *The origin of intelligence in children.* Madison, CT: International Universities Press.

Piaget, J., & Inhelder, B. (1956). *The child's conception of space.* London, UK: Routledge & Kegan Paul.

Pisan, Y. (1996). Using qualitative representations in controlling engineering problem solving. *Proceedings of the Tenth International Workshop on Qualitative Reasoning* (pp. 190–197). Stanford, CA.

Pisan, Y. (1998). *An integrated architecture for engineering problem solving.* PhD dissertation, Northwestern University, Evanston, IL (UMI No. 733042431).

Price, C. J. (2000). AutoSteve: Automated electrical design analysis. *Proceedings ECAI-2000* (pp. 721–725). Berlin, Germany.

Raiman, O. (1991). Order of magnitude reasoning. *Artificial Intelligence, 51,* 11–38.

Rasch, R., Kott, A., & Forbus, K. (2002, July). *AI on the battlefield: An experimental exploration.* Paper presented at the 14th Innovative Applications of Artificial Intelligence Conference, Edmonton, Canada.

Rashid, A., Shariff, B., Egenhofer, M., & Mark, D. (1998). Natural-language spatial relations between linear and areal objects: The topology and metric of English lan-

Rassbach, L., Bradley, E., & Anderson, K. (2011). Providing decision support for cosmogenic isotope dating. *AI Magazine, 32*, 69–78.

Rattermann, M. J., & Gentner, D. (1998). The effect of language on similarity: The use of relational labels improves young children's performance in a mapping task. In K. Holyoak, D. Gentner, & B. Kokinov (Eds.), *Advances in analogy research: Integration of theory & data from the cognitive, computational, and neural sciences* (pp. 274–282). Sophia: New Bulgarian University.

Raven, J., Raven, J. C., & Court, J. H. (2000). *Manual for Raven's Progressive Matrices and Vocabulary Scales*. Oxford, UK: Oxford Psychologists Press.

Reiter, R., & Mackworth, A. (1989). A logical framework for depiction and image interpretation. *Artificial Intelligence, 41*, 125–155.

Richardson, M., & Domingos, P. (2006). Markov logic networks. *Machine Learning, 62*(1–2), 107–136.

Richland, L. E., Morrison, R. G., & Holyoak, K. J. (2006). Children's development of analogical reasoning: Insights from scene analogy problems. *Journal of Experimental Child Psychology, 94*, 249–271.

Rickel, J., & Porter, B. (1994). Automated modeling for answering prediction questions: Selecting the time scale and system boundary. In B. Hayes-Roth & R. E. Korf (Eds.), *Proceedings of the Twelfth National Conference on Artificial Intelligence* (pp. 1191–1198). Menlo Park, CA: AAAI Press.

Rieger, C., & Grinberg, M. (1977). The declarative representation and procedural simulation of causality in physical mechanisms. *IJCAI-1977, 1*, 250–256.

Riesbeck, C., & Schank, R. (1989). *Inside case-based reasoning*. Hove, UK: Psychology Press.

Ritov, I., & Baron, J. (1999). Protected values and omission bias. *Organizational Behavior and Human Decision Processes, 79*(2), 79–94.

Rockel, S., Newumann, B., Zhang, J., Dubba, K., Cohn, A., Konecny, S., ... Hotz, L. (2013). *An ontology-based multi-level robot architecture for learning from experiences*. Paper presented at the 2013 AAAI Spring Symposium on Designing Intelligent Robots: Reintegrating AI, Palo Alto, CA.

Röhrig, R. (1994). A theory for qualitative spatial reasoning based on order relations. In B. Hayes-Roth & R. E. Korf (Eds.), *Proceedings of the Twelfth National Conference on Artificial Intelligence* (pp. 1418–1423). Menlo Park, CA: AAAI Press.

Rousu, J., & Aarts, R. (2001). An integrated approach to biorecipe design. *Integrated Computer-Aided Engineering, 8*, 363–373.

Rozenblit, L., & Keil, F. (2002). The misunderstood limits of folk science: An illusion of explanatory depth. *Cognitive Science, 26*, 521–562.

Russell, S., & Norvig, P. (2009). *Artificial intelligence: A modern approach* (3rd ed.). Upper Saddle River, NJ: Prentice Hall.

Russell, S., & Wefald, E. (1991). Principles of metareasoning. *Artificial Intelligence, 49*(1–3), 361–395.

Sachenbacher, M., & Struss, P. (2005). Task-dependent qualitative domain abstraction. *Artificial Intelligence, 162*, 121–143.

Sachenbacher, M., Struss, P., & Weber, R. (2000). *Advances in design and implementation of OBD functions for diesel injection systems based on a qualitative approach to diagnosis.* Paper presented at the SAE World Congress, Detroit, MI.

Sacks, E., & Joscowicz, L. (2010). *The configuration space method for kinematic design of mechanisms.* Cambridge, MA: MIT Press.

Sagi, E., Gentner, D., & Lovett, A. (2012). What difference reveals about similarity. *Cognitive Science, 36*(6), 1019–1050.

Salles, P., & Bredeweg, B. (2003). Qualitative reasoning about population and community ecology. *AI Magazine, 24*(4), 77–90.

Saund, E., Fleet, D., Larner, D., & Mahoney, J. (2003). Perceptually-supported image editing of text and graphics. *Proceedings of the Sixteenth Annual ACM Symposium on User Interface Software and Technology (UIST 03).* Vancouver, British Columbia, Canada.

Schank, R. (1972). Conceptual dependency: A theory of natural language understanding. *Cognitive Psychology, 3*(4), 532–631.

Scheiter, K., Schleinschock, K., & Ainsworth, S. (2017). Why sketching may aid learning from science texts: Contrasting sketching with written explanations. *Topics in Cognitive Science, 9*(2), 866–882.

Schwering, A., Kuhnberger, K-U., Krumnack, U., & Gust, H. (2009). Spatial cognition of geometric figures in the context of proportional analogies. *Proceedings of COSIT-09.* Aber Wrac'h, France

Schwering, A., Wang, J., Chipofya, M., Jan, S., Li, R., & Broelemann, K. (2014). SketchMapia: Qualitative representations for the alignment of sketch and metric maps. *Spatial Cognition and Computation, 14*(3), 220–254.

Seidenberg, M., & Ellman, J. (1999). Networks are not hidden rules. *Trends in Cognitive Science, 3*, 288–289.

Sgouros, N. (1998). Interaction between physical and design knowledge in design from physical principles. *Engineering Applications of Artificial Intelligence, 11*, 449–459.

Shah, P., Schneider, D., Matuszek, C., Kahlert, R. C., Aldag, B., Baxter, D., … Curtis, J. (2006). *Automated population of Cyc: Extracting information about named-entities from the web*. Paper presented at the Nineteenth International FLAIRS Conference, Melbourne Beach, FL.

Shapiro, S. (2013). Classical logic. In E. N. Zalta (Ed.), *The Stanford encyclopedia of philosophy*. Retrieved from http://plato.stanford.edu/archives/win2013/entries/logic-classical/.

Shaver, K. (1985). *The attribution theory of blame: Causality, responsibility and blameworthiness*. New York: Springer-Verlag.

Shen, Q., & Leitch, R. (1993). Fuzzy qualitative simulation. *IEEE Transactions on Systems, Man, and Cybernetics*, *23*(4), 1038–1064.

Shepard, R. N. (1987). Toward a universal law of generalization for psychological science. *Science*, *237*, 1317–1323.

Shepard, R. N., & Cooper, L. A. (1982). *Mental images and their transformations*. Cambridge, MA: MIT Press.

Sheredos, B., & Bechtel, B. (2017). Sketching biological phenomena and mechanisms. *Topics in Cognitive Science*, *9*(4), 970–985.

Sherin, B., Krakowski, M., & Lee, V. (2012). Some assembly required: How scientific explanations are constructed during clinical interviews. *Journal of Research in Science Teaching*, *49*(2), 166–198.

Shimomura, Y., Tanigawa, S., Umeda, Y., & Tomiyama, T. (1995). Development of self-maintenance photocopiers. *Proc. IAAI-95* (pp. 171–180). Montreal, Québec, Canada: AAAI Press.

Simmons, R. (1983). *Representing and reasoning about change in geologic interpretation*. PhD dissertation, MIT, Cambridge, MA.

Simon, H. (1953). Causal ordering and Identifiability. In W. C. Hood & T. C. Koopmans (Eds.), *Studies in econometric methods* (pp. 49–74). New York: Wiley.

Simon, H., & Iwasaki, Y. (1988). Causal ordering, comparative statics, and near decomposability. *Journal of Econometrics*, *39*, 149–173.

Sinclair, F., & Walker, D. (1998). Acquiring qualitative knowledge about complex agroecosystems. Part 1: Representation as natural language. *Agricultural Systems*, *56*, 341–393.

Skorstad, G. (1992). Towards a qualitative Lagrangian theory of fluid flow. In P. Rosenbloom & P. Szolovits (Eds.), *Proceedings of the Tenth National Conference on Artificial Intelligence* (pp. 691–696). Menlo Park, CA: AAAI Press.

Sloman, S. (2009). *Causal models: How people think about the world and its alternatives*. Oxford, UK: Oxford University Press.

Snow, R. E., Kyllonen, P. C., & Marshalek, B. (1984). The topography of learning and ability correlations. In R. J. Sternberg (Ed.), *Advances in the psychology of human intelligence* (Vol. 2, pp. 47–103). Hillsdale, NJ: Lawrence Erlbaum.

Spelke, E. (2003). What makes us smart? In D. Gentner & S. Goldin-Meadow (Eds.), *Language in mind* (pp. 277–312). Cambridge, MA: MIT Press.

Spelke, E., & Kinzler, K. (2007). Core knowledge. *Developmental Science, 10*(1), 89–96.

Spellman, B. A., & Holyoak, K. J. (1992). If Saddam is Hitler then who is George Bush? Analogical mapping between systems of social roles. *Journal of Personality and Social Psychology, 62*, 913–933.

Sprio, R., Feltovich, P., Coulson, R., & Anderson, D. (1989). Multiple analogies for complex concepts: Antidotes for analogy-induced misconception in advanced knowledge acquisition. In S. Vosniadou & A. Ortony (Eds.), *Similarity and analogical reasoning* (pp. 498–531). Cambridge, UK: Cambridge University Press.

Sternberg, R. J. (1977). *Intelligence, information processing, and analogical reasoning.* Hillsdale, NJ: Erlbaum.

Strasser, C., & Aldo, A. (2015). Non-monotonic logic. In E. N. Zalta (Ed.), *The Stanford encyclopedia of philosophy.* Retrieved from http://plato.stanford.edu/archives/fall2015 /entries/logic-nonmonotonic/.

Swartz, C. (2003). *Back-of-the-envelope physics.* Baltimore, MD: Johns Hopkins University Press.

Suc, D., & Bratko, I. (2002). Qualitative reverse engineering. *Proceedings of the International Conference on Machine Learning.* Sydney, Australia.

Talmy, L. (2000). *Toward a cognitive semantics.* Cambridge, MA: MIT Press.

Tenenbaum, J. B., & Griffiths, T. L. (2001). Generalization, similarity, and Bayesian inference. *Behavioral and Brain Sciences, 24*(4), 629–640.

Tenorth, M., & Beetz, M. (2012). *A unified representation for reasoning about robot actions, processes, and their effects on objects.* Paper presented at the IEEE/RSJ International Conference on Intelligent Robots and Systems (IROS). Vilamoura, Algarve, Portugal.

Thomson, J. (1985). The trolley problem. *Yale Law Journal, 94*, 1395–1415.

Tomai, E., & Forbus, K. (2008). *Using qualitative reasoning for the attribution of moral responsibility.* Paper presented at the 30th Annual Conference of the Cognitive Science Society, Washington, DC.

Tomai, E., & Forbus, K. (2009). *EA NLU: Practical language understanding for cognitive modeling.* Paper presented at the 22nd International Florida Artificial Intelligence Research Society Conference, Sanibel Island, FL.

Trelease, R., & Park, J. (1996). Qualitative process modeling of cell-cell-pathogen interactions in the immune system. *Computer Methods and Programs in Biomedicine, 51*, 171–181.

Troha, M., & Bratko, I. (2011). Qualitative learning of object pushing by a robot. *Proceedings of the Twenty-Fifth International Workshop on Qualitative Reasoning*. Barcelona, Catalonia, Spain.

Tversky, A., & Kahneman, D. (1974). Judgment under uncertainty: Heuristics and biases, *Science, 185*, 1124–1131.

Ullman, S. (1984). Visual routines. *Cognition, 18*, 97–159.

Uttal, D., Meadow, N., Tipton, E., Hand, L., Alden, A., Warren, C., & Newcombe, N. (2013). The malleability of spatial skills: A meta-analysis of training studies. *Psychological Bulletin, 139*(2), 352–402.

Valentine, S., Vides, F., Lucchese, G., Turner, D., Kim, H., Li, W., … Hammond, T. (2012). Mechanix: A sketch-based tutoring system for statics courses. *Proceedings of IAAI 2012*. Toronto, Ontario, Canada: AAAI Press.

Van Sommers, P. (1984). *Drawing and cognition: Descriptive and experimental studies of graphic production processes*. Cambridge, UK: Cambridge University Press.

Waldmann, M. R., & Dieterich, J. (2007). Throwing a bomb on a person versus throwing a person on a bomb: Intervention myopia in moral intuitions. *Psychological Science, 18*(3), 247–253.

Walega, P., Zawidzki, M., & Mozaryn, J. (2017). Qualitative evaluation of stability in disassembling block structures with robot manipulator. *Proceedings of the Thirtieth International Workshop on Qualitative Reasoning*. Melbourne, Australia.

Wallgrun, J., Frommberger, L., Wolter, D., Dylla, F., & Freksa, C. (2007). Qualitative spatial representation and reasoning in the SparQ Toolbox. In T. Barkowsky, M. Knauff, G. Ligozat, & D. R. Montello (Eds.), *Spatial cognition V, LNAI 4387* (pp. 39–58). Berlin, Germany: Springer-Verlag.

Wason, P. C. (1968). Reasoning about a rule. *Quarterly Journal of Experimental Psychology, 20*(3), 273–281.

Weisberg, D., Keil, F., Goodstein, J., Rawson, E., & Gray, J. (2008). The seductive allure of neuroscience explanations. *Journal of Cognitive Neuroscience, 20*, 470–477.

Weld, D. (1986). The use of aggregation in causal simulation. *Artificial Intelligence, 30*(1), 1–34.

Weld, D. (1990). *Theories of comparative analysis*. Cambridge, MA: MIT Press.

Weld, D., & de Kleer, J. (1990). *Readings in qualitative reasoning about physical systems*. San Mateo, CA: Morgan-Kaufmann.

Wiley, T., Sammut, C., Hengst, B., & Bratko, I. (2015). A multi-strategy architecture for on-line learning of robotic behaviours using qualitative reasoning. *Proceedings of the Third Annual Conference on Advances in Cognitive Systems*, pp. 1–16. Atlanta, GA.

Williams, B. (1984). Qualitative analysis of MOS circuits. *Artificial Intelligence, 24*(1–3), 281–346.

Williams, B. (1991). A theory of interactions: Unifying qualitative and quantitative algebraic reasoning. *Artificial Intelligence, 51*, 39–94.

Wilson, J., Forbus, K., & McLure, M. (2013). Am I really scared? A multiphase computational model of emotions. *Proceedings of Advances in Cognitive Systems*. Baltimore, MD.

Winslett, M. (1988). Reasoning about action using a possible models approach. In T. M. Mitchell & R. G. Smith (Eds.), *Proceedings of the Seventh National Conference on Artificial Intelligence* (pp. 89–93). Menlo Park, CA: AAAI Press.

Winston, P. H. (1980). Learning and reasoning by analogy. *Communications of the ACM, 23*(12), 689–703.

Witbrock, M., Pittman, K., Moszkowicz, J., Beck, A., Schneider, D., & Lenat, D. (2015). Cyc and the big C: Reading that produces and uses hypotheses about complex molecular biology mechanisms. *AAAI Workshop on Scholarly Big Data: AI Perspectives, Challenges, and Ideas*. Menlo Park, CA: AAAI Press.

Wolff, P. (2007). Representing causation. *Journal of Experimental Psychology: General, 136*, 82–111.

Wolff, P., & Gentner, D. (2011). Structure-mapping in metaphor comprehension. *Cognitive Science, 35*, 1456–1448.

Wu, M., & Gentner, D. (1998). Structure in category-based induction. *Proceedings of the Twentieth Annual Conference of the Cognitive Science Society* (pp. 1154–1158). Madison, WI.

Yan, J., & Forbus, K. (2005). Similarity-based qualitative simulation. *Proceedings of the Twenty-Seventh Annual Meeting of the Cognitive Science Society*. Stressa, Italy.

Yan, J., Forbus, K., & Gentner, D. (2003). A theory of re-representation in analogical matching. *Proceedings of the Twenty-Fifth Annual Meeting of the Cognitive Science Society*. Boston, MA.

Yaner, P., & Goel, A. (2008). Analogical recognition of shape and function in design drawings. *Artificial Intelligence for Engineering Design, Analysis, and Manufacturing, 22*(2), 117–128.

Yin, P., Chang, M., & Forbus, K. (2010). Sketch-based spatial reasoning in geologic interpretation. *Proceedings of the Twenty-Fourth International Workshop on Qualitative Reasoning*. Portland, OR.

Yin, P., Forbus, K., Usher, J., Sageman, B., & Jee, B. (2010). Sketch worksheets: A sketch-based educational software system. *Proceedings of the Twenty-Second Annual Conference on Innovative Applications of Artificial Intelligence*. Portland, OR: AAAI Press.

Yip, K. (1991). *KAM: A system for intelligently guiding numerical experimentation by computer*. Cambridge, MA: MIT Press.

Yip, K., & Zhao, F. (1996). Spatial aggregation: Theory and applications. *Journal of Artificial Intelligence Research*, 5, 1–26.

Zabkar, J., Janez, T., Mozina, M., & Bratko, I. (2010). Active learning of qualitative models with Pade. *Proceedings of the Twenty-Fourth International Workshop on Qualitative Reasoning*. Portland, OR.

Zadeh, L. (1996). Fuzzy logic=computing with words. *IEEE Transactions on Fuzzy Systems*, 4(2), 103–111.

Zhao, F., Bailey-Kellogg, C., Huang, X., & Ordomez, I. (2007). Structure discovery from massive spatial data sets using intelligent simulation tools. In S. Dzeroski & L. Todorovski (Eds.), *Computational discovery LNAI 4660* (pp. 158–174). Berlin, Germany: Springer-Verlag.